Frank Exner

SONY RX 100 IV
DAS HANDBUCH ZUR KAMERA

Vierfarben Fotografie

Impressum

Sie haben Fragen, Wünsche oder Anregungen zum Buch?
Gerne sind wir für Sie da:

Anmerkungen zum Inhalt des Buches: alexandra.bachran@vierfarben.de
Bestellungen und Reklamationen: service@vierfarben.de
Rezensions- und Schulungsexemplare: sophie.herzberg@vierfarben.de

Das vorliegende Werk ist in all seinen Teilen urheberrechtlich geschützt. Alle Rechte vorbehalten, insbesondere das Recht der Übersetzung, des Vortrags, der Reproduktion, der Vervielfältigung auf fotomechanischem oder anderen Wegen und der Speicherung in elektronischen Medien.

Ungeachtet der Sorgfalt, die auf die Erstellung von Text, Abbildungen und Programmen verwendet wurde, können weder Verlag noch Autor, Herausgeber oder Übersetzer für mögliche Fehler und deren Folgen eine juristische Verantwortung oder irgendeine Haftung übernehmen.

Die in diesem Werk wiedergegebenen Gebrauchsnamen, Handelsnamen, Warenbezeichnungen usw. können auch ohne besondere Kennzeichnung Marken sein und als solche den gesetzlichen Bestimmungen unterliegen.

An diesem Buch haben viele mitgewirkt, insbesondere:

Lektorat Alexandra Bachran
Korrektorat Sebastian Weil, Bonn
Typografie und Layout Vera Brauner
Herstellung Maxi Beithe
Bilder im Buch Frank Exner; S. 4/5: iStockphoto 931761 © shaunl; S. 8/9: Fotolia 48402241 © dell, S. 14: shutterstock 156145733 © Creative Travel Project, S. 148/149: Masterfile 630-01709654
Einbandgestaltung Silke Braun
Coverfoto Sony, shutterstock156145733 © Creative Travel Project
Satz Andrea Jaschinski, Berlin
Druck Mohn Media Mohndruck, Gütersloh

Gesetzt wurde dieses Buch aus der The Sans (10 pt/15 pt) in Adobe InDesign CS6.
Und gedruckt wurde es auf matt gestrichenem Bilderdruckpapier (115 g/m²).
Hergestellt in Deutschland.

Bibliografische Information der Deutschen Nationalbibliothek
Die Deutsche Nationalbibliothek verzeichnet diese Publikation in der Deutschen Nationalbibliografie; detaillierte bibliografische Daten sind im Internet über http://dnb.d-nb.de abrufbar.

ISBN 978-3-8421-0201-9

© Vierfarben, Bonn 2016
1. Auflage 2016
Vierfarben ist eine Marke der Rheinwerk Verlag GmbH
Rheinwerkallee 4, 53227 Bonn
www.vierfarben.de

Der Verlagsname Vierfarben spielt an auf den Vierfarbdruck, eine Technik zur Erstellung farbiger Bücher. Der Name steht für die Kunst, die Dinge einfach zu machen, um aus dem Einfachen das Ganze lebendig zur Anschauung zu bringen.

An den Leser

Liebe Leserin, lieber Leser,

kennen Sie das? Eine neue Kamera vermag das Hobby Fotografie enorm zu beflügeln. Alleine die Ausstattungsliste macht deutlich, wie viele Möglichkeiten mit dem neuen »Spielzeug« offenstehen! Und die Sony RX100 IV hat tatsächlich unglaublich viel zu bieten – man möchte sofort losziehen und alles in der Praxis ausprobieren. Aber wie so oft legt einem die schnöde Technik so manchen Stolperstein in den Weg, und die Kamera macht einfach nicht das, was man will!

Damit Ihnen das nicht passiert und Sie und Ihre neue Sony RX100 IV einen guten gemeinsamen Start haben, hat der passionierte Sony-Fotograf Frank Exner dieses Buch für Sie verfasst. Die Tücken der Technik hat er für Sie ausgelotet und zeigt Ihnen Schritt für Schritt, wie Sie mit Ihrer RX100 IV zu besseren Bildern kommen. Porträts, Landschaften, Nahaufnahmen, Architekturfotos etc. – die ganze Welt steht Ihnen fotografisch offen, und in diesem Buch lesen Sie, mit welchen Techniken Sie sie gekonnt einfangen. Am besten nehmen Sie Ihre RX100 IV in die Hand und probieren das Gezeigte gleich aus, dann werden Sie Ihre Kamera bald gemeistert haben, so dass Sie sich voll auf das Fotografieren konzentrieren können.

Ich wünsche Ihnen jetzt viel Spaß beim Lesen, Lernen, Ausprobieren und Fotografieren! Falls Sie Fragen, Anregungen oder Kritik zu diesem Buch haben, so freue ich mich, wenn Sie mir schreiben.

Ihre Alexandra Bachran
Lektorat Vierfarben

alexandra.bachran@vierfarben.de
www.facebook.de/vierfarben

Inhaltsverzeichnis

Vorwort 15

1 Der perfekte Einstieg mit Ihrer Sony RX100 IV 17

Das alles steckt in Ihrer Kamera 18
Der Sensor: das Herzstück der Kamera 18
Der Monitor der RX100 IV 19
Wi-Fi-Verbindungen 19
Objektiv 19
Bildstabilisator 20

Praxistipps für die effiziente Kamerabedienung 20
Der Auslöser 20
Der Steuerring 20
Schaltzentrale Moduswahlknopf 21
Das Einstellrad 22
Die MENU-Taste 22
Die Funktionstaste Fn 23
Display und Sucher 26
Kameraeinstellungen speichern 28
Die Bedienelemente der RX100 IV 29
Anzeige der Aufnahmeeinstellungen 30
Anzeigeinformationen im Wiedergabemodus 31

Die RX100 IV für den Fotoalltag vorbereiten 32
Den Akku laden und einlegen 32
Die richtigen Speicherkarten für Ihre RX100 IV 34
Datum und Uhrzeit einstellen 35
Die Sprache in den Menüs ändern 37
Den Stromverbrauch optimieren 37
Monitor und Sucher stromsparend einstellen 39

Akustische Signale verwenden	40
ISO-Einstellung optimieren	40
Strukturiert arbeiten mit Dateinamen und Ordnern	41
Empfehlungen für weitere wichtige Einstellungen	42
Die erweiterten Zoomfunktionen	44
Die Movie-Taste konfigurieren	46
Dateiformate und Datenspeicherung	**47**
Das JPEG-Format nutzen	47
Für jeden Zweck die richtige Bildgröße	49
EXKURS: Für mehr Spielraum: das RAW-Format	**52**

2 Perfekt scharfstellen mit der RX100 IV — 55

Automatisches Scharfstellen	**56**
Fokusprobleme erkennen	56
Unbewegte Motive fokussieren	**57**
Statische Objekte mit dem AF-S-Modus aufnehmen	58
Automatische oder manuelle Messfeldauswahl	59
Bewegte Motive scharfstellen	**62**
Gekonnt manuell scharfstellen	**66**
Unterstützung im manuellen Modus	66
Fokussierhilfe: die Lupe	69
DMF: AF und MF kombinieren	**70**
Auf sich selbst scharfstellen	**71**
Immer die richtige Belichtungszeit	**74**
Verwackelte Bilder vermeiden	74
Einfache Faustregel für die Belichtungszeit	75
Faustregel mit Bildstabilisator	77
Wann Sie besonders auf die Faustregel achten sollten	78

Mehr scharfe Bilder dank Bildstabilisator	78
SteadyShot abschalten	80
Die Grenzen des Antiverwacklungssystems	81

3 Die Belichtung im Griff — 83

Die richtige Messmethode für jedes Motiv — 84
Die Messmethode ändern — 85
Für die Standardsituation: die Mehrfeldmessung — 85
Wenn die Bildmitte zählt: die mittenbetonte Messung — 87
Punktgenau messen mit der Spotmessung — 87

Die Auswirkungen der Blende auf das Bild — 89
Wie Blendenöffnung und Blendenzahl zusammenhängen — 90
Die Blende der RX100 IV — 91
Die richtige Blende für die gewünschte Bildwirkung — 93
Den Blendenwert selbst festlegen — 94
Optimale Schärfe mit der richtigen Blende — 94

Den optimalen ISO-Wert finden — 95
Verwacklungen mit dem richtigen ISO-Wert vermeiden — 96
Niedrige ISO-Werte für geringes Rauschen und maximale Schärfe — 97
ISO-Werte vorwählen — 97
Den ISO-Wert einstellen — 98
Die ISO-Automatik — 100
Zusätzliche Funktion zur Reduzierung von Bildrauschen — 102
Der Einfluss des ISO-Werts auf die Belichtungszeit — 103
Multiframe-Rauschminderung bei hohen ISO-Werten — 103

Eine wertvolle Belichtungshilfe: das Histogramm — 105
Die Histogrammanzeige wählen — 106
Über- und Unterbelichtungen erkennen — 106
Volle Kontrolle mit dem Live-Histogramm — 107
Die Über- und Unterbelichtungswarnung nutzen — 108

Problemsituationen meistern mit der Belichtungskorrektur	109
Die Belichtungskorrektur mit Ihrer RX100 IV einstellen	110
Mit Belichtungsreihen Fehlbelichtungen vermeiden	111
Hohe Kontraste beherrschen	112
Die Dynamikbereich-Optimierung einsetzen	114
Tools für faszinierende HDR-Fotos	115
DRO- vs. HDR-Funktion	117
Den Kontrastumfang des Motivs richtig ermitteln	118

4 Besser fotografieren mit den Belichtungsprogrammen 121

Für viele Situationen: der Automatikmodus	122
Die intelligente Vollautomatik (iAuto)	122
Die überlegene Automatik	123
Mit den Szenenwahlprogrammen schnell zu besseren Fotos	124
Porträt	126
Sportaktion	127
Makro	128
Landschaft	129
Sonnenuntergang	130
Nachtszene	130
Handgehalten bei Dämmerung	131
Nachtaufnahme	131
Anti-Bewegungsunschärfe	133
Tiere	133
Gourmet	134
Feuerwerk	134
Hohe Empfindlichkeit	135
Die Kreativprogramme richtig nutzen	136
Spontan Fotografieren mit der Programmautomatik (P)	136

Schärfentiefe mit dem Blendenprioritätsmodus (A) beeinflussen	138
Zeitprioritätsmodus (S) für das Spiel mit der Zeit	140
Manuelle Belichtung (M) für schwierige Fälle	141

Bildeffekte einsetzen 143

5 Gekonnt blitzen mit der RX100 IV 149

Blitzen mit Bordmitteln 150

Die perfekte Blitzsteuerung in den Kreativprogrammen 152
Blitzen mit der Blendenpriorität für kreative Fotos 152
Das Umgebungslicht einbeziehen 154

Schwierige Blitzlichtsituationen meistern 154
Schatten aufhellen und Schlagschatten mindern 155
Schöne Spitzlichter in Porträts setzen 156
Gekonnt Bewegungsschleier erzeugen 156
Richtig belichten mit der Blitzbelichtungskorrektur 157
Rote Augen beim Blitzen verhindern 158
Blitzen bei Gegenlicht 160
Im Dunkeln ohne Stativ unterwegs 160

Grenzenlose Freiheit: externe Blitze kabellos steuern 162

6 Korrekte Farben erzielen 165

Richtiges Weiß und perfekte Farben in jeder Situation 166
Der vollautomatische Weißabgleich 168
Der halbautomatische Weißabgleich 170
Die Farbtemperatur manuell bestimmen 172

Farbstiche vermeiden 174

Mit den Farbkreativmodi die Bildausgabe anpassen	178
Kontrasteinstellung	178
Einstellung der Farbsättigung	179
Einstellung der Schärfe	180
Mit Bildstilen schnell zu guten Bildern	180
Besondere Bildstile: Graustufenbilder und Bilder in Sepia-Tonung	182
Bildstile im Image Data Converter anwenden	183
Farbraumeinstellungen richtig wählen	183
sRGB und AdobeRGB – wann sollten Sie welchen Farbraum nutzen?	183

7 Mit Bildgestaltung zum gelungenen Foto — 187

Den Horizont gerade ausrichten	188
Mit der Schärfentiefe das Motiv betonen	191
Die Wirkung der Schärfentiefe	192
Der Einfluss der Brennweite auf die Schärfentiefe	194
Farbe und Farbkontrast	196
Linienführung in der Fotografie	197

8 Menschen fotografieren — 201

Mit Porträts Erinnerungen festhalten	202
Bessere Bildwirkung erzielen durch Nähe	203
Die Bildmitte meiden	204
Einen schönen weichen Hintergrund erzeugen	205
Lächel- und Gesichtserkennung: schnell und automatisch	206

9 Natur- und Landschaftsfotografie mit der RX100 IV — 211

Sinnvolle Einstellungen und hilfreiches Zubehör — 212
Die Perspektive im Weitwinkelbereich — 213
Die Perspektive straffen mit langer Brennweite — 214
Panorama: das besondere Bildformat — 215
Panorama ohne Umweg, direkt aus der Kamera — 216
Panoramabild mit Photoshop Elements erstellen — 218

10 Nah- und Makrofotografie — 221

Optimale Kameraeinstellungen für den Makrobereich — 222
Motive vergrößern mit Nahlinsen — 224

11 Architektur fotografieren mit der RX100 IV — 229

Gebäude in Szene setzen — 230
Perspektive schaffen — 230
Abwechslung mit der Froschperspektive — 233
Stürzende Linien und Verzeichnungen vermeiden — 234

12 Perfekte Aufnahmen in der Dämmerung und bei Nacht — 237

Die Stimmung zur Blauen Stunde einfangen — 238
Feuerwerk: die RX100 IV richtig einstellen — 241
Schöne Nachtaufnahmen — 243

13 Sinnvolles Zubehör für die RX100 IV — 247

Originalzubehör und Alternativen — 248
Besserer Halt — 248
Hülle für die RX100 IV — 248
Für den harten Einsatz empfehlenswert:
der Monitorschutz — 249
Fernauslöser RM-VPR1 am Multi-Anschluss — 249
Stativempfehlungen — 249
Objektiv schützen — 250
Tauchen mit der RX100 IV — 251

Die richtigen Speicherkarten für Ihre RX100 IV — 252

Die digitale Diashow am HD-TV — 254

14 Der digitale Arbeitsablauf — 257

Die Sony-Software sinnvoll nutzen — 258
Die Bilder der RX100 IV auf den PC kopieren — 258
Bilder perfekt organisieren, archivieren und sortieren — 260
Aufnahmedaten auslesen und nutzen — 262

Sonys RAW-Entwickler im Einsatz — 263
Datei im Image Data Converter öffnen — 263
Farbtemperatur beeinflussen — 264
Optimale Helligkeit und Kontrast einstellen — 265
Kreativmodus nachträglich wählen — 266
Dynamik anpassen — 266
Tonwerte optimieren — 266
Objektivfehler beseitigen — 267
Schärfe optimieren — 267
Rauschen reduzieren — 269
Helligkeit und Kontrast mit der Farbkurve anpassen — 269
Bild auf beschnittene Lichter und Tiefen überprüfen — 269

Mit der Stapelverwaltung Zeit sparen	270
Bild speichern	270
Bild ausrichten und den passenden Bildausschnitt wählen	271
Bilder und Videos online speichern und teilen	272
Bilder und Videos bei Facebook hochladen	272
Bilder in PlayMemories Online speichern	274
Die Kamerasoftware auf dem Laufenden halten	275

15 Die RX100 IV im WLAN nutzen — 277

Drahtlos Bilder übertragen	278
Verbindung zum Netzwerk herstellen	278
Netzwerkverbindung manuell einrichten	280
Das Smartphone zur Steuerung der RX100 IV nutzen	282
Mehr Funktionen mit den PlayMemories-Camera-Apps	284
Apps verwenden und managen	287
EXKURS: Die RX100 IV mit Remote Camera Control steuern	290

16 Filmen mit der RX100 IV — 293

Einfache Videos aufnehmen	294
Das passende Videoformat wählen	297
Die unterschiedlichen Bildraten der RX100 IV	299
Die Filmmodi der RX100 IV	301
MOVIE-Taste deaktivieren	301
Fotoprofile für Videos	302
Die Helligkeit anpassen	302
Automatische Langzeitbelichtung	303
Zebra gegen Überbelichtung	303

Der optimale Ton zum Video	304
Zeitlupenvideos aufnehmen	305
EXKURS: Filme am PC schneiden und speichern	310

Nützliche Links	312
Glossar	313
Stichwortverzeichnis	321

Vorwort

Bereits die Sony RX100 III war mir schnell ans Herz gewachsen, als ich das Buch zu ihr schrieb, und auch die Sony RX100 IV tut es ihr in dieser Hinsicht nach. Mit der gleichen Bauform bietet auch diese »Kleine« hochwertige Technik und einen enormen Funktionsumfang in einer unglaublich kleinen »Verpackung«, so dass Sie sie immer dabeihaben können. Die neue Sony ist ein echtes Technikwunder: 4K-Video und extreme Zeitlupenaufnahmen sind nur zwei Funktionen, die herausstechen. Aber es gibt noch weitere Verbesserungen im Detail.

Mit diesem Buch will ich Sie beim Kennenlernen Ihrer RX100 IV optimal unterstützen und Sie letztendlich zu überzeugenden Bildergebnissen zu führen. Doch warum überhaupt ein Buch, wenn es auch eine Bedienungsanleitung gibt? Nun, in diesem Buch wird ein Großteil der Punkte der Bedienungsanleitung wesentlich vertieft, es werden vielerlei Hinweise gegeben und dort nicht erwähnte Tipps für die Fotopraxis preisgegeben. Zahlreiche Schritt-für-Schritt-Anleitungen erleichtern Ihnen das Einstellen und Anpassen der verschiedenen Funktionen und Menüpunkte. Zudem werden typische und auch ganz spezielle Einsatzfälle des Fotoalltags betrachtet. Auch finden Sie in diesem Buch Lösungsvorschläge für schwierige Fotosituationen, wie etwa das Fotografieren in der Nacht oder bei Gegenlicht. Recht schnell können Sie so Ihre Fototechnik perfektionieren. Natürlich fließen hier auch meine Erfahrungen, die ich in den letzten 30 Jahren in der Fotografie gesammelt habe, mit ein. Und wenn die Technik sitzt, dann steht Ihrer Kreativität nichts mehr im Wege, um tolle und überzeugende Fotos zu machen!

An dieser Stelle möchte ich mich besonders bei meiner Lektorin Frau Bachran und beim Vierfarben-Team bedanken. Ohne die vielen Menschen, die mich bei diesem Buch fleißig unterstützt haben, wäre das Buch wohl nicht das, was es ist. Mein Dank gilt ebenfalls Sony Deutschland und der Agentur Häberlein & Mauerer für die freundliche Unterstützung.

Ich wünsche Ihnen nun viel Spaß bei der Lektüre dieses Buches und beim Fotografieren mit Ihrer Sony RX100 IV!

Ihr Frank Exner
www.frank-exner.com

Kapitel 1
Der perfekte Einstieg mit Ihrer Sony RX100 IV

Das alles steckt in Ihrer Kamera	18
Praxistipps für die effiziente Kamerabedienung	20
Die RX100 IV für den Fotoalltag vorbereiten	32
Dateiformate und Datenspeicherung	47
EXKURS: Für mehr Spielraum: das RAW-Format	52

Das alles steckt in Ihrer Kamera

Mit der Cyber-shot-RX100-Reihe schafft es Sony, Technik, die sonst den großen Spiegelreflex- oder SLT-Kameras (*Single Lens Translucent*, diese einäugige Kamera verwendet einen halbdurchlässigen feststehenden Spiegel) vorbehalten ist, in einem geradezu minimalistischen Design anzubieten. Das jüngste Mitglied der Familie ist die Sony RX100 IV. Die Kamera ist extrem kompakt und für einige vielleicht schon an der Grenze dessen, was im Allgemeinen als ergonomisch bedienbar einzuschätzen ist. Anderseits erlaubt es das Format, die Kamera wirklich immer dabei zu haben. Und Sie können trotzdem gewiss sein, Bilder von sehr hoher Qualität mit nach Hause zu bringen.

Der Sensor: das Herzstück der Kamera

Eine der herausragenden Eigenschaften der RX100 IV ist sicherlich der verhältnismäßig große Sensor (*Exmor RS CMOS*). Dieser misst 13,2 × 8,8 mm und liefert enorme 20 Megapixel Auflösung. Dies ergibt hochwertige Ausdrucke bis zum DIN-A2-Format beziehungsweise genügend Spielraum für einen Beschnitt der Fotos, wenn kleinere Ausdrucke gewünscht sind.

Der verhältnismäßig große Sensor der RX100 IV sorgt im Zusammenspiel mit dem Bildverarbeitungsprozessor Bionz und dem Zeiss-Objektiv für eine herausragende Bildqualität. Er ist für eine höhere Lichtausbeute optimiert, was einen positiven Einfluss auf das Rauschverhalten hat. Die RX100 IV konnte so auf einen Empfindlichkeitsbereich von ISO 80–25 600 getrimmt werden. Außerdem verfügt der Sensor über einen direkt angeschlossenen Zwischenspeicher (DRAM-Chip), was die Signalverarbeitung erheblich beschleunigt. Hierdurch sind Hochgeschwindigkeitsaufnahmen mit bis zu 1/32 000 s und Zeitlupenvideos (bis zu 40-fach) möglich.

Abbildung 1.1 >
Hier im Vergleich links der 1-Zoll-Typ-Sensor der RX100-Reihe und rechts der 1/1,8-Zoll-Sensor der Cyber-shot-Kameras wie etwa der HX60 (Bild: Sony).

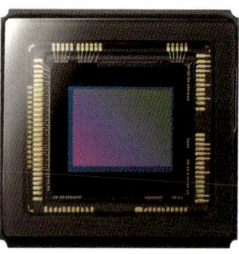

Der Monitor der RX100 IV

Die RX100 IV besitzt einen klappbaren Bildschirm. Bodennahe oder Überkopfaufnahmen sind so bedeutend leichter und Aufnahmen von sich selbst – die vielgerühmten »Selfies« – werden so erst möglich.

Das Display ist hochauflösend mit 1 228.800 Bildpunkten und durch die verwendete *WhiteMagic*-Technologie auch in der Sonne gut ablesbar. Hier sorgen spezielle, nur weiß strahlende Pixel zusätzlich zu den roten, grünen und blauen Pixeln des Displays für eine besonders hohe Helligkeit.

∧ Abbildung 1.2
Das klappbare Display der RX100 IV (Bild: Sony)

Wi-Fi-Verbindungen

Die RX100 IV kann drahtlose Verbindungen zu anderen Geräten, wie einem Smartphone, einem Smart-TV oder Ähnlichem herstellen, um Fotos oder Videos auszutauschen. Eine Fernsteuerung der Kameras ist ebenfalls möglich. Neben Wi-Fi (WLAN) steht auch NFC (*Near Field Communication*, Nahfeldkommunikation) zur Verfügung. Hier ermöglicht NFC die schnelle Verbindung ihrer Kamera mit anderen ebenfalls NFC-tauglichen Geräten. Detaillierte Informationen zu Wi-Fi und NFC finden Sie im Kapitel 15 »Die RX100 IV im WLAN nutzen«.

Objektiv

Das Objektiv hat einen besonders starken Einfluss auf die Bildqualität. Die RX100 IV kann hier mit einem besonders hochwertigen und lichtstarken Zeiss-Objektiv mit einer Anfangsöffnung von f1,8–2,8 auftrumpfen. Die hohe Lichtstärke macht sich vor allem im oberen Brennweitenbereich bemerkbar. Der Brennweitenbereich des Objektivs reicht von sehr guten 24 mm (Weitwinkel) bis zu 70 mm im Telebereich (jeweils bezogen auf das Kleinbildformat).

Abbildung 1.3 >
Weltklasse im Miniformat: Die RX100 IV besitzt ein hochwertiges Zeiss-Objektiv (Bild: Sony).

Bildstabilisator

Die RX100 IV verfügt über einen optischen Bildstabilisator namens **Steady-Shot**. Dieser ist sowohl im Foto- als auch im Videomodus aktiv und sorgt für schärfere Fotos oder Videos, auch wenn die Belichtungszeiten länger werden sollten. Sie können so länger aus der freien Hand fotografieren, also ohne Stativ.

Praxistipps für die effiziente Kamerabedienung

In den folgenden Kapiteln soll der Grundstein für den kreativen Umgang mit Ihrer RX100 IV gelegt werden. Um schnell und problemlos in das Fotovergnügen einzusteigen, ist es von Vorteil, sich mit den wichtigsten Bedienelementen und Kameraeinstellungen vertraut zu machen. Deshalb gebe ich Ihnen hier einen Überblick und gehe auf die wichtigsten Einstellungen auch schon kurz ein. Im Laufe des Buches erfahren Sie dann alles zu den Funktionen.

Der Auslöser

Mit dem Auslöser können Sie nicht nur die Bildaufnahme starten, er besitzt auch noch eine zweite Funktion: Drücken Sie den Auslöser nur halb, erhält die Kamera den Befehl zum Scharfstellen. Wird diese Stellung übersprungen, kann es sein, dass das Motiv noch nicht scharfgestellt wurde. Die Kamera benötigt zum Scharfstellen etwas Zeit. Kontrollieren Sie diesen Vorgang am besten im Sucher oder auf dem Display. Drücken Sie den Auslöser erst dann ganz durch, wenn Sie sicher sind, dass die Kamera nach Ihren Wünschen scharfgestellt hat. Wichtig ist es auch, den Auslöser ❶ gefühlvoll durchzudrücken. Ansonsten müssen Sie allein durch den Auslösevorgang mit verwackelten Aufnahmen rechnen.

∧ **Abbildung 1.4**
Der Auslöser ❶ auf der Oberseite der RX100 IV ist kaum zu verfehlen (Bild: Sony).

Der Steuerring

Die kompakte Bauweise der Kamera lässt nicht allzu viele Bedienelemente zu. Da freut es den Fotografen, der möglichst viel manuell einstellen möchte, dass es solche Bedienelemente wie den Steuerring gibt. Je nachdem, welchen Aufnahmemodus Sie gewählt haben, erfüllt der Steuerring verschiedene Funktionen. Hier wurde von Sony an die Belange der einzelnen Fotosituationen gedacht. Verwenden Sie zum Beispiel die **Intelligente** oder die **Überlegene Automatik**, dann steuern Sie standardmäßig das Zoomen der Objektivbrennweite; im Programm Blendenpriorität **A** hingegen ist er die Blende. Das ist schon ziemlich praktisch und ersetzt im letzteren Fall das Einstellrad, das Sie eventuell von Ihrer Spiegelreflexkamera her gewöhnt sind.

Zudem ist der Steuerring programmierbar (Menü ✿ 5 • **Key-Benutzereinstlg.** • **Steuerring**). Im manuellen Fokusmodus **M** dient er dem manuellen Scharfstellen.

▲ **Abbildung 1.5**
Der Steuerring ❷ *sitzt am hinteren Ende des Objektivs, dicht am Gehäuse (Bild: Sony).*

Schaltzentrale Moduswahlknopf

Den Moduswahlknopf finden Sie an der rechten Oberseite der Kamera. Bevor Sie mit dem Fotografieren beginnen, prüfen Sie hier den eingestellten Modus. Denn es kann leider durchaus vorkommen, dass sich der Moduswahlknopf versehentlich verstellt hat.

Über den Moduswahlknopf sind die Vollautomatiken i📷 und i📷⁺ (**AUTO**), **P**, die Kreativprogramme **A**, **S** und **M** sowie die dreizehn Szenenwahlprogramme **SCN** anwählbar. Die Panorama- und die Filmfunktion können Sie ebenfalls mit dem Moduswahlknopf einstellen. Außerdem steht Ihnen mit **HFR** eine Zeitlupenaufnahmefunktion zur Verfügung. Die Vollautomatik sowie die Szenenwahlprogramme sind vorrangig für Fotografieanfänger oder sehr spontane Aufnahmegelegenheiten gedacht. Der Umstieg auf die anspruchsvolleren Kreativprogramme erfordert etwas Einarbeitungszeit, aber die Mühe wird sich für Sie lohnen. Nur so können Sie maximal auf Ihre Aufnahmen Einfluss nehmen und die Bildwirkung steuern.

Das letzte Symbol auf dem Moduswahlknopf ist der Speicherabruf **MR**. Stellen Sie diesen Modus ein, können Sie einen der drei mit eigenen Funktionen belegbaren Speicherplätze anwählen. Mehr dazu erfahren Sie im Abschnitt »Kameraeinstellungen speichern« ab Seite 28.

Abbildung 1.6 >
Am Moduswahlknopf stellen Sie die Belichtungsprogramme ein (Bild: Sony).

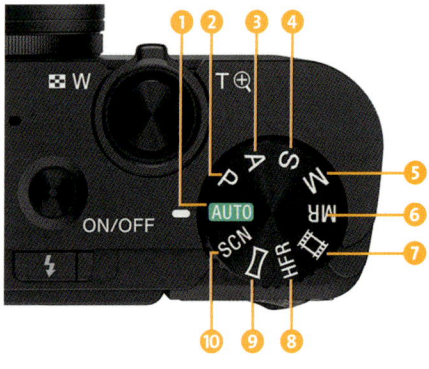

❶ Vollautomatik **AUTO** (Intelligente und Überlegene Automatik)
❷ Programmautomatik **P**
❸ Blendenpriorität **A**
❹ Zeitpriorität **S**
❺ Manuelle Belichtung **M**
❻ Speicherabruf **MR**
❼ Filmfunktion
❽ Hohe Bildfrequenz **HFR**
❾ **Schwenk-Panorama**-Funktion
❿ Szenenwahl **SCN**

Das Einstellrad

Das Einstellrad ◎ dient vorrangig zur Steuerung beziehungsweise Navigation in den Kameramenüs. Außerdem dienen die äußeren Ränder als Direktwahltasten. Mit der Taste **DISP** ⓫ wechseln Sie die Display-Anzeige. Zur Bildfolgewahl gelangen Sie über die Tasten ☼ ⓬ und ❏ ⓭. Wenn Sie den Blitzmodus ändern möchten, drücken Sie die Taste ϟ ⓯.

Mit der Mitteltaste ⓰ bestätigen Sie die gewählten Einstellungen, sollten Sie sich in einem Auswahlpunkt befinden. Außerdem können Sie hierüber den Fokussierbereich ändern, wenn Sie sich im **AF-Feld**-Modus **Flexible Spot** befinden. In der **AF-Feld**-Einstellung **Multi** und **Mitte** wird die **Fokusnachführung** aktiviert. Dies sind Standardwerte, die Sie anpassen können. Wählen Sie hierzu das Menü ✿ 5 • **Key-Benutzereinstlg.** und dann **Funkt. d. Mitteltaste** aus.

Die untere Taste ▼ besitzt zwei Funktionen. Zum einen ist hierüber die Funktion zur **Fotogestaltung** ⓱ und zum anderen die **Belichtungskorrektur** ⓮ direkt erreichbar. In den Automatikprogrammen gelangen Sie hier zur **Fotogestaltung**, in den anderen Programmen zur **Belichtungskorrektur**.

^ **Abbildung 1.7**
Das Einstellrad mit den Direktzugriffstasten (Bild: Sony)

Die MENU-Taste

Über die **MENU**-Taste erreichen Sie das Softwaremenü der Kamera. Hier finden Sie allgemeine Kameraeinstellungen wie Sprache, Datum, Uhrzeit oder auch die Einstellung von Signaltönen. Anderseits werden Sie vermutlich das Menü regelmäßig für die Wahl der **Bildqualität** und anderer Aufnahmebedingungen verwenden. Sony hat das Menü in sechs Kategorien unterteilt, was Ihnen die Suche nach den einzelnen Funktionen sicherlich erleichtert.

- **Kameraeinstlg.**: enthält alle Einstellungen, die für Foto- sowie Videoaufnahmen von Bedeutung sind
- **Benutzereinstlg.**: beinhaltet das Menü, mit dem Sie die Kamera Ihren Wünschen entsprechend anpassen können
- **Drahtlos**: enthält alle Funktionen, die Sie benötigen, um die WLAN-Funktion der RX100 IV einsetzen zu können
- **Applikation**: ermöglicht den Zugriff auf Zusatzsoftware, die Sie im Internet für Ihre RX100 IV teils kostenpflichtig herunterladen können
- **Wiedergabe**: beinhaltet Funktionen für die Betrachtung von Bildern und Videos, für das Senden von Bildern an Ihr Smartphone oder an das Smart-TV sowie zum Schützen und Löschen von Bildern
- **Einstellung**: enthält grundlegende Kamerafunktionen wie die Monitorhelligkeit, den Stromsparmodus, Signaltöne und die Spracheinstellungen. Hier finden Sie auch die Versionsnummer der Firmware Ihrer RX100 IV.

∧ Abbildung 1.8
Die MENU-Taste ⑲ *zur Auswahl des Einstellungsmenüs. Die Funktionstaste Fn* ⑱ *erlaubt Ihnen den Zugang auf häufig verwendete Funktionen (Bilder: Sony).*

Arbeiten Sie zum ersten Mal mit einer Sony-Kamera, bedarf es sicherlich etwas Geduld, sich in die für Sie neue Menüstruktur einzuarbeiten. Mit der Zeit werden Sie aber merken, dass sich das Menü recht intuitiv bedienen lässt. Die Schritt-für-Schritt-Anleitung »Das Kameramenü verwenden« auf Seite 24 erläutert Ihnen das Funktionsprinzip anhand der Einstellung des Bildfolgemodus.

Die Funktionstaste Fn

Der Schnellzugriff nach dem Betätigen der Funktionstaste **Fn** ⑱ hilft Ihnen dabei, Ihre RX100 IV noch einfacher und schneller zu bedienen. Ihnen stehen hier bis zu zwölf Funktionen zur Verfügung. Diese können Sie nach Ihren Vorstellungen anpassen. In einigen Modi, wie zum Beispiel der Vollautomatik, ist die Auswahl an Funktionen stark eingeschränkt, da hier die Kamera selbstständig alle erforderlichen Einstellungen für Sie vornimmt.

In der Schritt-für-Schritt-Anleitung »Die Fn-Taste verwenden« auf Seite 25 erfahren Sie, wie Sie die einzelnen Funktionen aufrufen und die **Fn**-Taste umprogrammieren können.

Das Kameramenü verwenden
SCHRITT FÜR SCHRITT

1 Menü aufrufen und Kategorie auswählen
Drücken Sie die **MENU**-Taste, um in das Kameramenü zu gelangen; mit den Tasten des Einstellrads ◎ navigieren Sie. Die Kamera merkt sich, an welcher Stelle Sie sich zuletzt im Menü befunden haben. Drücken Sie deshalb gegebenenfalls die Taste ▲ des Einstellrads, um auf die Ebene der sechs Registerkarten zu gelangen. Wählen Sie nun mit der Taste ◄ oder ► die gewünschte Registerkarte aus, in diesem Beispiel 📷.

2 Registerkarte wählen
Mit der Taste ▼ des Einstellrads gelangen Sie in die Ebene der Menügruppen. Von hier können Sie mit den Tasten ◄ und ► durch das komplette Menü der RX100 IV manövrieren. In diesem Fall wählen Sie 📷 3 aus.

3 Funktion wählen
Zum **Bildfolgemodus** gelangen Sie mit der Taste ▼. Drücken Sie nun die Mitteltaste des Einstellrads**.** Sie sehen den aktuellen Wert an der linken Seite des Displays. Mit den Tasten ▲ und ▼ können Sie nun den **Bildfolgemodus** wählen. Der aktive Wert wird orangefarben unterlegt. Bestätigen Sie mit der Mitteltaste.

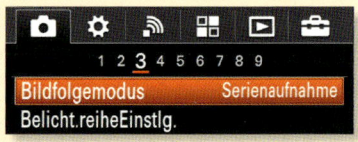

4 Schnelles Abbrechen
Abbrechen können Sie die Auswahl jederzeit durch Drücken des Auslösers. Der **Bildfolgemodus** Ihrer Auswahl wird dennoch gespeichert und kann sofort verwendet werden. Hier müssen Sie Ihre Auswahl per Mitteltaste des Einstellrads bestätigen, um den neuen Wert zu übernehmen.

5 Optional: Aktivieren des Kachelmenüs
Geschmackssache ist sicherlich die Möglichkeit, die Registerkarten in Form eines **Kachelmenüs** darstellen zu lassen. Ist dies gewünscht, wechseln Sie zum Menü 🧰 2. Hier stellen Sie die Funktion **Kachelmenü** auf **Ein**. Drücken Sie nun die **MENU**-Taste, dann erscheint zuerst immer ein **Kachelmenü**, von dem aus Sie zu den einzelnen Funktionen wechseln können.

Die Fn-Taste verwenden
SCHRITT FÜR SCHRITT

1 Fn-Taste nutzen
Drücken Sie die Taste **Fn** auf der Rückseite der RX100 IV. Die einzelnen Optionen stehen Ihnen nun unten auf dem Display zur Auswahl. Wechseln Sie zwischen den Optionen mit den Tasten ◀ und ▶ des Einstellrads ◎. Um die einzelnen Optionen zu ändern, drehen Sie das Einstellrad nach links beziehungsweise nach rechts. Eine Bestätigung der Einstellung per Mitteltaste des Einstellrads ist nicht notwendig. Erscheint der neue Wert orangefarben, dann ist er gespeichert und wird verwendet. Sie können sofort mit der Aufnahme beginnen.

2 Der Fn-Taste andere Funktionen zuweisen
Drücken Sie die MENU-Taste, um ins Menü zu gelangen. Mit der Taste ▶ des Einstellrads navigieren Sie ins Menü ✿ 5. Hier wählen Sie die Option **Funkt.menü-Einstlg**.

3 Funktion wählen
Hier stehen Ihnen zwei Auswahlebenen zur Verfügung: zum einen die obere und zum anderen die untere Ebene. Drücken Sie die Mitteltaste des Einstellrads, um die einzelnen Funktionen 1 bis 6 beider Ebenen aufzurufen. Zwischen den Ebenen wechseln Sie mit den Tasten ◀ und ▶ des Einstellrads. Mit den Tasten ▲ und ▼ des Einstellrads wählen Sie nun die Funktionsnummer an, welche Sie anpassen möchten. Nach dem Drücken der Mitteltaste steht Ihnen die mögliche Auswahl der zuzuweisenden Kamerafunktionen zur Verfügung. Navigieren Sie mit den Tasten ▲ und ▼ des Einstellrads und wählen Sie Ihre gewünschten Funktionen aus. Mit der Mitteltaste bestätigen Sie Ihre Auswahl.

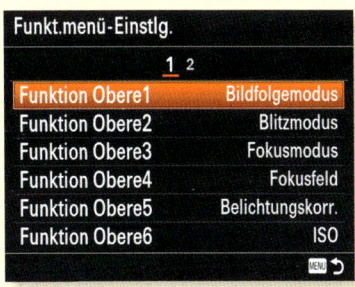

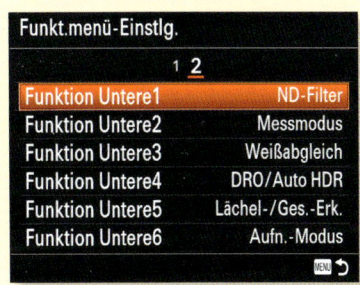

▲ Abbildung 1.9
Mit der DISP-Taste wählen Sie den Umfang der Aufnahmeinformationen im Display (Bild: Sony).

Display und Sucher

Am Rand des Displays lassen sich wichtige Informationen anzeigen. So sind Sie zum Beispiel jederzeit über die Belichtungszeit oder die gewählte Blende im Bilde. Die RX100 IV bietet Ihnen dabei bis zu sechs unterschiedliche Anzeigemöglichkeiten.

Die einzelnen Anzeigemodi schalten Sie mit der **DISP**-Taste ❶ des **Einstellrads** durch. Dabei sind folgende Anzeigen möglich:

- **Grafikanzeige**: Hier werden die Blende und die Verschlusszeit auf einer Skala angezeigt. Außerdem erscheinen weitere Informationen auf dem Display.
- **Alle Infos anz.**: Der maximale Informationsumfang steht zur Anzeige bereit. Allerdings wird so auch der Blick auf das eigentliche Motiv eingeschränkt. Da Sie all diese Informationen auch nicht immer benötigen, ist diese Anzeigeeinstellung eher etwas für die gelegentliche Überprüfung der gewählten Einstellungen.

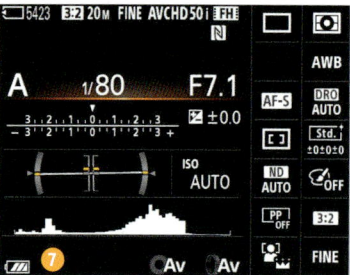

▲ Abbildung 1.10
Die verschiedenen Displayanzeigen: ❷ Grafikanzeige mit zusätzlicher Grafik für Blende und Belichtungszeit, ❸ Alle Infos anz. mit maximalem Informationsgehalt, ❹ Daten n. anz. mit minimalem Informationsgehalt, ❺ Histogramm, ❻ Neigung mit Wasserwaage, ❼ Für Sucher für Informationen ohne Live-View-Bild.

Die Displayansichten anpassen
SCHRITT FÜR SCHRITT

1 Menü auswählen
Drücken Sie die **MENU**-Taste, um ins Menü zu gelangen. Mit der Taste ▶ des Einstellrads navigieren Sie ins Menü ✿ 2. Der oberste Eintrag, **Taste DISP**, ist Ihr Ziel.

2 Sucher oder Monitor wählen
Drücken Sie die Mitteltaste des Einstellrads, um zur Auswahl zwischen der Sucher- und der Monitoreinstellung zu gelangen. Hier wechseln Sie mit den Tasten ▲ und ▼ des Einstellrads zwischen beiden Optionen. Drücken Sie die Mitteltaste, um eine Auswahl zu treffen.

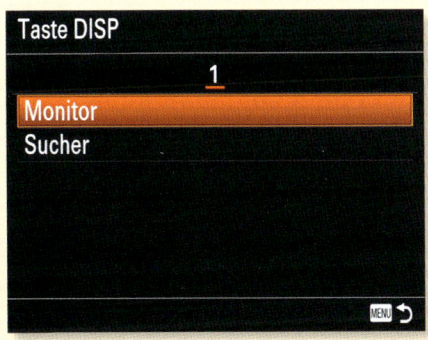

3 Anzeigemodi wählen
Mit den Tasten ▲ und ▼ des Einstellrads navigieren Sie zu den einzelnen Anzeigeoptionen. Aktivieren oder deaktivieren Sie einzelne Optionen per Mitteltaste.

4 Bestätigen der Auswahl
Haben Sie Ihre Auswahl getroffen, dann navigieren Sie zum Abschluss mit den Tasten des Einstellrads zu **Eingabe**. Drücken Sie die Mitteltaste, um die Auswahl zu bestätigen.

- **Daten n. anz.**: Hier sehen Sie wirklich nur das Nötigste unten auf dem Display, wie Belichtungszeit, Blende, Belichtungskorrektur und ISO-Wert.
- **Histogramm**: Diese Displayanzeige, welche ein recht nützliches Live-Histogramm einblendet, ist standardmäßig abgeschaltet.
- **Neigung**: Eine Wasserwaage wird eingeblendet. Dies ist unter anderem sehr nützlich, wenn der Horizont im Bild gerade erscheinen soll.
- **Für Sucher**: Das Live-View-Bild wird auf dem Monitor ausgeblendet. Dafür werden relevante Aufnahmedaten, das Histogramm und die Wasserwaage eingeblendet. Diese Anzeige eignet sich besonders, wenn Sie vorrangig den Sucher zur Motivkontrolle verwenden.

Kameraeinstellungen speichern

Die Sony RX100 IV bietet Ihnen eine Funktion, welche im Allgemeinen eher semiprofessionellen Kameras vorbehalten ist: Sie können bis zu drei selbst erstellte Kamerakonfigurationen in der Kamera speichern. Hierin werden alle Einstellungen des Menüs ◻ berücksichtigt, außerdem der eingestellte Aufnahmemodus, die Blende, die Verschlusszeit und der optische Zoomfaktor.

Um Ihre aktuellen Einstellungen zu speichern, gehen Sie wie folgt vor: Wählen Sie das Menü ◻ 9. Dort navigieren Sie zum Punkt **Speicher**. Mit den Tasten ◀ und ▶ des Einstellrads bestimmen Sie einen der drei Speicherplätze. Drücken Sie die Mitteltaste, um die Auswahl zu bestätigen.

Möchten Sie die gespeicherten Einstellungen verwenden, dann stellen Sie den Moduswahlknopf auf **MR** ❶. **MR** steht für *Memory Register* (Speicherregister). Auf dem Monitor werden die Speicherplätze dann angezeigt. Den gewünschten Speicherplatz wählen Sie mit den Tasten des Einstellrads aus und bestätigen Ihre Auswahl mit der Mitteltaste.

Abbildung 1.11 >
Mit der Einstellung MR ❶ am Moduswahlknopf rufen Sie Ihre eigenen Kameraeinstellungen ab. Ihnen stehen drei Speicherplätze zur Verfügung (Bild links: Sony).

Die Bedienelemente der RX100 IV

Die Bedienelemente der RX100 IV wurden von Sony auf das Nötigste reduziert. Das hängt sicherlich auch damit zusammen, dass das Gehäuse sehr klein ist. Trotzdem sind wichtige Funktionen, wie der Bildfolgemodus, der Selbstauslöser, die Blitzeinstellung oder die Belichtungskorrektor direkt erreichbar.

< Abbildung 1.12
Auf der Oberseite Ihrer RX100 IV finden Sie u. a. den Auslöser ❸, den Zoomhebel ❷ und den Moduswahlknopf ❹ (Bild: Sony).

∧ Abbildung 1.13
Die RX100 IV von vorn und von hinten (Bild: Sony)

- ❷ Zoomhebel
- ❸ Auslöser
- ❹ Moduswahlknopf
- ❺ Selbstauslöseranzeige/ AF-Hilfslicht
- ❻ Steuerring
- ❼ Monitor
- ❽ Videoaufnahme starten/stoppen
- ❾ Funktionstaste **Fn**
- ❿ Menü-Taste **MENU**
- ⓫ Einstellrad
- ⓬ Mitteltaste des Einstellrads
- ⓭ Kameraführer/Löschtaste
- ⓮ Wiedergabetaste

Anzeige der Aufnahmeeinstellungen

Ihre RX100 IV bietet im Aufnahmemodus bei der Wahl der Monitoreinstellung **Alle Infos anz.** wirklich alle erdenklichen Informationen direkt auf dem Monitor an. Nachfolgend finden Sie die entsprechenden Erklärungen zu den dargestellten Piktogrammen. Im Fotoalltag werden Sie diese Ansicht sicher nicht immer eingeschaltet haben, da hier auch der Blick auf das eigentliche Motiv eingeschränkt ist. Aber ab und zu lohnt es sich, auf die Einstellungen zu schauen und zu prüfen, ob alles noch Ihren Vorstellungen entspricht.

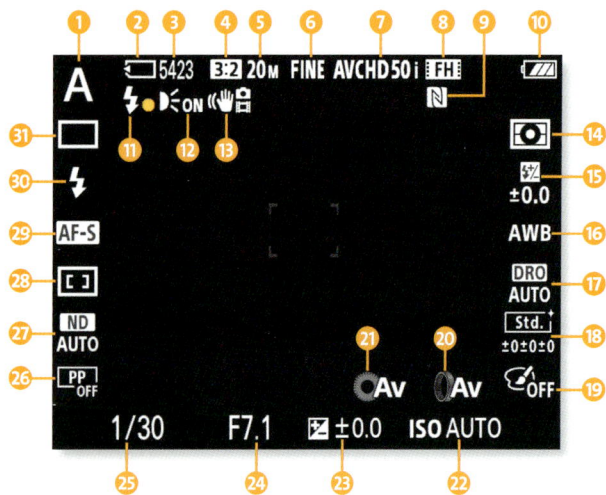

⑨ -Zeichen: NFC (*Near Field Communication*), drahtlose Kommunikation ist möglich (geringe Reichweite)
⑩ Akkuladestandsanzeige
⑪ Blitzladung
⑫ Autofokus-Hilfslicht
⑬ Bildstabilisator zum Filmen oder für Fotos
⑭ Belichtungsmessmodus
⑮ Blitzbelichtungskorrektur
⑯ Weißabgleich
⑰ Dynamikbereich-Optimierung **DRO**
⑱ Kreativmodus
⑲ Bildeffekt
⑳ Funktion des Steuerrings
㉑ Funktion des Einstellrads
㉒ ISO-Empfindlichkeit
㉓ Belichtungskorrektur
㉔ Blendenwert
㉕ Belichtungszeit
㉖ Fotoprofil für Filme
㉗ ND-Filter
㉘ Fokusfeld
㉙ Fokusmodus
㉚ Blitzmodus
㉛ Bildfolgemodus

Abbildung 1.14
*Die Monitoranzeige **Alle Infos anz.** im Aufnahmemodus*

① eingestelltes Aufnahmeprogramm (mit Moduswahlknopf wählbar)
② Speicherkartensymbol (ist keine Speicherkarte eingelegt erscheint **NO CARD**)
③ geschätzte Anzahl Fotos, die noch auf die Speicherkarte passen
④ Seitenverhältnis des Fotos
⑤ Bildgröße (Aufnahmepixel)
⑥ Bildqualität
⑦ Bildrate bei Filmaufnahmen
⑧ Bildgröße von Filmen

Anzeigeinformationen im Wiedergabemodus

Die RX100 IV verfügt über drei unterschiedliche Informationsanzeigen, die Sie sich im Wiedergabemodus einblenden lassen können. Nachdem Sie die Taste ▶ gedrückt haben, können Sie per **DISP**-Taste auch hier, wie im Aufnahmemodus, durch die einzelnen Modi manövrieren. Sie können zwischen einer Anzeigevariante ohne Informationen, einer mit detaillierten Informationen und einer Variante mit zusätzlicher Histogrammanzeige wählen. Neben dem Gesamthelligkeitshistogramm werden auch die Histogramme für die roten, grünen und blauen Tonwerte im Bild angezeigt.

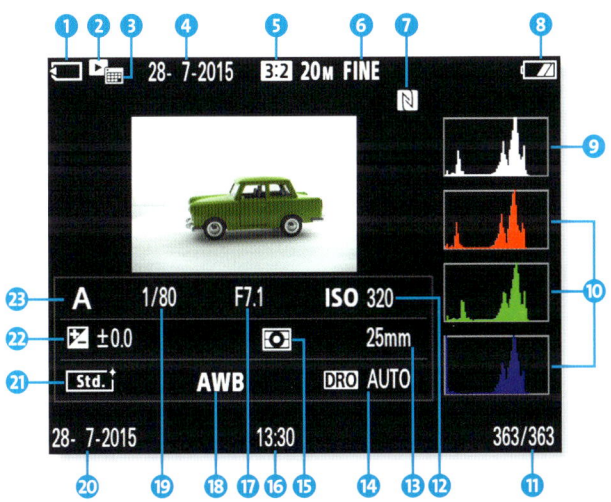

▲ Abbildung 1.15
Die Monitoranzeige **Histogramm**: *Hier werden neben den allgemeinen Informationen zum aufgenommenen Bild auch verschiedene Histogramme angezeigt.*

① Speicherkarte
② Wiedergabemodus
③ Nummer des Aufnahmeordners
④ Dateinummer*
⑤ Seitenverhältnis
⑥ Bildqualität
⑦ N-Zeichen (NFC)
⑧ Akkuladestandanzeige
⑨ Helligkeitshistogramm
⑩ Farbhistogramm: Verteilung der roten, grünen und blauen Tonwerte
⑪ Bildnummer/Gesamtbildanzahl auf der Speicherkarte
⑫ ISO-Empfindlichkeit
⑬ Brennweite
⑭ Dynamikbereich-Optimierung **DRO**
⑮ Belichtungsmessmethode
⑯ Uhrzeit der Aufnahme
⑰ Blendenwert
⑱ Weißabgleicheinstellung
⑲ Belichtungszeit
⑳ Datum der Aufnahme
㉑ Kreativmodus
㉒ Belichtungskorrektur
㉓ Aufnahmeprogramm

* Die RX100 IV schien hier zum Zeitpunkt der Drucklegung nicht richtig zu funktionieren, denn an dieser Stelle sollte eigentlich der Ordner und die Dateinummer erscheinen. Möglicherweise behebt Sony den Fehler mit einem Firmwareupdate.

Die RX100 IV für den Fotoalltag vorbereiten

Sicher können Ihnen auch mit der Automatikfunktion vorzeigbare Ergebnisse gelingen. Je tiefer Sie aber in die Fotografie einsteigen, desto mehr werden Sie feststellen, dass die Kamera nicht alles voraussahen kann. Viele Bilder werden dann vermutlich nicht mehr Ihren Vorstellungen entsprechen. Denn nicht (nur) die Kamera macht das Bild, sondern (auch oder gerade) die Person hinter der Kamera. Also trauen Sie sich ruhig, manuelle Einstellungen an Ihrer RX100 IV vorzunehmen und selbst kreativen Einfluss auf das Bildergebnis zu nehmen. Ganz am Anfang steht natürlich die Vorbereitung Ihrer neuen Kamera.

Den Akku laden und einlegen

Im Lieferumfang Ihrer Kamera befindet sich ein leistungsstarker Lithium-Ionen-Akku. Er liefert 4,5 Wh Energie und muss vor dem ersten Gebrauch vollständig geladen werden. Trotz der vergleichsweise geringen Kapazität sind mit ihm immerhin etwa 250–300 Bilder oder 80 Minuten Video (je nach Einsatzzweck) möglich, bis die RX100 IV wieder an die Ladestation muss. Auf eintägigen Fototouren sollte diese Kapazität gut ausreichen. Sind Sie hingegen länger unterwegs, ist es immer gut, einen Ersatzakku dabei zu haben.

Den Akku laden

Den Akku laden Sie, wie es zum Beispiel auch bei Smartphones üblich ist, per USB-Kabel und Ladegerät. Auf Reisen ersparen Sie sich so eventuell ein zweites Ladegerät, da Sie auch das Ladegerät Ihres Smartphones verwenden können, wenn es dem aktuellen Standard mit Micro-USB-Anschluss entspricht.

▾ **Abbildung 1.16**
Ist die Kamera mit dem Computer oder einer anderen Stromquelle per USB-Kabel verbunden, erfolgt die Ladung auch hierüber. Wählen Sie ⚙ 4 unter **USB-Stromzufuhr** *die Option* **Aus***, findet gar keine Ladung statt.*

Neben dem herkömmlichen Ladegerät können Sie Ihre Kamera über ein mobiles Ladegerät laden. Auf längeren Fototouren ist das sicher von Vorteil, da die Kapazität des kleinen Akkus Ihrer RX100 IV doch recht beschränkt ist. Einige dieser Ladegeräte besitzen auch zwei Ladeausgänge. Damit können Sie in einer Pause gleichzeitig Ihr Smartphone und Ihre Kamera laden. Je nach Kapazität des mobilen akkubetriebenen Ladegeräts sogar mehrmals. Mit einem Gerät, das eine Kapazität von etwa 40 Wh besitzt, sind Sie hier gut beraten.

Sollten Sie Ihre Kamera oder einen Ersatzakku über längere Zeit nicht nutzen, kann es zu sogenannten *Tiefentladungen* kommen, die den Akku schädigen können. Aus diesem Grund sollte der Akku regelmäßig, spätestens alle vier bis sechs Monate, auf etwa 60 % seiner Ladekapazität aufgeladen werden.

Zu tiefe und zu hohe Temperaturen können den Akku ebenfalls schädigen und die Kapazität beeinträchtigen. Im Winter, bei Minustemperaturen, sollten Sie den Akku am Körper transportieren. Am besten nehmen Sie die Kamera komplett unter Ihre Jacke und holen sie nur zum Fotografieren heraus. Liegt der Akku beziehungsweise die RX100 IV in der prallen Sonne, können Temperaturen entstehen, die im Akku chemische Reaktionen auslösen, was zu dauerhaften Schäden führen kann.

▲ **Abbildung 1.17**
Ihre RX100 IV können Sie ohne Weiteres über ein mobiles Ladegerät laden. Verwenden Sie hierfür den Anschluss **Multi**.

Akkus von Drittanbietern

Immer wieder hört man von Billigakkus oder günstigen Plagiaten, die beispielsweise im Internet angeboten werden. Hier wird häufig aus Kostengründen auf bestimmte Schutzmechanismen wie den Überspannungs- und den Kurzschlussschutz verzichtet. Überhitzungen und sogar das Austreten von Säure – mit entsprechenden Folgeschäden – können die Konsequenz sein. Hier ist also höchste Vorsicht geboten. Nicht wenige dieser Akkus sind gefährlich. Des Weiteren stellt sich die Frage, ob die Kapazitätsangaben, die meist höher als die Originalkapazität sind, wirklich realistisch sind. Auch wird immer wieder in Foren berichtet, dass Fremdakkus nach wenigen Lade- und Entladezyklen sehr viel weniger Energie lieferten oder gar ganz den Dienst quittierten, was auf eine sehr schlechte Zyklenfestigkeit schließen lässt. Zudem schwankt die Passgenauigkeit bei Billigakkus. Ist der Akku nur minimal größer als das Original, bekommen Sie ihn entweder gar nicht erst ins Akkufach hinein oder später schwer wieder heraus.

Es gibt aber auch kompatible Akkus von seriösen Herstellern, die mit dem Original zumindest mithalten können. In diesem Zusammenhang kann zum Beispiel die Firma Ansmann genannt werden. Erkundigen Sie sich aber in jedem Fall vor dem Kauf, ob der Akku in Ihrer RX100 IV funktioniert.

Die richtigen Speicherkarten für Ihre RX100 IV

Zur Speicherung Ihrer Bilder verwendet die RX100 IV sogenannte *SecureDigital*-Karten (SD, SDHC, SDXC) und das Sony-eigene Speicherkartenformat, *Memory Stick PRO Duo* oder *PRO-HG Duo*. Diese müssen Sie zusätzlich zur Kamera erwerben. Um mit der RX100 IV in der besten Videoauflösung (4K) filmen zu können, benötigen Sie zwingend eine SDXC-Karte.

Das Fach für die Speicherkarten finden Sie an der Unterseite der Kamera neben dem Batteriefach. Schieben Sie die Speicherkarte, wie in Abbildung 1.18 gezeigt, in den entsprechenden Schacht, bis sie einrastet.

^ **Abbildung 1.18**
Das Fach für die Speicherkarten ist von unten über die Klappe des Batteriefachs zugänglich.

Die Speicherkarte formatieren
SCHRITT FÜR SCHRITT

1 Menü Formatieren aufrufen
Drücken Sie hierzu die **MENU**-Taste und wechseln Sie mit der Taste ▶ des Einstellrads ins Menü 🛠 5. Mit der Taste ▼ des Einstellrads gelangen Sie zum Menüpunkt **Formatieren**. Drücken Sie nun die Mitteltaste ● am Einstellrad.

2 Formatieren der Speicherkarte
Mit der oberen Taste ▲ des Einstellrads wechseln Sie zu **Eingabe**. Drücken Sie die Mitteltaste. Nun wird die Speicherkarte formatiert und steht für Aufnahmen zur Verfügung.

> **Achtung**
> Bedenken Sie, bevor Sie die Formatierung durchführen, dass sämtliche Daten auf der Speicherkarte unwiederbringlich gelöscht werden!

Möchten Sie die Speicherkarte wieder entnehmen, drücken Sie auf die Speicherkarte, bis Sie ein Klicken hören. Danach ist die Karte freigegeben und kann entnommen werden. Wichtig ist, dass Sie Speicherkarten nur entnehmen, wenn gerade kein Kopiervorgang der Bilddateien auf die Karte im Gang ist. Anderenfalls könnten Ihre Bilddateien verlorengehen.

Wenn Sie den Schiebeschalter an der Seite der Speicherkarte ❶ herunterdrücken, können keine Daten mehr von der Speicherkarte gelöscht werden. So kann die Karte aber auch nicht mit neuen Bildern beschrieben werden. Das Auslesen des Karteninhalts ist hingegen möglich. Die Normalstellung zum Fotografieren mit der RX100 IV ist in der Abbildung 1.19 dargestellt.

Um sicherzugehen, dass Ihre Bilder korrekt auf der Speicherkarte landen, sollte diese an Ihre RX100 IV angepasst werden. Hierfür formatieren Sie die Speicherkarte vor der ersten Verwendung.

^ Abbildung 1.19
Die Speicherkarte können Sie gegen zufälliges Löschen schützen, indem Sie den Schieber ❶ nach unten drücken (Bild: Sony).

Datum und Uhrzeit einstellen

Schalten Sie Ihre RX100 IV zum ersten Mal ein, werden Sie, nach der Auswahl der Sprache, zur Eingabe des Datums, der Uhrzeit und der Zeitzone aufgefordert. Nehmen Sie sich ruhig die Zeit und geben Sie hier gleich die richtigen Werte ein. So haben Sie von Anfang die korrekten Daten zu Ihren Bildern mit abgespeichert. Später werden Sie so Ihre Bilder anhand des Datums leichter finden können, und auch das Sortieren nach diesem Kriterium wird wesentlich vereinfacht.

Navigieren Sie im Startbildschirm zur Auswahl **Eingabe**, und drücken Sie die Mitteltaste des Einstellrads. Befinden Sie sich in Deutschland oder einem entsprechenden Gebiet entlang dieses Längengrades, dann drücken Sie einmal die rechte Taste ▶ des Einstellrads, um zu **Berlin/Paris** (**GMT +1.0**) zu gelangen. Damit ist die richtige Zeitzone gewählt.

Als nächster Punkt werden die Sommer- und Winterzeit abgefragt. Wählen Sie **Ein** falls gerade Sommerzeit herrscht, andernfalls **Aus**.

Nun stellen Sie das Datum und die Uhrzeit ein. Dazu wählen Sie **Datum/Zeit**. Mit den Tasten des Einstellrads stellen Sie das Datum und die Uhrzeit ein. Mit der Mitteltaste des Einstellrads beenden Sie den Vorgang. Die Umstellung der Sprache wird im Folgenden beschrieben.

v Abbildung 1.20
Nach dem ersten Einschalten der RX100 IV werden Sie zur Auswahl der Menüsprache gebeten.

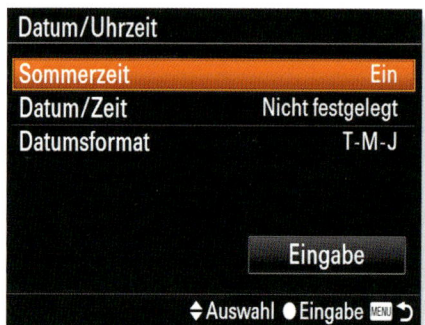
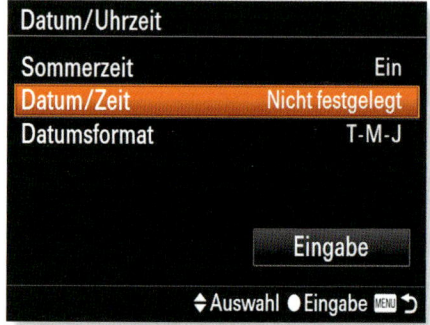

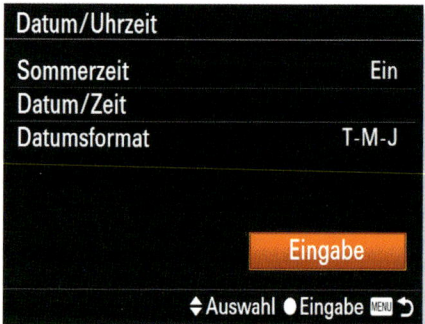

∧ Abbildung 1.21
Nach dem Auspacken und Einschalten Ihrer RX100 IV ist das Einstellen von Zeitzone, Sommer- und Winterzeit sowie Datum und Uhrzeit notwendig.

 Datum und Uhrzeit nachträglich ändern

Natürlich können Sie das Datum, die Uhrzeit und die Zeitzone auch nachträglich ändern. Dies ist zum Beispiel immer dann notwendig, wenn Sie in eine andere Zeitzone reisen. Drücken Sie dazu die MENU-Taste und wechseln Sie ins Menü 🧰 4.

Die Sprache in den Menüs ändern

Sollte doch einmal die Umstellung auf eine andere Menüsprache notwendig werden, gehen Sie wie folgt vor: Drücken Sie die **MENU**-Taste und wechseln Sie mit der Taste ▶ des Einstellrads ins Menü 🛠 4. Mit der Taste ▼ des Einstellrads gelangen Sie zum dritten Menüpunkt (in diesem Fall **Sprache**).

Drücken Sie die Mitteltaste des Einstellrads und wählen mit den Tasten ▲ und ▼ des Einstellrads die gewünschte Sprache aus. Drücken Sie erneut die Mitteltaste, um die Einstellung zu speichern. Das Menü verlassen Sie, indem Sie den Auslöser leicht antippen.

◀ Abbildung 1.22
Wird Ihre RX100 IV in einer anderen Spracheinstellung als Deutsch ausgeliefert, ist eine Umstellung notwendig.

Den Stromverbrauch optimieren

Die RX100 IV verfügt über eine sehr effiziente Stromsparfunktion. Diese schaltet die Kamera komplett ab, sobald die eingestellte Zeit abgelaufen ist, ohne dass die Kamera benutzt worden wäre. Vergessen Sie etwa, die Kamera über Nacht abzuschalten, wird sich durch die automatische Abschaltung der Akku über Nacht so gut wie nicht weiter entladen. Da die RX100 IV nach der automatischen Abschaltung recht schnell wieder betriebsbereit ist, kann der Standardwert von zwei Minuten ruhig eingestellt bleiben.

Möchten Sie Strom sparen und somit die Akkulaufzeit verlängern, so bietet Ihnen die RX100 IV zwei Möglichkeiten: Zum einen können Sie die Rückschauzeit (**Bildkontrolle**) und zum anderen die automatische Abschaltung anpassen. Außerdem können Sie mit der Helligkeitseinstellung des Monitors und des elektronischen Suchers nochmals Sparpotenzial aktivieren. Bedenken Sie, dass der elektronische Sucher etwas mehr Strom verbraucht als der Monitor. Drücken Sie die **MENU**-Taste und wechseln Sie mit der Taste ▶ des Einstellrads ins Menü ⚙ 2. Mit der Taste ▼ des Einstellrads gelangen Sie zum Menüpunkt **Bildkontrolle**. Drücken Sie die Mitteltaste des Einstellrads. Hier stehen Ihnen vier Optionen zur Verfügung. Wenn Sie Strom sparen wollen, wählen Sie **Aus** oder **2 Sek**. Ansonsten empfiehlt sich die Einstellung **10 Sek**. So haben Sie genügend Zeit, um Ihr aufgenommenes Bild zu betrachten. Andererseits können Sie jederzeit die Bildvorschau durch Antippen des Auslösers unterbrechen.

 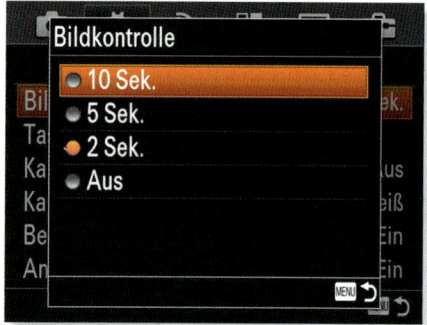

Abbildung 1.23 >
Eine Möglichkeit, um den nicht allzu starken Akku zu schonen, ist es, die Bildwiedergabezeit nach der Aufnahme abzuschalten.

Wird die RX100 IV nicht verwendet, schaltet sie sich automatisch ab, um Strom zu sparen. Sie gelangen zur Einstellung dieser Optionen, indem Sie die **MENU**-Taste drücken und mit der Taste ▶ des Einstellrads ins Menü 🧰 2 wechseln. Mit der Taste ▼ wählen Sie **Energiesp.-Startzeit**. Nun drücken Sie die Mitteltaste des Einstellrads. Jetzt können Sie Ihre Auswahl treffen. Als guter Kompromiss hat sich die Wahl von **2 Minuten** erwiesen. Stromsparen und schnelle Einsetzbarkeit halten sich hier die Waage.

 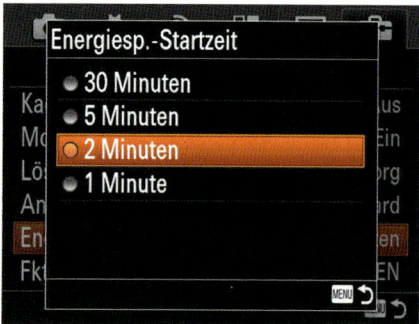

Abbildung 1.24 >
Sie können Strom sparen, indem Sie die Zeit bis zum Abschalten der RX100 IV reduzieren.

☑ Stromsparfunktionen bei Wiedergabe deaktiviert

Sie brauchen keine Sorge zu haben, dass sich die Kamera während der Wiedergabe einer Diaschau abschaltet. Hier ist die Stromsparfunktion deaktiviert. Das gleiche gilt für die Wiedergabe von Filmen und wenn die Kamera mit einem Computer verbunden ist.

Monitor und Sucher stromsparend einstellen

Durch die Einstellung der Monitor- beziehungsweise Sucherhelligkeit kann der Stromverbrauch deutlich beeinflusst werden. Stellen Sie hier den höchsten Wert (**Sonnig**) ein, müssen sie mit einem sich recht schnell leerenden Akku rechnen. Anderseits kann es notwendig sein, den Maximalwert zu verwenden, wenn Sie zum Beispiel bei starkem Sonnenschein fotografieren. Für Aufnahmen in Innenräumen ist die Einstellung **Sonnig** aber nicht zu empfehlen, da der Monitor dann zu stark blenden kann.

Im Allgemeinen ist es am sinnvollsten, mit der automatischen Helligkeitssteuerung zu arbeiten. Dies funktioniert allerdings nur beim Sucher. Beim Monitor wählen Sie die Standardeinstellung **0** und passen diese bei Bedarf an. Zur Einstellung drücken Sie die **MENU**-Taste und wechseln mit der Taste ▶ des Einstellrads ins Menü 🧰1. Mit der Taste ▼ des Einstellrads wählen Sie aus den Optionen die **Monitor-Helligkeit**. Drücken Sie anschließend die Mitteltaste am Einstellrad zweimal, um zur Auswahl zwischen **Manuell** und **Sonnig** zu gelangen. Im Menüpunkt **Manuell** können Sie die Helligkeit des Monitors in fünf Stufen wählen. Bestätigen Sie die Auswahl, indem Sie die Mitteltaste des Einstellrads drücken.

 Info

Für den Fall, dass Sie das Netzteil **AC-UD10** verwenden, wird die Monitor- beziehungsweise Sucherhelligkeit auf **Sonnig** gesetzt.

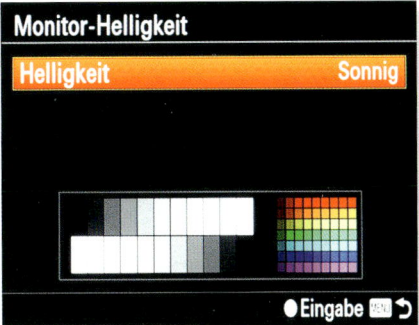

▲ Abbildung 1.25
*Die Einstellung **Sonnig** sollten Sie wirklich nur bei hochstehender Sonne oder sehr hellem Umgebungslicht verwenden, da hier am meisten Strom verbraucht wird.*

Akustische Signale verwenden

In der Standardeinstellung quittiert die Kamera einige Funktionen mit einem Signalton. Sie erhalten so ein akustisches Feedback, zum Beispiel wenn die RX100 IV die Schärfe gefunden hat oder der Selbstauslöser aktiviert ist. Dies kann in einigen Situationen, zum Beispiel bei der Konzert- oder Tierfotografie, stören. Über das Menü lassen sich die Signaltöne aber leicht abschalten. Eine Bestätigung, dass der Autofokus die Schärfe gefunden hat, erhalten Sie weiterhin durch ein kurzes Aufleuchten des entsprechenden Messfelds und über die leuchtende Fokusanzeige im Sucher beziehungsweise auf dem Monitor.

Drücken Sie die **MENU**-Taste und wechseln Sie ins Menü 🧰1. Mit der Taste ▼ des Einstellrads gelangen Sie zum Menüpunkt **Signaltöne**. Nachdem Sie die Mitteltaste des Einstellrads gedrückt haben, können Sie per Taste ▼ des Einstellrads die Option **Aus** wählen. Danach bestätigen Sie die Eingabe mit der Mitteltaste. Die Signaltöne sind nun deaktiviert. Alternativ bleibt noch die Auswahl der Option **Verschluss**. Hier wird ein Geräusch ähnlich dem Verschlussgeräusch einer Spiegelreflexkamera erzeugt, sobald Sie den Auslöser durchdrücken.

 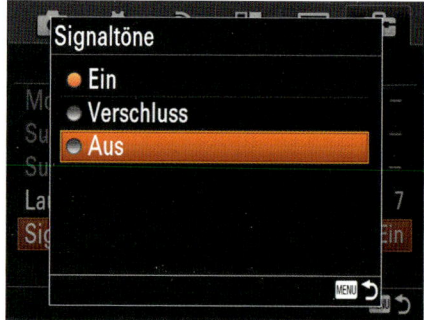

Abbildung 1.26 >
Stören Sie die Signaltöne der Kamera, dann schalten Sie diese einfach ab. Ob Sie ein stärkeres Verschlussgeräusch wünschen oder nicht, ist ebenfalls Geschmackssache.

ISO-Einstellung optimieren

Von Haus aus ist die RX100 IV auf **ISO AUTO** eingestellt, das heißt sie wählt je nach eingestelltem Programm ISO-Werte zwischen ISO 125 und 6400. Da das Rauschen mit zunehmendem ISO-Wert steigt, sollten Sie die Einstellung nicht unbedingt der Kamera überlassen. Die Kamera tendiert zwar zur Wahl eines möglichst geringen ISO-Wertes, sie kann jedoch nicht jede Situation vorausahnen und so den ISO-Wert optimieren. Das sollten Sie als Fotograf besser selbst vornehmen.

Die Einstellung des ISO-Wertes erreichen Sie über die **MENU**-Taste im Menü ◻ 4 oder per **Fn**-Taste. Hier stellen Sie zunächst einen ISO-Wert von ISO 125 ein und passen ihn, wenn nötig, den Lichtbedingungen an. Die RX100 IV erreicht bei ISO 125 ihr Maximum an Dynamikumfang und Rauscharmut. Mehr zum ISO-Wert erfahren Sie in Abschnitt »Den optimalen ISO-Wert finden« ab Seite 95.

< Abbildung 1.27
Standardmäßig ist hier **ISO AUTO** *eingestellt. Passen Sie den ISO-Wert aber besser manuell an.*

 ISO-Wert stets überprüfen

Vor jeder Kamerabenutzung empfiehlt sich die Überprüfung des eingestellten ISO-Wertes. Hat man bei der letzten Fototour einen sehr hohen ISO-Wert eingestellt, weil die Lichtbedingungen keine niedrigen Werte zuließen, und vergessen, den Wert danach zurückzusetzen, würde man sich nun wahrscheinlich ärgern. Denn falls mehr Licht zur Verfügung steht, reichen kleine ISO-Werte aus, bei denen weniger oder gar kein Bildrauschen auftritt.

Strukturiert arbeiten mit Dateinamen und Ordnern

Möchten Sie Ihre Aufnahmen nach einem eigenen System strukturiert speichern, besitzt die RX100 IV hierfür zwei Optionen: Zunächst kann im Menü 🧰 4 unter der Option **Dateinummer** gewählt werden, ob der Dateiname fortlaufend nummeriert werden soll, auch wenn die Speicherkarte oder der Speicherordner gewechselt wurde, oder ob jeweils die Nummerierung neu beginnen soll. Im Normalfall ist eine Neunummerierung wenig sinnvoll, da es sonst zu Speicherkonflikten beim Übertragen der Dateien auf den Computer kommen kann, wenn der Dateiname bereits vorhanden ist.

Für die Ordner stehen zwei Optionen zur Wahl. Im Normalfall wird immer derselbe Ordner zum Abspeichern der Bilder gewählt. Über die Option

Abbildung 1.28 >
Neben einem gemeinsamen Ordner für alle Bilder können Sie Ihre Bilder alternativ auch in einzelnen Datumsordnern abspeichern.

Ordnername im Menü 🧰 5 haben Sie aber die Möglichkeit, einen **Datumsordner** zu wählen. Für jeden Tag, an dem Aufnahmen mit der Kamera gemacht werden, wird ein separater Ordner eingerichtet, in den die Dateien entsprechend einsortiert werden. Da das Datum zu jedem Bild mitgespeichert wird und die gängigen Bildbearbeitungsprogramme die Sortierung nach Datum erlauben, kann auch hierauf in den meisten Fällen verzichtet werden. Zusätzlich können Sie über die Option **Neuer Ordner** einen neuen Ordner anlegen. Dabei wird die Nummer im Ordnernamen um eins höher gesetzt als beim vorherigen Ordner. Sie können zwischen **Standardformat** und **Datumsformat** wählen. Über **Ordner wählen** kann dieser Ordner dann zum Speichern gewählt werden.

Empfehlungen für weitere wichtige Einstellungen

Die Struktur zur Bedienung der RX100 IV lässt sich sehr einfach und intuitiv erfassen. Schon nach recht kurzer Zeit ist man mit den wichtigsten Funktionen vertraut. Zudem lässt sich die Kamera an Ihre Bedürfnisse anpassen. Im Folgenden geht es um ein paar Empfehlungen, die die Bedienung noch weiter erleichtern können.

Der Bildstabilisator **SteadyShot** sorgt dafür, dass Kameraverwacklungen, die durch die Kamera entstehen bis zu einem gewissen Grad ausgeglichen werden (2 bis 4 Blendenstufen). Grundsätzlich kann **SteadyShot** eingeschaltet bleiben. Bei Nutzung eines Dreibeinstativs hingegen sollten Sie ihn deaktivieren, da hier die Wirkung des Bildstabilisators zu einer leichten Unschärfe auf den Bildern beitragen kann.

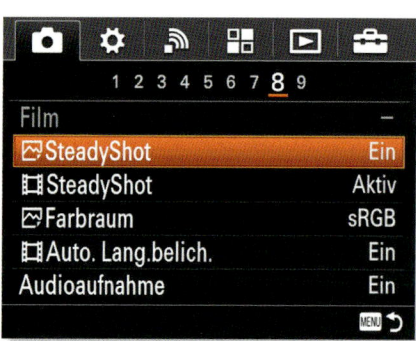

< Abbildung 1.29
Im Menü lässt sich der Bildstabilisator abschalten. Das ist zum Beispiel empfehlenswert, wenn Sie ein Dreibeinstativ nutzen.

Die RX100 IV besitzt zur Unterstützung des Autofokus die Möglichkeit, ein integriertes Hilfslicht zu nutzen. Steht die Funktion **AF-Hilfslicht** auf **Auto**, wird dieses verwendet, sobald das Umgebungslicht nicht mehr ausreicht um scharfzustellen. Ist diese Unterstützung nicht gewünscht, kann sie abgeschaltet werden (**Aus**). Im **Film**-

◁ Abbildung 1.30
Stört Sie das AF-Hilfslicht beim Fotografieren, dann schalten Sie es im Menü 📷 *4 ab.*

und im **Schwenk-Panorama**-Modus ist es automatisch deaktiviert.

Um das Rauschen bei längeren Belichtungszeiten als 1/3 s zu vermindern, nimmt die Kamera zusätzlich ein Dunkelbild mit gleich langer Belichtungszeit auf, bei dem nur das Rauschen aufgezeichnet wird. Dazu müssen Sie die Funktion **Langzeit-RM** im Menü 📷 6 auf **Ein** stellen. In der Bildaufbereitung zieht die RX100 IV dieses Dunkelbild rechnerisch vom tatsächlichen Bild ab. Diese Vorgehensweise ist recht effektiv und sollte in den meisten Fällen beibehalten werden. Führen Sie die Rauschminderung manuell durch, dann wählen Sie die Option **Aus**.

In diesem Zusammenhang sollten Sie darauf achten, dass im Menü 📷 3 als **Bildfolgemodus** nicht die **Serienaufnahme** oder **Serienreihe** ausgewählt wurde, da hier die Rauschminderung nicht aktiv ist. Das gleiche gilt, wenn der Belichtungsmodus auf **Schwenk-Panorama** ▭, **Sportaktion** 🏃, **Landschaft** ▲ und **Nachtszene** 🌙, **Tiere** 🐱 oder **Feuerwerk** ✿ in der Szenenwahl **SCN** gewählt wurde, oder wenn Sie unter **ISO** im Menü 📷 3 die **Multiframe-Rauschm.** eingestellt haben.

Sony setzt an der RX100 IV eine weitere Rauschminderung für JPEG-Dateien ein, denn ab ISO 1600 wird das Rauschen ansonsten schon recht auffällig. Stellen Sie unter **Hohe ISO-RM** die Option **Niedrig** ein, wenn Sie das Rauschen lieber selbst am PC mit einem speziellen Rauschminderungsprogramm reduzieren möchten.

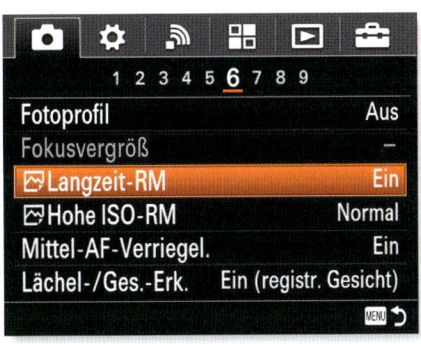

◁ Abbildung 1.31
*Der Menüpunkt **Langzeit**-RM dient der Rauschminderung bei langen Belichtungszeiten.*

Tabelle 1.1 >
*Wenn Sie am Computer selbst die Rauschminderung durchführen, dann stellen Sie hier **Niedrig** ein.*

Einstellung	Wirkungsweise
Hoch	Stärkerer Eingriff in die Bildbearbeitung, Details können verlorengehen
Normal	Standardrauschminderung, einige Details können verlorengehen
Niedrig	Die Kamerasoftware greift nur recht milde ein. Die meisten Details bleiben erhalten. Das Rauschen ist hier am stärksten ausgeprägt. Beste Wahl, falls in der Bildbearbeitung am PC entrauscht werden soll.

 RAW und Rauschen

An RAW-Dateien (siehe den Exkurs »Für mehr Spielraum: das RAW-Format«, Seite 52) wird die Rauschminderung **Hohe ISO-RM** nicht eingesetzt. Hierfür ist später der RAW-Konverter zuständig.

Die erweiterten Zoomfunktionen

Der **Klarbild-Zoom** ist ebenso wie der **Digitalzoom** eine Funktion, welche Sony schon länger in seinen diversen Kompaktkameras verwendet. Hiermit ist eine Möglichkeit geschaffen worden, das Objekt der Begierde vor der Kamera noch dichter heranzuholen. Das heißt: Kommen Sie mit Ihrem Zoomobjektiv im Telebereich an die Grenzen, dann können Sie mit diesen Funktionen eine Art Software-Telekonverter hinzuschalten. Beide Funktionen beschneiden nicht einfach das Bild, um den Teleeffekt zu erzielen, sondern skalieren die Bilder hoch, rechnen also Pixel hinzu. Ihre Bilder werden mit der gleichen Pixelanzahl ausgegeben wie ohne Zoomfunktion. Natürlich kann man von solchen Funktionen keine Wunder verlangen, da die dazugewonnenen Pixel nur geschätzt (interpoliert) sind.

In praktischen Tests zeigt sich, dass der **Klarbild-Zoom** bei gleichem Zoomfaktor etwas schärfere Ergebnisse liefert als der **Digitalzoom**. An die Ergebnisse eines optischen Zooms reichen sie natürlich beide nicht heran. Für die Wiedergabe der Bilder im Internet sind beide Funktionen aber durchaus brauchbar.

Mit dem **Klarbild-Zoom** können Sie maximal 2-fach vergrößern. Wenn Sie im **RAW**- oder **RAW+JPEG**-Modus arbeiten, steht Ihnen die Funktion nicht zur Verfügung.

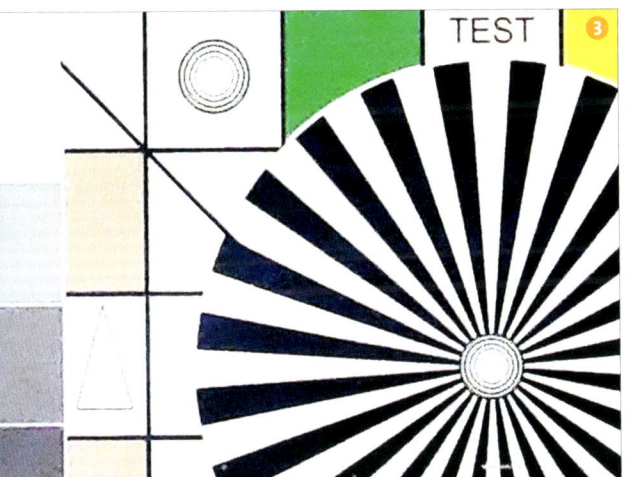

< ∧ Abbildung 1.32
❶: optischer Zoom bei 70 mm
❷: zusätzlich zum optischen Zoom von 70 mm mit 2-fachem Klarbild-Zoom
❸: zusätzlich mit Digitalzoom und 4-facher Vergrößerung. Die Bilder stellen einen Ausschnitt von etwa 1:2 aus dem Original dar.

Im Unterschied zum **Klarbild-Zoom** können Sie mit dem **Digitalzoom** eine stärkere Vergrößerung erzeugen. Sie erreichen hier je nach gewählter Bildgröße eine bis zu 4-fache Vergrößerung. Bedenken Sie hierbei: Je stärker die Vergrößerung ist, desto größer ist auch der Qualitätsverlust. Außerdem können Sie einen »Digitalzoom« auch später noch selbst am Computer durchführen. Er ist ja nichts anderes als ein Beschnitt des Bildes. Den **Digitalzoom** und den **Klarbild-Zoom** können Sie nicht in allen Modi der RX100 IV verwenden. Das trifft zum Beispiel zu, wenn Sie das **Schwenk-Panorama** verwenden und als Bildqualität **RAW** oder **RAW+JPEG** gewählt haben. Wenn Sie ein Video aufnehmen, dann darf an dieser Stelle nicht **120p** oder **100p** eingestellt sein. Das gleiche gilt, wenn bei **Lächel-/Ges.-Erk.** die Option **Auslös. bei Lächeln** gewählt wurde. Im Modus **HFR** (Hohe Bildfrequenz) ist ebenfalls kein digitaler Zoom verfügbar.

^ Abbildung 1.33
Klarbild- und *Digitalzoom erweitern den Telebereich – allerdings auf Kosten der Bildqualität.*

 Smart Zoom-Bereich

Neben den drei zuvor genannten Zoommöglichkeiten können Sie, wenn Sie die **Bildgröße** auf **M**, **S** oder **VGA** einstellen, noch eine weitere Zoomfunktion verwenden. Diese nennt sich **Smart Zoom-Bereich**. Allerdings führt die Kamera auch hier nur einen Beschnitt des Bildes durch.

Die Movie-Taste konfigurieren

Es kann durchaus passieren, dass Sie ungewollt während des Fotografierens die **MOVIE**-Taste ⬤ drücken und somit die Aufzeichnung eines Filmes starten. Zum einen belastet dies die Kapazität der Speicherkarte, was nicht unbedingt tragisch ist, denn die Datei kann ja schnell wieder gelöscht werden und das Speichervolumen heutiger Karten schränkt nur selten ein. Zum anderen wird aber auch der Akku beansprucht, was schon ärgerlicher sein kann. Wenn Sie nicht darauf angewiesen sind, zwischendurch schnell ein paar Filmaufnahmen machen zu müssen, empfehle ich Ihnen, diese Taste zu deaktivieren. Dazu wählen Sie im Menü ✿ 5 unter dem Eintrag **MOVIE-Taste** die Option **Nur Filmmodus**. Die Taste ist dann nur im Filmmodus aktiv, den Sie über den Moduswahlknopf erreichen.

 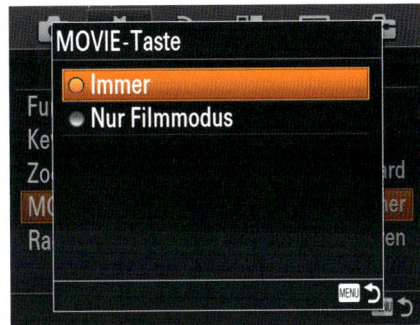

< Abbildung 1.34
Um nicht versehentlich während des Fotografierens eine Filmaufnahme zu starten, kann die **MOVIE**-Taste auch gesperrt werden.

Dateiformate und Datenspeicherung

Die Datenspeicherung ist neben der Aufnahme der Fotos ein wichtiger Aspekt in der digitalen Fotografie. Auf der einen Seite steigt von einer Kamerageneration zur nächsten die Pixelanzahl und somit das Datenvolumen an. Auf der anderen Seite fallen glücklicherweise die Preise für den Speicherplatz kontinuierlich. Das betrifft die Speicherkarten und auch die Speichermedien der Computer.

Der Nachteil großer Bilddateien ist, dass sie zum einen relativ viel Speicherplatz in Anspruch nehmen und zum anderen auch viel Zeit benötigen, um zum Beispiel auf die Festplatte des Computers kopiert zu werden. Auch die Datensicherung ist entsprechend aufwendig. Sie sollten sich deshalb immer bewusst überlegen, ob für den jeweiligen Einsatzzweck vielleicht nicht auch ein kleineres Format ausreicht, zum Beispiel für Online-Auktionen, bei denen die Bilder nur auf dem Bildschirm betrachtet werden.

Das JPEG-Format nutzen

JPEG-Bilder sind sofort fix und fertig entwickelt, das heißt Schärfe, Kontrast, Sättigung und viele weitere Einstellungen werden durch die Kamera optimiert, und Sie können die Dateien sofort am Bildschirm betrachten, ins Internet stellen oder ausdrucken. All diese Medien »verstehen« das Bildformat JPEG, und es ist wohl das am weitesten verbreitete Grafikformat überhaupt. Es speichert die Bilddateien komprimiert ab, ist also ein Verfahren zur verlustbehafteten Speicherung (wenngleich diese auch nahezu verlustfrei erfolgt). JPEG-Dateien sparen also Speicherplatz, und so passen weit mehr Bilder auf eine Speicherkarte als zum Beispiel Fotos im RAW-Format. In allen Aufnahmeprogrammen Ihrer RX100 IV steht Ihnen dieses leicht einsetzbare Format zur Verfügung.

[100 mm | f2,8 | 1/250 s | ISO 200]

˄ Abbildung 1.35
Bei ausgeglichenen Lichtverhältnissen und mäßigen Kontrasten müssen Sie kaum mit Überstrahlungen rechnen. Hier ist das JPEG-Format problemlos einsetzbar.

Halten Sie den Auslöser im Serienbild-Modus im JPEG-Format gedrückt, können Sie – im Vergleich zum RAW-Format – weit mehr Bilder am Stück aufnehmen. Das hängt damit zusammen, dass der Pufferspeicher der Kamera nur eine begrenzte Größe besitzt und hier eben viel mehr von den kleineren JPEG-Dateien hineinpassen, als von den weitaus größeren RAW-Dateien. Erst nachdem die Bilddateien aus diesem Pufferspeicher auf die Speicherkarte übertragen wurden, kann mit normaler Geschwindigkeit weiterfotografiert werden. Das JPEG-Format ist wie bereits erwähnt auch das richtige Format neben GIF und PNG, wenn es darum geht, Bilder für das Internet zu speichern. Hierfür sollte allerdings die Bildgröße entsprechend verkleinert und eine recht starke Komprimierungsstufe im Bildbearbeitungsprogramm eingestellt werden, um zu lange Downloadzeiten zu verhindern. Alternativ können Sie dies auch gleich an der Kamera einstellen, was nachfolgend erläutert wird.

Ein Nachteil des JPEG-Formats ist, dass mit jedem Speichervorgang Bildinformationen verlorengehen, da der Komprimierungsvorgang jedes Mal von Neuem gestartet wird. Sie müssen bei diesem Dateityp also unter Umständen Qualitätsverluste bei der Bildbearbeitung in Kauf nehmen. Umgehen können Sie dieses Problem teilweise, indem Sie das Bild im Bildbearbeitungsprogramm zunächst in einem verlustfreien Format, wie TIFF oder PSD (Adobe Photoshop), abspeichern und dann bearbeiten. Erst im letzten Schritt speichern Sie dann Ihr Bild als JPEG-Datei ab.

Was zum einen ein großer Vorteil des JPEG-Formates ist, dass Sie nämlich fertige Bilder direkt aus der Kamera erhalten, kann aber auch als Nachteil gesehen werden. Die Bilddateien lassen sich nur noch in einem relativ geringen Umfang verbessern oder verändern. Hier kann das RAW-Format seine Vorteile ausspielen, denn es bietet Ihnen nahezu unbegrenzte Bearbeitungsmöglichkeiten. Mehr dazu im Exkurs »Für mehr Spielraum: das RAW-Format« ab Seite 52.

Für jeden Zweck die richtige Bildgröße

Die RX100 IV bietet die Möglichkeit, Aufnahmen im JPEG-Format auf drei unterschiedliche Bildgrößen zu skalieren. Sie können zwischen **Large** (**L**, groß), **Medium** (**M**, mittelgroß) und **Small** (**S**, klein) wählen. Zusätzlich besteht die Option zum Speichern im Format **VGA**. Allerdings nur bei einem **Seitenverhältnis** von **4:3**.

Bildgröße	L	M	S
Pixelzahl	5472 × 3648	3888 × 2592	2736 × 1824
empfohlen für Druckgröße	DIN A3 bis A2	DIN A4 bis A3	bis DIN A5

▲ Tabelle 1.2
Die Bildgrößen der RX100 IV und empfohlenen Ausgabegrößen

Zum entsprechenden Menüpunkt gelangen Sie, wenn Sie die **MENU**-Taste drücken und im Menü 📷 1 die Option **Bildgröße** auswählen. Mit den Tasten ▲ und ▼ des Einstellrads gelangen Sie zur gewünschten Bildgröße. Bestätigen Sie die Auswahl mit der Mitteltaste ● am Einstellrad.

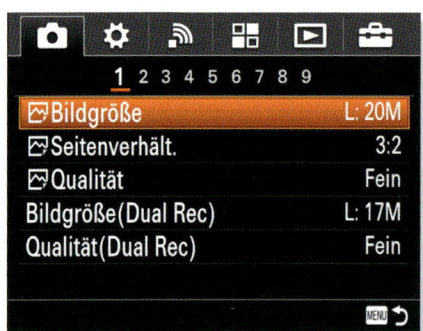 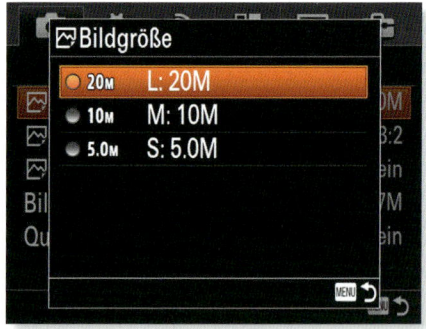

↑ Abbildung 1.36
Die Bildgrößenwahl steht Ihnen in allen Programmen der RX100 IV zur Verfügung.

Wenn Sie JPEG-Dateien abspeichern, können Sie zwischen drei Kompressionsstufen wählen. Die Einstellung **Extrafein** bietet gegenüber **Fein** und **Standard** die geringste Kompression; sie liefert etwas mehr an Details und feinere Farbübergänge. Die Bilddateien benötigen aber auch mehr Speicherplatz.

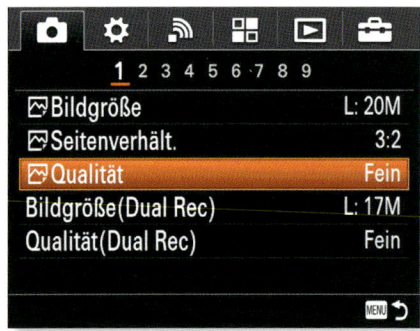 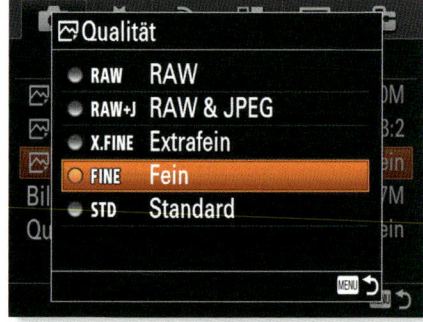

↑ Abbildung 1.37
*Die Einstellungen **Extrafein**, **Fein** und **Standard** sind für das Abspeichern der Bilddateien im JPEG-Format zuständig. Die Einstellung **Extrafein** liefert die höchste Bildqualität, benötigt aber auch am meisten Speicherplatz.*

Es stehen Ihnen somit vier Bildgrößen mit jeweils drei Komprimierungsstufen plus das RAW-Format zur Verfügung. Das ist zunächst vielleicht etwas verwirrend, und man könnte sich fragen, wozu das Ganze gut sein soll. Sie können ohnehin in jedem beliebigen Bildbearbeitungsprogramm die Bildgröße und den Komprimierungsgrad noch nachträglich verändern. Warum also nicht gleich mit dem größten Bildformat und der kleinsten Packungsdichte arbeiten, was **L** und **Extrafein** bedeuten würde?

Wie schon erläutert, nimmt diese Einstellung auch den meisten Speicherplatz in Anspruch. Stellen Sie nun zum Beispiel auf einer Veranstaltung fest, dass die Speicherkarte langsam an ihr Speicherlimit gerät und Sie aber gern weiterfotografieren würden, dann können Sie zum Beispiel von **Fein-L** auf **Standard-M** umschalten und so noch einige Fotos mehr auf der Speicherkarte unterbringen. Diese Lösung ist weit besser, als eventuell auf ein paar schöne Fotoszenen verzichten zu müssen.

Auch gibt es Situationen, in denen eine hohe Auflösung der Bilder überhaupt nicht notwendig ist. Für Internetauktionen benötigen Sie zum Beispiel maximal die Bildgröße **S**, und auch die Bildqualität **Standard** ist hier mehr als ausreichend. Die Bilddateien fallen so recht klein aus, lassen sich falls nötig schnell in einem Bildbearbeitungsprogramm bearbeiten und landen dann fix auf dem Server des Internetauktionshauses. Das erspart Ihnen unnötige Wartezeiten während des Hochladens.

Selbst für die Darstellung der Bilder auf einem 4K-Ultra-HD- oder Full-HD-Bildschirm reicht die kleinste Bildgröße **S** aus. Das gilt natürlich erst recht für die kleinen, geringer auflösenden digitalen Bilderrahmen.

Sind Sie sich hingegen noch nicht sicher, für welche Einsatzfälle Sie die Bilder benötigen, ist es sinnvoll, immer mit der Bildgröße **L** und Bildqualität **Fein** oder **Extrafein** zu arbeiten. Hiermit sind Ausdrucke in hoher Qualität bis zur Größe DIN A2 möglich; verkleinern können Sie diese Bilder natürlich auch im Nachhinein in einem Bildbearbeitungsprogramm.

^ **Abbildung 1.38**
Die unterschiedlichen Bildgrößen im Vergleich:
❶ *5472 × 3648 Pixel,* ❷ *3888 × 2592 Pixel,* ❸ *2736 × 1824 Pixel*

EXKURS

Für mehr Spielraum: das RAW-Format
EXKURS

Komplizierte Mischlichtsituationen, starkes Gegenlicht oder auch generell hohe Kontraste können der Kamera zu schaffen machen und Ihr Eingreifen erfordern. Oft sind hier viele Einstellungen und Messungen erforderlich, um ein optimales Bildergebnis zu erreichen. Das kann eine Menge Zeit kosten, welche in vielen Situationen einfach nicht vorhanden ist. Abhilfe schafft hier das RAW-Format.

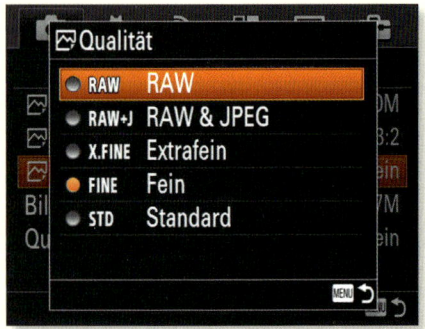

Abbildung 1.39
Die Qualitätsstufen der RX100 IV

Das RAW-Format ist, kurz gesagt, das Rohdatenformat der Bildinformationen, die der Bildsensor über den Analog-Digital-Wandler der Kamera zur Verfügung stellt. Das heißt auch, dass hier noch so gut wie keine Bearbeitung durch die Kamera stattgefunden hat. Alle Einstellungen wie Schärfegrad, Farbsättigung, Weißabgleich etc. werden nachträglich am PC im RAW-Konverter vorgenommen.

Das RAW-Format der RX100 IV ist zwar ebenso wie das JPEG-Format komprimiert, dies erfolgt aber nach einem Algorithmus, der Qualitätsverluste zu fast 100 % ausschließt. Entsprechend groß sind allerdings auch die Bilddateien im Vergleich zum JPEG-Format. Sicherlich ist es etwas aufwendig, jedes Bild im RAW-Konverter am PC zu entwickeln. Zumindest bei wichtigen Bildern aber sollten Sie kein Bildqualitätspotenzial verschenken.

Um das RAW-Format einzustellen, drücken Sie die **MENU**-Taste und wählen im Menü 📷1 die Option **Qualität**. Mit den Tasten des Einstellrads wechseln Sie zum Eintrag **RAW** und bestätigen die Einstellung mit der Mitteltaste ● am Einstellrad.

 8 oder 12 Bit?

> Warum sind 12 Bit Farbtiefe im RAW-Format besser als die 8 Bit des JPEG-Formats? Durch die Reduzierung der Farbtiefe von 12 auf 8 Bit gehen Informationen verloren. Möchte man die Dateien nachträglich bearbeiten, ist es aber wichtig, möglichst viele Informationen zur Verfügung zu haben, da bei jeder Bildoperation durch Rundungsfehler Verluste entstehen, die sich addieren. Das heißt, die Datei sollte zunächst mit den maximal verfügbaren Informationen bearbeitet werden. Erst im letzten Schritt wird dann auf die 8 Bit des JPEG-Formats heruntergerechnet.

Bei Aufnahmen mit hohen Kontrasten kann es im JPEG-Format schon mal in den Schattenbereichen oder in den sehr hellen Bereichen dazu kommen, dass keine Bilddetails (Zeichnung) mehr erkennbar sind. Wurde dann vielleicht noch das Bild unter- oder überbelichtet, ist meist keine Rettung mehr möglich. Anders mit dem RAW-Format: Im RAW-Konverter können Sie, falls die Belichtung nicht zu stark daneben lag, meist noch alles geraderücken. Auch wenn der automatische Weißabgleich der Kamera nicht Ihren Vorstellungen entspricht, können Sie diesen noch anpassen, ohne Qualität zu verlieren. Mit dem RAW-Format können Sie so zum Beispiel Lichtstimmungen, wie sie am Aufnahmeort vorherrschen, verlustfrei in die Bilder übertragen.

∧ **Abbildung 1.40**
Links: Die JPEG-Aufnahme wurde versehentlich überbelichtet. An einigen Stellen ist kaum noch Zeichnung vorhanden. Rechts: Mit der RAW-Datei der Aufnahme konnte die Belichtung korrigiert und die Zeichnung wiederhergestellt werden.

RAW und JPEG gleichzeitig nutzen

Auch für den, der RAW und JPEG gleichzeitig haben möchte, stellt die RX100 IV eine entsprechende Option zur Verfügung. Im Menü 📷 1 können Sie die parallele Speicherung von RAW- und JPEG-Dateien wählen. Leider wird damit der Speicherbedarf weiter erhöht. Die doppelte Speicherung ist vor allem dann sinnvoll, wenn Sie schnell fertige Bilder benötigen, um sie zum Beispiel auf einer Veranstaltung sofort auf einem Monitor zeigen zu können. Wenn Sie dann später noch einige Aufnahmen nachbearbeiten möchten, um ein Maximum an Bildqualität zu erhalten, dann steht dem mit dem RAW-Bild nichts im Wege.

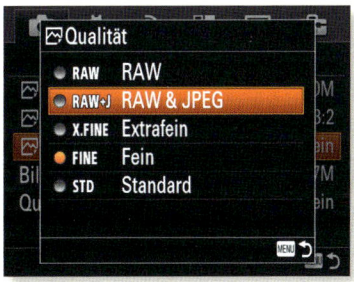

∨ **Abbildung 1.41**
*Haben Sie die Option **RAW & JPEG** gewählt, speichert die Kamera das Rohdatenformat und eine weitere Datei im JPEG-Format **Fein** ab.*

Kapitel 2
Perfekt scharfstellen mit der RX100 IV

Automatisches Scharfstellen	56
Unbewegte Motive fokussieren	57
Bewegte Motive scharfstellen	62
Gekonnt manuell scharfstellen	66
DMF: AF und MF kombinieren	70
Auf sich selbst scharfstellen	71
Immer die richtige Belichtungszeit	74
Mehr scharfe Bilder dank Bildstabilisator	78

Automatisches Scharfstellen

Entscheidend für ein komfortables und präzises Scharfstellen im Autofokus-Betrieb ist natürlich ein ausgeklügeltes Autofokussystem. Die RX100 IV verwendet zum automatischen Scharfstellen den sogenannten *Kontrast-Autofokus*. Dieser verstellt permanent und in kleinen Schritten den Abstand der Linsen des Objektivs, bis der maximale Kontrast und damit die Schärfe erreicht sind. Diese Variante des Scharfstellens ist zwar sehr genau, kostet aber Zeit. Daher erfolgt die Scharfstellung nicht ganz so schnell wie bei einer Spiegelreflexkamera. Zur Kompensation wendet die RX100 IV einen kleinen Trick an: Sie fokussiert bereits grob vorab, sobald Sie die Kamera auf ein Motiv richten. Drücken Sie dann den Auslöser halb, ist meist nur noch eine kleine Korrektur notwendig, bis der Fokus stimmt.

< Abbildung 2.1
Sobald die RX100 IV den Fokus bestätigen kann, leuchtet der Fokusindikator ❷ grün auf. Zusätzlich wird noch signalisiert, welches beziehungsweise welche Fokusfelder ❶ die Schärfe erkannt haben. Sind die akustischen Signale aktiviert (Standardeinstellung), hören Sie auch noch einen Piepton.

Fokusprobleme erkennen

Wenn Sie den Auslöser halb drücken, aber von der Kamera kein Signal erhalten, dass die Schärfe gefunden wurde, oder wenn der Autofokusantrieb permanent hin und her fährt, kann dies verschiedene Ursachen haben. Eventuell stehen Sie zu dicht am Motiv und sollten dann etwas mehr Abstand schaffen. Oder das Motiv ist relativ kontrastlos. Dann versuchen Sie, eine kontrastreichere Stelle in der Nähe des Motivs anzuvisieren.

⌄ Abbildung 2.2
Das AF-Hilfslicht

Auch im Dunkeln schafft es der Autofokus teilweise nicht scharfzustellen. Hier kommt das AF-Hilfslicht ❸ ins Spiel. Dieses projiziert ein kontrasterhöhendes rotes Licht auf das Motiv.

Auch sich schnell bewegende Motive, die permanent ihre Entfernung zur Kamera ändern, machen es der RX100 IV schwer, richtig scharfzustellen. Der Kontrast-AF ist dann ständig damit beschäftigt, den Fokus zu berechnen und das Objektiv entsprechend scharfzustellen. Drücken Sie dennoch den Auslöser, bevor die Schärfe gefunden wurde, ist die Aufnahme natürlich dann nicht an der Stelle scharf, die Sie sich gewünscht hätten.

 Mindestabstand zum Motiv

Je nach gewählter Brennweite schwankt der Mindestabstand zum Motiv. Im Weitwinkelbereich sind es etwa 5 cm, im Telebereich etwa 30 cm, gemessen jeweils ab Objektivende. Sind Sie dichter am Motiv dran, dann kann die Kamera nicht mehr scharfstellen.

Ebenso hat es die RX100 IV schwer scharfzustellen, wenn sich Objekte zwischen der Kamera und dem eigentlichen Motiv befinden. Das kann zum Beispiel Schilfgras sein, wie in der Abbildung 2.4. In diesem Fall ist es sinnvoll, die Feinarbeit von Hand zu leisten. Alles zum manuellen Scharfstellen erfahren Sie im Abschnitt »Gekonnt manuell scharfstellen« ab Seite 66.

∧ Abbildung 2.3
Sich schnell auf die Kamera zu- oder von ihr wegbewegende Motive machen es schwer, korrekt scharfzustellen.

∧ Abbildung 2.4
Da der Schwan von Schilfgras verdeckt wird, ist es hier sinnvoller, manuell scharfzustellen.

Unbewegte Motive fokussieren

Für den Fotografen sind sich nicht bewegende Objekte dankbare Fotomotive. Hier haben Sie Zeit, das Bild in Ruhe zu komponieren und den gewünschten Schärfepunkt zu finden.

Statische Objekte mit dem AF-S-Modus aufnehmen

Der sogenannte **Einzelbild-AF** (**AF-S**) ist ideal für unbewegte Motive. Ist also eine Nachführung der Schärfe nicht notwendig oder auch nicht gewünscht, wählen Sie über das Menü 📷 4 die Option **Fokusmodus** aus. Im folgenden Menüfenster stellen Sie **AF-S** ein.

Abbildung 2.5 >
Zur Auswahl des Einzelbild-AF gelangen Sie über das Menü 📷 4 oder über die Funktionstaste Fn.

∨ Abbildung 2.6
Unbewegte Objekte nehmen Sie am besten mit dem Einzelbild-AF auf.

Ideal ist dieser Modus zum Beispiel für Architekturaufnahmen. Wurde der Schärfepunkt durch die Kamera gefunden, wird er gespeichert. Erst wenn der Auslöser wieder losgelassen wird, beginnt die Suche nach der Schärfe von Neuem.

[24 mm | f5,6 | 1/30 s | ISO 320]

Automatische oder manuelle Messfeldauswahl

Im Automatikmodus **Breit** ⬚ überlassen Sie der Kamera die Wahl des Fokusfelds. Sie wird für die Erkennung des Hauptmotivs dabei vorrangig das Fokusfeld benutzen, das auf dem vordersten Objekt liegt. Dies ist auch meist die korrekte Wahl, da sich das Hauptmotiv meist im Vordergrund befindet. Dabei sind die Fokusfelder so angeordnet, dass sich das Hauptmotiv nicht zwangsläufig im mittleren Bereich befinden muss, was der Bildgestaltung entgegenkommt. Bei eingestellter **Multi**-Belichtungsmessung geht der Bereich um das oder die aktiven Felder besonders hoch bewertet in die Belichtungsmessung ein. Das garantiert eine optimale Belichtung des Hauptmotivs.

˄ Abbildung 2.7
*In der Standardeinstellung **Breit** bestimmt die Kamera selbst den Schärfepunkt im Bild (links). Bei der Auswahl **Mitte** blendet die RX100 IV ein Fokusfeld in der Bildmitte ein (rechts).*

Für durchschnittliche Anwendungen, also zum Beispiel wenn sich eine zu fotografierende Person im Vordergrund befindet oder eine Landschaft aufgenommen werden soll, ist die automatische Fokusfeldwahl **Breit** sehr gut geeignet. Natürlich gibt es aber auch Situationen, in denen Sie diese Entscheidung gern selbst treffen möchten – eben wenn sich beispielsweise das Hauptmotiv nicht im Vordergrund, sondern weiter hinten befindet.

Hierfür bietet Ihnen die RX100 IV zwei Möglichkeiten: zum einen die Option **Mitte** ⬚, hier blendet die RX100 IV auf dem Monitor oder im Sucher einen AF-Fokusfeldrahmen in der Mitte des Bildes ein. Nur auf diesen Bereich wird scharfgestellt, wenn Sie den Auslöser der RX100 IV halb drücken. Nimmt der Rahmen die Farbe Grün an, dann hat sie dieses Ziel erreicht. Solange Sie den Auslöser gedrückt halten, wird der Schärfepunkt gespeichert (im **AF-S**-Modus). Das gibt Ihnen die Möglichkeit, die Kamera für die Bildkomposition zu schwenken.

⊕ **RX100 IV speichert Fokus und Belichtung**
In der Standardeinstellung speichert die RX100 IV neben dem Fokus automatisch auch die Belichtung, sobald der Auslöser halb gedrückt wird. Kontrollieren können Sie die Einstellung im Menü ✱ 3 unter **AEL mit Auslöser**. Hier sollte **Auto** gewählt sein. Andernfalls kann es, insbesondere bei gewählter Belichtungsmessmethode **Spot**, zu Fehlbelichtungen durch die Kameraverschiebung kommen.

Des Weiteren haben Sie die Möglichkeit, einzelne Fokusfelder auszuwählen und deren Größe festzulegen. Sie können dabei annähernd das gesamte Bildfeld nutzen. Die einzelnen Fokusfelder können Sie mit dem Einstellrad wählen, sobald Sie als **Fokusfeld** die Option **Flexible Spot** gewählt haben. Hier haben Sie nun noch die Wahl zwischen den drei unterschiedlich großen Fokusfeldern:

Das Fokusfeld gezielt ausrichten
SCHRITT FÜR SCHRITT

1 Menü auswählen
Drücken Sie die Taste **MENU** und navigieren Sie zum Menü 📷 4.

3 Option wählen
Mit den Tasten ▼ und ▲ wählen Sie die Option **Flexible Spot** aus.

2 Funktion wählen
Mit der Taste ▼ wählen Sie die Option **Fokusfeld**. Drücken Sie die Mitteltaste des Einstellrads.

4 Fokusfeldgröße festlegen
Wählen Sie mit den Tasten ◀ und ▶ eine gewünschte Größe des Fokusfeldes ❶ aus und drücken Sie die Mitteltaste des Einstellrads.

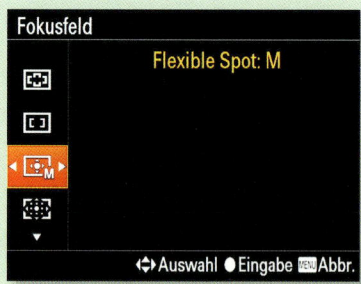

[S]: kleiner Rahmen
[M]: mittelgroßer Rahmen
[L]: großer Rahmen

Mit den Tasten ◀ und ▶ am Einstellrad können Sie hier zwischen den Optionen navigieren. Wählen Sie den Rahmen am besten so groß aus, dass er das Objekt, auf das Sie

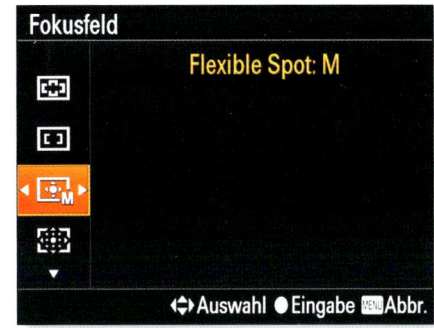

◀ **Abbildung 2.8**
Möchten Sie auf beliebige Stellen im Bild scharfstellen, dann wählen Sie die Option **Flexible Spot** *in einer der drei Größen aus.*

scharfstellen wollen, möglichst abdeckt. Je kleiner der Rahmen, umso genauer können Sie Details im Bild richtig fokussiert festhalten. Das Fokusfeld leuchtet auch hier wieder im Sucher grün auf, wenn Schärfe erzielt wurde, beziehungsweise wird auf dem Monitor abgebildet.

5 Das Fokusfeld ausrichten
Das Fokusfeld leuchtet nun in der Farbe Orange. Mit den Tasten können Sie nun das Fokusfeld entsprechend Ihren Wünschen verschieben. Drücken Sie den Auslöser halb, um den Vorgang abzuschließen.

Fokusfeld nur mit optischem Zoom
Sobald Sie den **Klarbild-Zoom** oder den **Digitalzoom** verwenden, steht Ihnen nur noch ein großer, fast den gesamten Bildbereich einnehmender, gestrichelter Rahmen zum Scharfstellen zur Verfügung. Fokusfelder sind also nicht mehr anwählbar.

6 Optional: Gitternetz einschalten
Im Menü ⚙ 1, unter **Gitterlinie**, wählen Sie das **3×3 Raster**, um die Gitternetzlinien einzuschalten. Mehr zur Bildgestaltung erfahren Sie im Abschnitt »Linienführung in der Fotografie« ab Seite 197.

Abbildung 2.9 ▶
Beispiel für eine Positionierung des Fokusfeldes (und des Objekts) nach der Drittel-Regel

Abbildung 2.10 >
Die Automatik Ihrer RX100 IV hätte vermutlich wie im Bild links scharfgestellt. Nach Wahl eines Fokusfeldes können Sie selbst entscheiden, was scharf werden soll (rechts).

Die RX100 IV hat neben der Funktion **Flexible Spot** noch eine verfeinerte Variante an Bord. Unter dem Menüpunkt **Erweit. Flexible Spot** lässt sich eine Kombination aus dem Fokusfeld **Flexible Spot S** und einem etwas größeren Fokusfeld einschalten. Wird der Fokus im Fokusfeld **Flexible Spot S** nicht gefunden, dann versucht die RX100 IV im zweiten Fokus ihr Glück. Die Option kann sinnvoll sein, wenn sich ein sehr kleines Objekt bewegt, auf das Sie scharfstellen möchten.

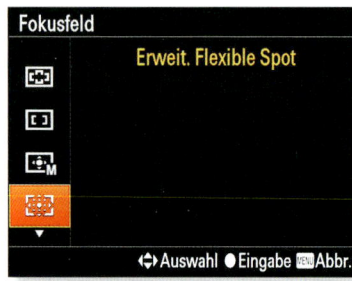
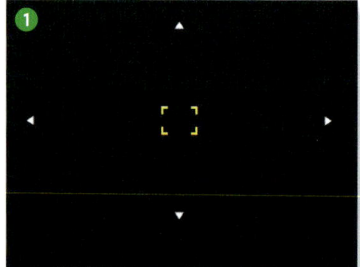
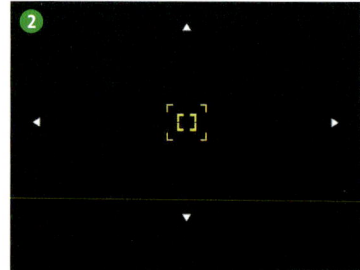

^ Abbildung 2.11
Mit **Erweit. Flexible Spot** werden zwei Fokusfelder mit unterschiedlicher Priorität verwendet: ❶ **Flexible Spot M** und ❷ **Erweit. Flexible Spot**.

Bewegte Motive scharfstellen

Bewegte Objekte in der gewünschten Form auf den Sensor zu bannen ist eine Herausforderung für Fotograf und Kamera gleichermaßen. Ihre RX100 IV hat zum Glück auch hierfür einen entsprechenden AF-Modus, der Ihnen hilft, diese Situationen zu meistern: Im **Nachführ-AF**-Modus (**AF-C**) folgt der Autofokus der Objektbewegung oder auch der Abstandsänderung, falls man sich selbst bewegt.

Dieser Modus wurde speziell für sich schnell bewegende Objekte entwickelt. Die Schärfe wird permanent nachgeregelt und sogar vorausberechnet,

Bewegte Motive scharfstellen

solange der Auslöser angedrückt ist. Vorausberechnet deshalb, weil doch einige Zeit vom Auslösen bis zum Öffnen des Verschlusses vergeht. In dieser Zeit könnte sich das Objekt weiterbewegt haben. Gerade bei Objekten, die sich auf den Fotografen zu oder von ihm weg bewegen, macht sich dies bemerkbar. Die RX100 IV weist zwar durch Aufleuchten des Fokuspunktes ❸ auf eine durch sie bestätigte Schärfe hin, nur wird dies in solchen Situationen immer nur kurz der Fall sein. Das akustische Schärfebestätigungssignal ist in diesem Modus abgeschaltet.

Ohnehin hat man in solchen Situationen mehr mit dem Objekt selbst zu tun, um es wie gewünscht im Sucher einzufangen. Sie können sich hier daher ruhig auf Ihre RX100 IV verlassen. Es empfiehlt sich zudem, den Serienbildmodus einzuschalten. Sie erhalten so sicher eine gute Auswahl an scharfen Bildern. Dass der **Nachführ-AF** aktiv ist, wird über zwei Klammern um den Fokuspunkt im Sucher (◉) dargestellt. Leuchtet dann der Fokuspunkt, hat die RX100 IV den Fokuspunkt gefunden und kann ihm folgen. Blinkt der Fokuspunkt, kann die Schärfe nicht bestätigt werden. Ist kein Fokuspunkt zu sehen, dann versucht die RX100 IV gerade scharfzustellen.

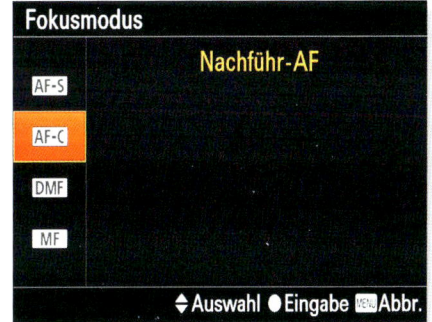

▼ Abbildung 2.12
*Im Menü 📷 4 können Sie den **Nachführ-AF** wählen.*

▲ Abbildung 2.13
Das Symbol ❸ weist darauf hin, dass die Schärfe gefunden ist und der Motivbewegung gefolgt wird.

☑ »Pumpen« im Nachführ-AF-Modus

Wundern Sie sich nicht, wenn im **Nachführ-AF**-Modus das Bild auf dem Monitor »pumpt«, das Bild also abwechselnd größer und kleiner wird. Das hängt damit zusammen, dass die RX100 IV den Fokuspunkt schneller aktualisiert, als sie es auf dem Monitor darstellen kann. Das Pumpen ist also keine Fehlfunktion und hat keinen Einfluss auf die Aufnahmen.

▼ Abbildung 2.14
*Der **AF-C**-Modus und die Serienbildfunktion waren hier Voraussetzung, um die Serie von den zwei Rennfahrern einzufangen.*

[24 mm | f8 | 1/1000 s | ISO 250 | +1 EV]

▲ Abbildung 2.15
Objekte, die sich vom Fotografen weg- oder wie hier die Lok auf ihn zubewegen, fordern den Autofokus besonders.

Erhöhter Strombedarf

Das ständige Nachführen der Schärfe kostet recht viel Strom. Haben Sie geplant, die Tagesfototour mit dem Fotografieren von bewegten Motiven zu verbringen, dann kann es nicht schaden, einen Ersatzakku mit in die Fototasche zu packen.

Es kommt auch vor, dass sich Fotoobjekte sehr schnell und in alle möglichen Richtungen bewegen. Zum Beispiel sind die Bewegungen herumschwirrender Bienen schwer vorausberechenbar. Hier unterstützt Sie die RX100 IV mit der Option **Mittel-AF-Verriegel.** Dabei handelt es sich im Prinzip um die Option zur Objektverfolgung. Die nachfolgende Schritt-für-Schritt-Anleitung soll Ihnen bei der nicht ganz einfachen Aufgabe helfen.

Objekte permanent fokussiert verfolgen

SCHRITT FÜR SCHRITT

1 Die Voraussetzungen schaffen
Wechseln Sie ins Menü 📷 6. Wählen Sie hier bei der Funktion **Mittel-AF-Verriegel.** die Option **Ein.**

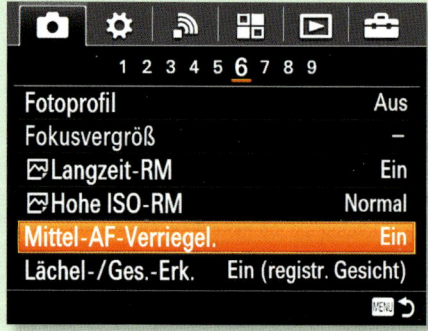

2 Mitteltaste programmieren
Nun muss die Mitteltaste des Einstellrads entsprechend programmiert werden. Wechseln Sie hierzu ins Menü ✱ 5. Wählen Sie **Key-Benutzereinstlg.**, um zur Programmierung der Mitteltaste zu gelangen. Unter **Funkt. d. Mitteltaste** wählen Sie die Option **Mittel-AF-Verriegel.** ❶ aus.

Bewegte Motive scharfstellen

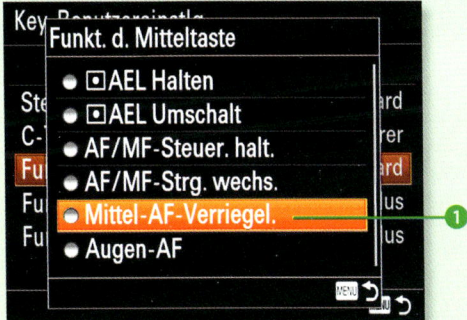

3 Objektverfolgung einschalten
Drücken Sie die Mitteltaste des Einstellrads. Die RX100 IV fragt nun noch einmal die Funktion ab. Drücken Sie einfach erneut die Mitteltaste.

4 Kamera ausrichten
Richten Sie die RX100 IV so aus, dass sich das zu verfolgende Objekt in der Bildmitte im eingeblendeten Rahmen befindet, und drücken Sie dann die Mitteltaste. Das Objekt wird nun von der RX100 IV verfolgt, so gut es möglich ist.

5 Auslösen
Drücken Sie den Auslöser halb. Sobald der Rahmen in der Farbe Grün erscheint, ist der Fokus gefunden, und Sie können auslösen.

Tipps zur Objektverfolgung
Sinnvoll möglich wird die Funktion erst, wenn sich das sich bewegende Motiv recht deutlich von Hintergrund abhebt. Bewegt sich ein Objekt auf Sie zu oder von Ihnen weg, dann funktioniert die Objektverfolgung nicht so gut. Besser ist es, wenn sich das Objekt parallel zur Sensorebene bewegt. Verlässt das Motiv den verfügbaren Bildbereich, dann bricht die Objektverfolgung ab und wird nicht wieder aktiv, selbst wenn das Motiv erneut in den Bildbereich gelangt.

∧ Abbildung 2.16
Der Einsatz der Objektverfolgungsfunktion **Mittel-AF-Verriegel.** ist vor allem dann sinnvoll, wenn sich das Motiv gut vom Hintergrund abhebt.

Gekonnt manuell scharfstellen

Stellen Sie fest, dass der Autofokusmotor hin- und herfährt und keinen Schärfepunkt findet, dann ist dies ein Fall für den manuellen Scharfstellmodus, der bei der RX100 IV **Manuellfokus MF** heißt.

[70 mm | f5,6 | 1/750 s | ISO 160]

˄ Abbildung 2.17
Für Makroaufnahmen ist **Manuellfokus** *meist die erste Wahl. Die Schärfe lässt sich so sehr genau auf die gewünschte Motivpartie, hier das Auge, legen.*

Es gibt immer wieder genügend Situationen, in denen Sie – trotz des sehr guten Autofokussystems der RX100 IV – manuell ins Geschehen eingreifen sollten, um den Fokuspunkt optimal zu finden. Es kommt sogar vor, dass das Scharfstellen überhaupt nur manuell möglich ist. Denken Sie hierbei zum Beispiel an kontrastlose Motive. Am Anfang dieses Kapitels wurden dazu bereits Szenarien besprochen (siehe den Abschnitt »Fokusprobleme erkennen« auf Seite 56). Aber auch gerade im Bereich der Makrofotografie ist es oft vorteilhafter, manuell zu fokussieren. Die Schärfentiefe ist hier teilweise so gering, dass es auf eine sehr genaue Einstellung des Fokuspunktes ankommt. Dieses können Sie nur von Hand leisten.

In diesen Fällen ist die feinfühlige Hand des Fotografen gefragt, um die Schärfe treffsicherer und schneller als jede Automatik zu finden. Der Fokussierweg ist hier minimal. Kleinste Veränderungen am Steuerring des Objektivs reichen aus, um den Schärfebereich zu verlassen.

Unterstützung im manuellen Modus

Der RX100 IV wurde eine Hilfe zum leichten Auffinden des Schärfepunktes mitgegeben. Die sogenannte *Kantenanhebung* (auch *Focus Peaking* genannt) verstärkt die Umrisse an den Stellen, an denen der Fokus festgestellt wurde. So können Sie leichter feststellen, ob Sie richtig fokussiert haben und die Schärfe dort sitzt, wo Sie sie haben möchten.

Manuell scharfstellen
SCHRITT FÜR SCHRITT

1 Die Option Manuellfokus wählen
Drücken Sie die **MENU**-Taste, um ins Menü zu gelangen. Hier navigieren Sie mit den Tasten ◄ und ► zum Menü 📷 4. Drücken Sie die Mitteltaste des Einstellrads, um die Optionen für den **Fokusmodus** zu wählen. Hier wählen Sie **Manuellfokus** und bestätigen die Auswahl durch Antippen des Auslösers.

2 Auf das Motiv scharfstellen
Die Macht des Scharfstellens liegt nun in Ihrer Hand. Drehen Sie den Steuerring ❶ am Objektiv in die linke Richtung (entgegen dem Uhrzeigersinn), so vergrößern Sie die Entfernung zum Scharfstellpunkt. Drehen Sie nach rechts (mit dem Uhrzeigersinn), erreichen Sie das Gegenteil. Die RX100 IV zeigt Ihnen dabei zur Unterstützung eine kleine Grafik mit der aktuellen Entfernung an.

3 Auslösen
Haben Sie den Schärfepunkt nach Ihren Wünschen getroffen, dann drücken Sie den Auslöser gefühlvoll durch.

Zur Einstellung gelangen Sie über das Menü ✿ 2. Wählen Sie hier die Funktion **Kantenanheb.stufe**. Es stehen Ihnen drei Stufen zur Verfügung: **Hoch**, **Mittel** und **Niedrig**. Außerdem können Sie die Funktion auch abschalten, falls Ihnen das Verstärken der Ränder nicht zusagt oder mehr stört als hilft. Befinden sich im Motiv beziehungsweise an der Stelle, auf die Sie scharfstellen möchten, viele feine kontrastreiche Stellen, dann belassen Sie die Einstellung auf **Niedrig**. Wollen Sie hingegen auf relativ kontrastarme Motive scharfstellen, dann bietet es sich an, die Kantenanhebung zu verstärken und **Mittel** oder **Hoch** zu wählen.

Dabei können Sie drei unterschiedliche Farben wählen und so auf das jeweilige Motiv abstimmen. Um zu dieser Funktion zu gelangen, wählen Sie ebenfalls das Menü ✿ 2 an. Unter der Option **Kantenanheb.farbe** können Sie die Farben, die zur Auswahl stehen, einstellen. Ist zum Beispiel viel Rot im Motiv vorhanden, wählen Sie besser die Farbe **Weiß** oder **Gelb**, um ein stärkeres Abheben vom Motiv zu erreichen.

Tipp für RAW-Fotografen

Wenn Sie im RAW-Modus arbeiten, können Sie eine sehr kontrastreiche Darstellung für die Kantenanhebung nutzen. Dazu wechseln Sie in den Kreativmodus **Schwarz/Weiß** (Menü 📷 5 • **Kreativmodus**) und stellen **Rot** als Kantenanhebungsfarbe ein. So erhalten Sie ein Maximum an Überprüfbarkeit und können den Schärfepunkt sehr genau festlegen. Und da sich die Kamera im RAW-Modus befindet, erhalten Sie am PC im RAW-Konverter trotzdem ein Bild in Farbe, auch wenn Ihnen die RX100 IV im Sucher beziehungsweise auf dem Monitor ein Schwarzweißbild zeigt, da im RAW-Format unabhängig von der Einstellung immer alle Farbinformationen gespeichert werden. Übrigens funktioniert die Kantenanhebung nicht nur im manuellen, sondern auch im **DMF**-Modus, der im nachfolgenden Abschnitt »DMF: AF und MF kombinieren« ab Seite 70 genauer beschrieben wird.

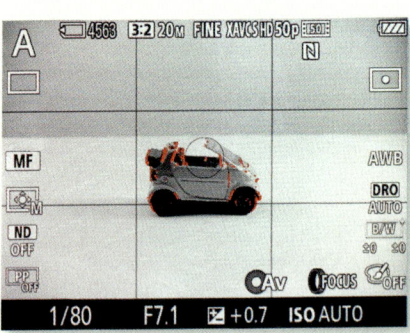

< Abbildung 2.18
Die hier rot hervorgehobenen Kanten sind das Resultat der Kantenanhebung der RX100 IV. An diesen Stellen wird angezeigt, dass die Kamera den Fokus gefunden hat.

Gekonnt manuell scharfstellen

^ Abbildung 2.19
Links: Beim manuellen Scharfstellen eine große Hilfe: die Kantenanhebung.
Mitte: Zur Auswahl stehen drei unterschiedlich starke Varianten der Kantenanhebung.
Rechts: Bei der Wahl der Farbe für die Kantenanhebung orientieren Sie sich am besten an den Farben im Motiv und wählen eine Farbe aus, die sich gut vom Motiv abhebt.

Fokussierhilfe: die Lupe

Standardmäßig ist eine Bildvergrößerung im **Manuellfokus**-Modus eingestellt. Sobald Sie am Steuerring drehen, um die Schärfe einzustellen, vergrößert die RX100 IV das Bild. Sie können so noch besser einschätzen, ob der Fokus sitzt. Die Vergrößerung ist dabei **8,6**-fach. Möchten Sie noch weiter in das Bild hineinzoomen, dann drücken Sie die Mitteltaste des Einstellrads. Nun wird das Bild **17,1**-fach vergrößert. Mit den Tasten ▲▼◄► am Einstellrad können Sie im Bild navigieren, um die für Sie interessante Motivstelle exakt scharfzustellen. In der Standardeinstellung bleibt die Lupe für zwei Sekunden nach dem letzten Drehen am Steuerring erhalten. Das ist sicherlich etwas zu kurz. Stellen Sie deshalb im Menü ✿ 1 unter **Fokusvergröß.zeit** besser **5 Sek.** beziehungsweise **Unbegrenzt** ein. Sobald Sie den Auslöser antippen, schaltet sich die Lupe ohnehin ab.

< Abbildung 2.20
*Links: Menü zur Einstellung der **Fokusvergrößerungszeit**. Rechts: Ist die **MF-Unterstützung** eingeschaltet, blendet die RX100 IV eine Entfernungsanzeige ein.*

Wünschen Sie diese Funktion nicht, dann navigieren Sie zum selben Menü und stellen dort **MF-Unterstützung** auf **Aus**.

Sofort sehen, was man bekommt

Im Gegensatz zu einer Spiegelreflexkamera, die bei Offenblende arbeitet und erst mit dem Auslösen auf die Arbeitsblende umschaltet, sehen Sie bei Ihrer RX100 IV immer das, was Sie nach dem Auslösen erhalten. Das heißt, die Schärfentiefe, die Sie auf dem Monitor oder im Sucher sehen, ist exakt dieselbe, wie später auf dem Bild.

DMF: AF und MF kombinieren

Die RX100 IV besitzt neben den bisher beschriebenen Autofokus-Modi noch eine weitere Möglichkeit, den Schärfepunkt treffsicher festzulegen: den **DMF-Modus** (*Direct Manual Focus*). Drücken Sie hier den Auslöser halb, beginnt die RX100 IV zu fokussieren. Kann sie den Schärfepunkt bestätigen, schaltet Sie automatisch in den manuellen Modus um. Bei immer noch halb gedrücktem Auslöser können Sie nun die Schärfe manuell am Objektiv nachjustieren. Das ist sinnvoll, wenn Sie die RX100 IV auf einen Bereich vorfokussieren lassen und selbst den Schärfepunkt endgültig wählen wollen. Denken Sie zum Beispiel an Porträtaufnahmen. Hier fokussieren Sie zunächst per Autofokus auf das Gesicht und legen dann per Hand die Schärfe genau aufs Auge des Porträtierten. Im Menü 4 unter **Fokusmodus** wählen Sie **Direkt. Manuelf.**, falls Sie diese Kombination aus Autofokus und manuellem Scharfstellen nutzen möchten.

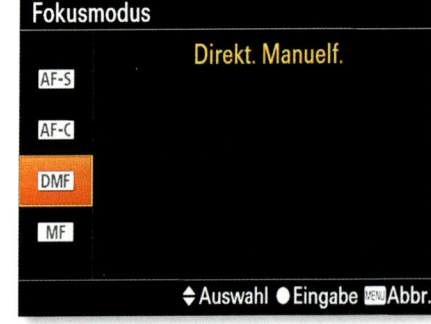

Abbildung 2.21 >
*Besonders interessant ist der **DMF**-Modus. Dieser stellt zunächst automatisch scharf und lässt Ihnen danach die Möglichkeit für die manuelle Feinarbeit.*

Auf sich selbst scharfstellen

Wenn man viel fotografiert, ist es doch meistens so, dass der Fotograf selbst kaum auf seinen Bildern vorkommt. Die Selbstauslöserfunktionen der RX100 IV bietet Ihnen hier die Möglichkeit, auch einmal allein oder in der Gruppe mit aufs Bild zu kommen. Zwischen dem Auslösen und der eigentlichen Aufnahme stehen Ihnen zwei Zeitfenster zur Verfügung. So haben Sie zwei oder zehn Sekunden Zeit, um sich in Aufnahmeposition zu bringen.

Meist ist es nicht mit einem Bild getan, um eine schöne Aufnahme auf den Sensor gebannt zu haben. Die RX100 IV hat hierfür eine erweiterte Funktion in petto, denn mit ihr können Sie Selbstauslöserfotos in Kombination mit Reihenaufnahmen machen.

Sie haben sechs Optionen: Nach zehn, fünf oder zwei Sekunden Vorlaufzeit werden entweder drei (**C3**) oder fünf (**C5**) Bilder in Serienbildgeschwindigkeit aufgenommen.

[60 mm | f4 | 1/100 s | ISO 125]

^ Abbildung 2.22
Bei diesem Selbstauslöserbild wurde die Schärfe manuell eingestellt, die Kamera stand auf einem Stativ. Nach dem Auslösen blieben noch 10 Sekunden Zeit, um den richtigen Standort aufzusuchen.

 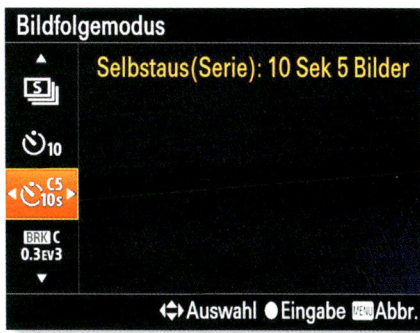

^ Abbildung 2.23
*Bei **Selbstaus(Serie)** können Sie wählen, ob nach zehn, fünf oder zwei Sekunden Vorlaufzeit drei oder fünf Bilder aufgenommen werden sollen.*

Die Selbstauslösevarianten der RX100 IV im Einsatz
SCHRITT FÜR SCHRITT

1 RX100 IV vorbereiten
Legen Sie Ihre RX100 IV auf einen passenden Untergrund, wie etwa eine Mauer, einen Tisch oder dergleichen. Haben Sie ein Dreibeinstativ dabei, ist das natürlich die beste Wahl.

2 Option wählen
Richten Sie die Kamera entsprechend aus. Drücken Sie die Taste **Bildfolge** auf dem Einstellrad. Wählen Sie aus den Optionen mit den Tasten ▼ und ▲ **Selbstauslöser: 10 Sek**, **Selbstauslöser: 5 Sek** oder **Selbstauslöser: 2 Sek** und drücken die Mitteltaste des Einstellrads.

3 Scharfstellen
Wenn noch weitere Personen mit auf das Bild sollen, dann stellen Sie auf diese per Autofokus scharf. Möchten Sie sich nur allein porträtieren, dann schalten Sie in den manuellen Modus **MF**, um die Entfernung zum Porträtierten einzustellen. Befindet sich ein Gegenstand in der gleichen Ebene wie der Porträtierte, können Sie auch auf diesen per Autofokus scharfstellen.

4 Auslösen
Wenn Sie nun den Auslöser durchdrücken, läuft die eingestellte Zeit ab. Begeben Sie sich zu Ihrem gewählten Standpunkt. Die Kamera gibt einen Signalton ab, während die Zeit abläuft, und es leuchtet die Selbstauslöserlampe. Kurz vor der Aufnahme blinkt die Lampe in kürzeren Abständen, und auch der Signalton wird schneller.

> **RX100 IV mit Smartphone auslösen**
> Komfortabel ist das Auslösen per Smartphone, das Sie so in der Hand halten können, dass es später nicht auf dem Bild erscheint. Mehr dazu erfahren Sie im Abschnitt »Das Smartphone zur Steuerung der RX100 IV nutzen« auf Seite 282.

˅ > **Abbildung 2.24**
Die drei Selbstporträts der Fotografin entstanden mit der Selbstauslöserfunktion für Reihenaufnahmen.

2-Sekunden-Selbstauslöser für mehr Bildschärfe

Nicht nur für Selbstporträts oder Ähnliches ist die Funktion sehr hilfreich. Arbeiten Sie zum Beispiel mit einem Dreibeinstativ und streben höchste Bildschärfe an, so bietet es sich an, den 2-Sekunden-Selbstauslöser zum Auslösen zu verwenden. Denn schon allein durch den Fingerdruck auf den Auslöser sind Verwacklungen möglich. Diese Gefahr umgehen Sie bei der Verwendung des Selbstauslösers.

Gerade ziemlich angesagt sind Selfies, also Aufnahmen von sich selbst oder zusammen mit anderen Personen. Diese werden direkt aus der Hand des Porträtierten geschossen. Hierzu drehen Sie die Kamera um und schauen selbst ins Objektiv.

▼ Abbildung 2.25
Für Selfies klappen Sie den Monitor komplett nach oben (Bild: Sony).

Sony hat hierfür eine Funktion eingebaut, die das Aufnehmen von Selfies wesentlich erleichtert. Schwenken Sie den Monitor um 180° nach oben, dann vermutet die Kamera eine »Selfie-Situation«. Sie dreht automatisch das Monitorbild um, so dass Sie sich wie in einem Spiegel sehen können. Außerdem wird ein Selbstauslöser ♢3 mit einer Ablaufzeit von drei Sekunden aktiviert. Für lustige Aufnahmen können Sie sicher auch die Weitwinkelstellung des Objektivs verwenden. Besser gelingen aber Aufnahmen im Telebereich, da hier die Gesichter deutlich weniger verzerrt werden.

Möchten Sie diese Funktion abschalten, dann navigieren Sie ins Menü ✿ 4 zur Option **Selbstportr./-auslös.**

[60 mm | f5,6 | 1/125 s | ISO 400]

[60 mm | f5,6 | 1/125 s | ISO 400]

Immer die richtige Belichtungszeit

Entscheidend für perfekte Fotos ist vor allem auch die Belichtungszeit. Nur durch die richtige Belichtungszeit erhalten Sie ein korrekt belichtetes Bild; im umgekehrten Fall deutet ein verwackeltes Bild auf eine für die Aufnahmesituation ungeeignete Belichtungszeit hin. Aber auch kreative Möglichkeiten stecken in der Wahl der Belichtungszeit. So lassen sich sehr schöne Bildeffekte, wie zum Beispiel Dynamik in den Bildern, gezielt umsetzen.

Abbildung 2.26 >
Die Belichtungszeit war hier kurz genug, um die Szene bis ins Detail scharf aufzunehmen.

[28 mm | f4 | 1/160 s | ISO 200]

Verwackelte Bilder vermeiden

Verwacklungen sind wohl mit einer der häufigsten Gründe für misslungene Fotos. Selbst Profis unter den Fotografen passiert es, dass durch zu lange Belichtungszeiten Verwacklungen auftreten. Schwierige Lichtbedingungen, wie etwa wenig Licht, provozieren solche Fehler geradezu.

Sehen diese verwackelten Bilder auf dem Monitor eventuell sogar noch scharf aus, entpuppt sich spätestens beim Hereinzoomen das Malheur. Wie auf dem Bild mit dem Gebäude (Abbildung 2.27), bei dem die Belichtungszeit einfach zu lang war, sieht man in der Vergrößerung, dass es hier zu leichten Kameraverschiebungen während der Belichtung gekommen ist. Das Bild wirkt deshalb verschwommen und ist unscharf.

< **Abbildung 2.27**
Diese Aufnahme wurde aufgrund einer zu langen Belichtungszeit verwackelt.

Die Szene im Garten (siehe Abbildung 2.26) hingegen konnte scharf auf den Sensor gebannt werden. Hier war die Belichtungszeit für eine Freihandaufnahme ausreichend kurz.

 Belichtungszeit selbst vorgeben

Im Abschnitt »Die Kreativprogramme richtig nutzen« ab Seite 136 wird noch genauer darauf eingegangen, aber hier schon mal der Hinweis darauf, dass Sie die Belichtungszeit an der RX100 IV auch selbst bestimmen können. Hierfür stehen die Kreativprogramme **S** und **M** zur Verfügung.

Einfache Faustregel für die Belichtungszeit

Wenn die Belichtungszeit so entscheidend für scharfe Fotos ist, dann ist die Frage, welche Belichtungszeit denn die richtige ist. Pauschal kann man dies nicht sagen, aber es gibt eine einfache Faustregel, an die man sich halten kann. Sie lautet:

$$\text{Belichtungszeit} = \frac{1}{\text{Brennweite}}\ [s]$$

Um die maximale Belichtungszeit bei Freihandaufnahmen zu berechnen, benötigen Sie also nur die Brennweite, mit der Sie fotografieren wollen. Die

RX100 IV blendet die gewählte Brennweite auf dem Monitor oder im Sucher während des Zoomens ein.

Die Faustregel besagt, dass der Kehrwert der Objektivbrennweite, multipliziert mit dem sogenannten Cropfaktor, kürzer sein soll, als die gewählte Belichtungszeit. Der Cropfaktor liegt bei der RX100 IV bei 2,7. Diesen berücksichtigt die RX100 IV bei der Anzeige der Brennweite im Sucher oder auf dem Monitor.

Der Cropfaktor und was er bewirkt

Die Abmessungen des Bildsensors der RX100 IV von 13,2 × 8,8 mm sind deutlich kleiner als die des üblichen Kleinbildformats. Die Größe des Sensors im Kleinbildformat beträgt 36 × 24 mm und ist somit um den Faktor 2,7 größer als das Format des Bildsensors der RX100 IV. Dieser Faktor wird **Cropfaktor** genannt. Wenn man nun die längste Brennweite des Objektivs an der RX100 IV von 25,7 mm mit diesem Faktor multipliziert, ergibt sich eine Brennweite von 70 mm. Somit haben die 25,7 mm Brennweite an der RX100 IV die gleiche Bildwirkung wie ein Objektiv mit 70 mm Brennweite an einer Kleinbild-DSLR.

Fotografieren Sie zum Beispiel mit einer (umgerechneten) Brennweite von 70 mm, darf die Belichtungszeit für eine verwacklungsfreie Aufnahme maximal 1/70 s betragen. Voraussetzung ist dabei, dass Sie die Kamera ruhig halten und den Auslöser nicht zu schwungvoll, sondern langsam und gleichmäßig durchdrücken.

Brennweite des Objektivs der RX100 IV	Brennweite auf Kleinbildformat umgerechnet*
8,8 mm	24 mm
10,3 mm	28 mm
12,8 mm	35 mm
18,3 mm	50 mm
25,7 mm	70 mm

∧ Tabelle 2.1
Umrechnung von der tatsächlichen Brennweite auf die äquivalente Brennweite im Kleinbildformat. (*Dieser Wert wird von der RX100 IV auf dem Monitor beziehungsweise im Sucher angezeigt.)

Immer die richtige Belichtungszeit

[70 mm | f2,8 | 1/80 s | ISO 1250]

∧ Abbildung 2.28
Bei diesem Bild mit 70 mm Brennweite entspricht die Belichtungszeit von 1/80 s nahezu der Faustregel.

Faustregel mit Bildstabilisator

Im Prinzip können Sie die zuvor genannte Formel auch schon wieder fast vergessen. Die RX100 IV hat hier ja noch einen Trumpf im Ärmel. Und zwar den Bildstabilisator **SteadyShot**, mit dem Sie die maximale Belichtungszeit bei Freihandaufnahmen verlängern können. Die Formel kann durch den »Verwacklungsvorteil« wie folgt geändert werden:

$$\text{Belichtungszeit} = \frac{1}{\text{Brennweite}} \times 8 \, [s]$$

Das bedeutet: Mit 70 mm Brennweite wären nun Belichtungszeiten von etwa 1/10 s möglich, da die Belichtungszeit mit Bildstabilisator etwa 8 mal länger sein darf als ohne Bildstabilisator, ohne dass es dabei zu Verwacklungen kommt. In vielen Situationen, zum Beispiel in der Dämmerung oder bei Innenaufnahmen, ist das ein echter Vorteil.

Brennweite	Belichtungszeit laut Faustregel	Belichtungszeit laut Faustregel mit SteadyShot
24 mm	1/24 s	1/3 s
28 mm	1/28 s	1/4 s
35 mm	1/35 s	1/5 s
55 mm	1/60 s	1/8 s
70 mm	1/80 s	1/10 s

∧ **Tabelle 2.2**
Noch verwendbare Belichtungszeiten bei den einzelnen Brennweiten der RX100 IV ohne und mit aktiviertem Bildstabilisator

Wann Sie besonders auf die Faustregel achten sollten

Nicht immer ist es erforderlich, sich Gedanken um die Faustregel zu machen. Sehr gute Lichtverhältnisse, wie bei strahlender Sonne, lassen die Belichtungszeiten meist automatisch kurz genug werden.

Wichtig wird sie hingegen, wenn wenig Licht zur Verfügung steht. Also zum Beispiel in Innenräumen oder in der Dämmerung und zum Teil auch schon bei bewölktem Himmel. Auch wenn Sie zu den Fortgeschrittenen gehören und die Blende im Programm **A** (Blendenpriorität) selbst einstellen, kann es nicht schaden, an die Faustformel zu denken, gerade wenn Sie stark abblenden, also große Blendenzahlen verwenden.

Mehr scharfe Bilder dank Bildstabilisator

Glücklicherweise verfügt die RX100 IV über einen Verwacklungsschutz, den **SteadyShot**. Hat man erst einmal mit dem »Antiverwacklungssystem« Bekanntschaft gemacht, möchte man es nicht mehr missen. Denken Sie nur an Aufnahmen in Gebäuden, in denen Blitzlicht verboten ist. In Situationen, in denen Sie sonst eventuell schon die ISO-Zahl hochdrehen müssten und damit auch stärkeres Rauschen in Kauf nehmen würden, können Sie nun noch ohne Veränderung des ISO-Wertes problemlos aus der freien Hand fotografieren.

[70 mm | f6,3 | 1/10 s | ISO 125]

^ Abbildung 2.29
*Aufnahmen bei wenig Licht mit **SteadyShot** gelingen leichter, hier bei 70 mm und 1/10 s Belichtungszeit. Die lange Belichtungszeit lässt den Sekundenzeiger doppelt im Bild erscheinen.*

 So arbeitet der Bildstabilisator

Sony gleicht Verwacklungen an der RX100 IV mit beweglichen Linsen im Objektiv aus. Sensoren erkennen die Bewegungsrichtung und Beschleunigung beim Verwackeln. Der Mikrocomputer der RX100 IV errechnet die notwendige Gegenbewegung und veranlasst eine entsprechende Verschiebung der Linse. Auf diese Weise werden Verwacklungen ausgeglichen, die beim üblichen Fotografieren aus der freien Hand auftreten.

Mit **SteadyShot** sind nun auch Makroaufnahmen ohne störendes Stativ möglich. Die ständig den Platz wechselnde Libelle etwa lässt sich dann viel besser verfolgen, und auch ohne Stativ gelingen so scharfe Aufnahmen, sollte sie sich doch einmal für einen Augenblick setzen.

Für optimale Ergebnisse lassen Sie dem Bildstabilisator etwas Zeit. Halten Sie also den halb gedrückten Auslöser einen Augenblick, bevor Sie den Auslöser vorsichtig ganz durchdrücken.

 **Info**

Für Filmaufnahmen kann **SteadyShot** separat ein- oder ausgeschaltet werden. Dazu mehr im Kapitel 16, »Filmen mit der RX100 IV«.

SteadyShot abschalten

Grundsätzlich sollten Sie **SteadyShot** eingeschaltet lassen, um optimale Bildergebnisse zu erzielen. Benutzen Sie allerdings ein Dreibeinstativ, um zum Beispiel eine ideale Bildgestaltung oder Ähnliches durchführen zu können, sollten Sie **SteadyShot** abschalten (Menü 8). Hier kann es unter Umständen sogar zu Verschlechterungen der Abbildungen kommen, da die Elektronik auf Freihandaufnahmen optimiert wurde. Eventuelle Erschütterungen oder Bewegungen am Stativ wertet die Kamera daher nicht im richtigen Maße aus, was zu Überreaktionen des Systems führen kann. Abhängig vom verwendeten Stativ, vom eingesetzten Objektiv, von den Verschlusszeiten etc. kann es dann sogar zu erst recht verwackelten Aufnahmen kommen.

Und sind Sie auf eine extrem stromsparende Arbeitsweise der Kamera angewiesen, sollten Sie **SteadyShot** abschalten, um eine Verlängerung der Akkulaufzeit zu erreichen.

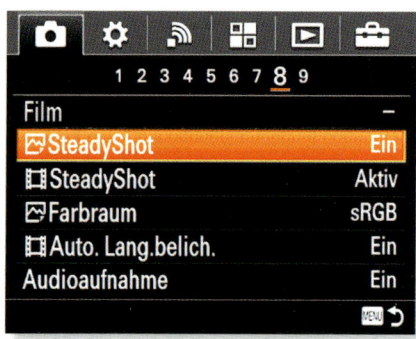 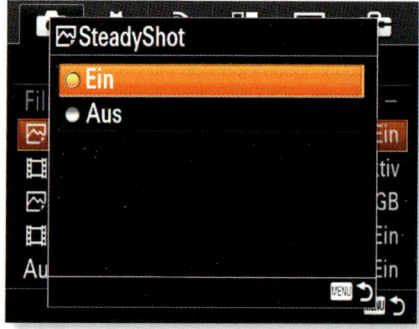

∧ Abbildung 2.30
Hinter **SteadyShot** verbirgt sich der optische Bildstabilisator der RX100 IV.

Die Grenzen des Antiverwacklungssystems

Wie bereits beschrieben, ist **SteadyShot** für typische Verwacklungen bei Freihandaufnahmen optimiert worden. Hier liegen dann auch seine Grenzen. Bei Belichtungszeiten von etwa 1/4 s und länger, nimmt die Wirkung des Bildstabilisators ab. Das hängt damit zusammen, dass die verwendeten Bewegungssensoren über eine längere Zeit zu ungenau sind und sich zudem Fehlermessungen aufschaukeln können. Erzielen Sie hier nicht die gewünschte Bildschärfe, sollten Sie besser ein Stativ benutzen.

Bewegt sich das Hauptmotiv, muss die Belichtungszeit für eine scharfe Aufnahme kurz genug sein. Hier kann Sie der Bildstabilisator **SteadyShot** nicht unterstützen. Bei Mitziehaufnahmen kann es sinnvoll sein, **SteadyShot** abzuschalten, um das sich bewegende Objekt scharf und den Hintergrund unscharf darstellen zu können. Hier führen Sie am besten Probeaufnahmen mit und ohne Stabilisator durch und vergleichen die Aufnahmen.

☑ Einschränkungen im Makrobereich

Eine weitere Einschränkung ergibt sich im Nah- und Makrobereich. Aufgrund der minimalen Schärfentiefe in diesem Bereich machen sich schon geringste Bewegungen nach vorn oder nach hinten bemerkbar. Dies kann **SteadyShot** nicht ausgleichen.

Abbildung 2.31 >
Der **SteadyShot**-Bildstabilisator wurde für Freihandaufnahmen konzipiert. Verwenden Sie ein Dreibeinstativ, schalten Sie ihn also besser ab.

Kapitel 3
Die Belichtung im Griff

Die richtige Messmethode für jedes Motiv	84
Die Auswirkungen der Blende auf das Bild	89
Den optimalen ISO-Wert finden	95
Eine wertvolle Belichtungshilfe: das Histogramm	105
Problemsituationen meistern mit der Belichtungskorrektur	109
Hohe Kontraste beherrschen	112

Die richtige Messmethode für jedes Motiv

Ungewollt über- oder unterbelichtete Bilder können Ihnen den Spaß an der Fotografie verderben. Deshalb unterstützt Sie Ihre RX100 IV mit verschiedenen Methoden der Belichtungsmessung. Welcher Modus in welcher Lichtsituation der passende ist, lernen Sie in diesem Kapitel. Zudem erfahren Sie, wie Blende und Belichtungszeit zusammenhängen und wann welcher ISO-Wert sinnvoll ist. Dieses Wissen hilft Ihnen, mit Licht kreativ umzugehen. Aufgabe der Belichtungsmessung ist es, die richtige Belichtungszeit anhand der Reflexionseigenschaften des Motivs und der zur Verfügung stehenden Lichtmenge so zu ermitteln, dass alle bildwichtigen Details optimal auf dem Sensor abgebildet werden.

Befindet sich die RX100 IV im Belichtungsautomatikmodus, verwendet sie automatisch die Mehrfeldmessung **Multi** ⊞. Mit ihr werden Sie vor allem arbeiten, wenn Sie sich erst seit Kurzem intensiver mit der Fotografie befassen, da sie für die meisten allgemeinen Anwendungsfälle die ideale Belichtungsmessung bietet. Haben Sie dann schon etwas Erfahrung gesammelt, werden Sie bald merken, dass es Situationen gibt, die andere Wege, wie zum Beispiel den Einsatz der Spotmessung, zur optimalen Belichtung erfordern. Vor allem bei starken Unterschieden zwischen den hellsten und dunkelsten

⌄ **Abbildung 3.1**
Gerade mit Landschaftsaufnahmen kommt die Mehrfeldmessung **Multi** *sehr gut klar. Das gesamte Sucherbild wird zur Belichtungsmessung herangezogen, und es wird daraus ein Mittelwert berechnet.*

[35 mm | f4 | 1/640 s | ISO 200]

Bildinhalten kann es zu Informationsverlusten kommen, die sich in Schatten und Lichtern ohne Zeichnung bemerkbar machen.

Die Messmethode ändern

Die Belichtungsmessmethode ändern Sie, indem Sie die **MENU**-Taste drücken und ins Menü 📷 5 wechseln. Hier wählen Sie die Funktion **Messmodus**. Anschließend können Sie mit den Tasten ▲ und ▼ des Einstellrads zwischen den drei Optionen Mehrfeldmessung **Multi**, mittenbetonte Messung **Mitte** und Spotmessung **Spot** wählen. Bestätigen Sie die Auswahl durch Drücken der Mitteltaste des Einstellrads.

 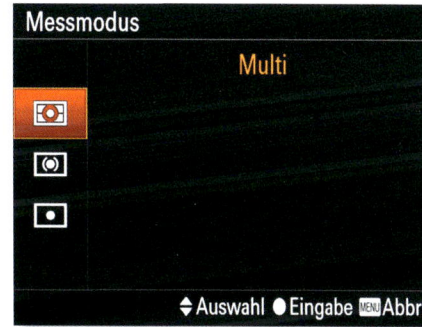

◀ Abbildung 3.2
Menü zur Einstellung der Belichtungsmessung

Für die Standardsituation: die Mehrfeldmessung

Bei der Mehrfeldmessung **Multi** ▦ bedient sich die RX100 IV einer 1200-Zonen-Messung. Das heißt, aus 1200 Belichtungsinformationen errechnet die Kamera die passenden Belichtungsparameter. Die Mehrfeldmessung ist zudem an das Autofokussystem gekoppelt. Zonen, die im Bereich des AF-Messfelds liegen, mit dem scharfgestellt wurde, fließen bei der Berechnung der optimalen Belichtung mit einer höheren Priorität ein.

Typische Situationen, also zum Beispiel Aufnahmen bei Tag ohne grellen Sonnenschein, können so mit der von der Kamera vorgeschlagenen Belichtungszeit und Blende in den meisten Fällen auch durch den Anfänger gut gemeistert werden. Selbst wenn Sie manuell scharfstellen, werden die Entfernungsdaten mit ausgewertet. Die Kamera zeigt Ihnen auch hier mit einer Grünfärbung des Fokusfeldes, ob sie den Fokus bestätigen kann.

Abbildung 3.3 >
Die Mehrfeldmessung gewichtet Bildbereiche, auf die scharfgestellt wurde, höher. Hier ist sehr schön zu sehen, dass der Hintergrund, auf den fokussiert wurde, ausgeglichener belichtet wurde als der Vordergrund.

[24 mm | f8 | 1/400 s | ISO 200]

Die Mehrfeldmessung kann als Standardeinstellung voreingestellt bleiben. Solange Sie also Szenen fotografieren, die keine übermäßigen Kontraste wie Spitzlichter oder starke Schatten aufweisen, ist diese Messmethode ideal. Da aber die Fotografie auch ein kreatives Arbeitsfeld ist und bestimmte Situationen von der Belichtungsautomatik nicht erkannt werden können, gibt es hier natürlich auch Grenzen. Zudem kann keine noch so ausgeklügelte Kamerasoftware erahnen, wie Sie das Foto letztendlich gestalten wollen, beziehungsweise wo Ihre Prioritäten liegen.

˅ Abbildung 3.4
Auch für Schnappschüsse lässt sich die Mehrfeldmessung in vielen Fällen sehr gut einsetzen.

[70 mm | f3,5 | 1/125 s | ISO 125]

Für Schnappschüsse ideal
Haben Sie wenig Zeit, sich auf die Situation oder auf die Kamera zu konzentrieren, bietet sich auch hier die Mehrfeldmessung an. Wählen Sie nun noch die Programmautomatik **P**, sind Sie für spontane Gelegenheiten gut gerüstet und können mit einer hohen Wahrscheinlichkeit auf gute Bildergebnisse vertrauen.

Wenn die Bildmitte zählt: die mittenbetonte Messung

Es kann vorkommen, dass Sie eine andere Vorstellung von dem Bild haben als die Kameraelektronik und auf die Vorschläge der Mehrfeldmessung verzichten möchten. Hierfür bietet sich dann unter anderem die mittenbetonte Messung **Mitte** ◉ an. Auch viele ältere Kameras verfügen über diese Messmethode, so dass Umsteiger mit Erfahrung mit der mittenbetonten Messung hier einen leichten Einstieg finden.

Die mittigen Messfelder gehen hierbei zu etwa 80 % in die Messung mit ein. Man erhält so in den meisten Fällen eine auf das Hauptobjekt bezogene korrekte Belichtung. Wichtig ist dabei, dass sich das Hauptobjekt auch in der Bildmitte befindet.

[70 mm | f2,8 | 1/2000 s | ISO 160]

Abbildung 3.5 >
Die Blüten im Bildzentrum sind ein typisches Einsatzgebiet für die mittenbetonte Messung. Die Außenbereiche gehen weniger stark in die Messung ein.

Punktgenau messen mit der Spotmessung

Die Spotmessung **Spot** ◉ ist recht speziell, denn hier wird nur ein zentraler Messfeldbereich zur Belichtungsmessung genutzt. Im Sucher beziehungsweise auf dem Monitor wird dazu zentral ein kleiner Messkreis eingeblendet. Für die Belichtungsmessung wird nur dieser kleine Kreisinhalt herangezogen.

Der Fotograf muss entscheiden, welcher Bildbestandteil wichtig für die Belichtungsmessung ist.

Der zu messende Bildwinkel ist von der verwendeten Brennweite abhängig. Starke Motivkontraste wie Gegenlichtaufnahmen lassen sich am besten mit der Spotmessung meistern. Es bietet sich an, gleich noch ein **Fokusfeld** ❷ so zu platzie-

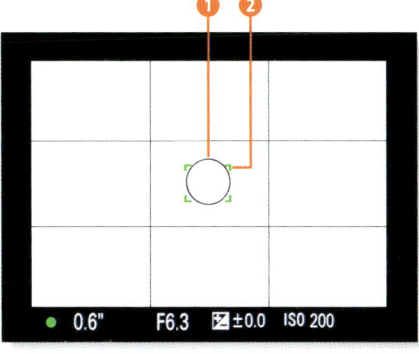

< Abbildung 3.6
Nur der Spotmessbereich ❶ wird hier für die Belichtungsmessung herangezogen.

ren, dass es genau den Spotmessbereich abdeckt. Dazu verwenden Sie entweder das Fokusfeld **Mitte** oder **Flexible Spot: M**.

Für die Bildgestaltung ist das mittig sitzende Messfeld meist nicht ideal. Die RX100 IV kann aber die Belichtung und den Fokus speichern. So können Sie nach der Messung die Position der Kamera entsprechend verändern, um einen günstigeren Bildausschnitt zu erhalten. Dies wird im Abschnitt »Automatische oder manuelle Messfeldauswahl« auf Seite 59 genauer erläutert.

[70 mm | f5 | 1/125 s | ISO 320]

< Abbildung 3.7
Hier wurde die Knospe per Spotmessung angemessen. Die RX100 IV stimmte so die Belichtung auf sie ab. Wäre die Mehrfeldmessung gewählt worden, wäre die Blüte mit hoher Wahrscheinlichkeit überbelichtet worden.

 AEL-Taste einstellen

Die RX100 IV besitzt keine spezielle **AEL**-Taste (**Auto Exposure Lock** = automatischer Belichtungsspeicher), wie Sie es vielleicht von Spiegelreflex- oder SLT-Kameras kennen. Sie können aber eine beliebige Taste mit der Funktion der Belichtungsspeicherung belegen. Im Menü ✿ 5 können Sie unter **Key-Benutzereinstlg.** zum Beispiel die Taste **C** entsprechend programmieren. Hier haben Sie dann auch die Wahl zwischen **AEL Umschalten** oder **AEL Halten**. In der Einstellung **AEL Umschalten** wird die Belichtung permanent gespeichert, während **AEL Halten** die Werte nur so lange speichert, wie Sie die entsprechend programmierte **AEL**-Taste gedrückt halten. **AEL Umschalten** hat den Vorteil, dass durch einmaliges Drücken der **AEL**-Taste die Belichtungswerte bis zum nochmaligen Drücken der Taste erhalten bleiben. Die Voraussetzungen für eine ideale Belichtung des bildwichtigen Objekts sind so gegeben.

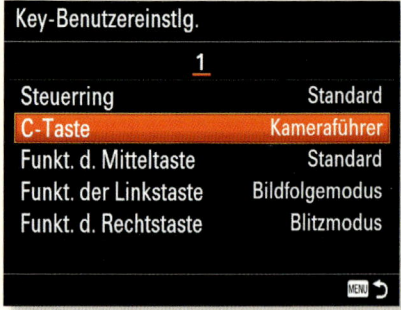

Abbildung 3.8 >
Menü zum Programmieren der Tasten der RX100 IV

Die Auswirkungen der Blende auf das Bild

Die Blende an einem Fotoapparat arbeitet ähnlich wie unser Auge. Auch unsere Pupille steuert den Lichteinfall. Sie verengt sich bei starkem Licht und weitet sich, wenn weniger Licht zur Verfügung steht.

In einem Objektiv verkleinert beziehungsweise vergrößert eine bestimmte Anzahl von Lamellen – die Blende – eine nahezu kreisrunde Öffnung, welche das Licht zum Sensor durchlässt. Neben der Regulierung der Lichtmenge hat die Blendenöffnung für die Aufnahme einen weiteren entscheidenden Einfluss. Mit ihr können Sie die Schärfentiefe beeinflussen. Und hier liegt sicher einer der Grundsteine für die kreative Fotografie. Sie können mit der richtigen Blende zum Beispiel dafür sorgen, dass das Motiv schön vom Hintergrund freigestellt wird.

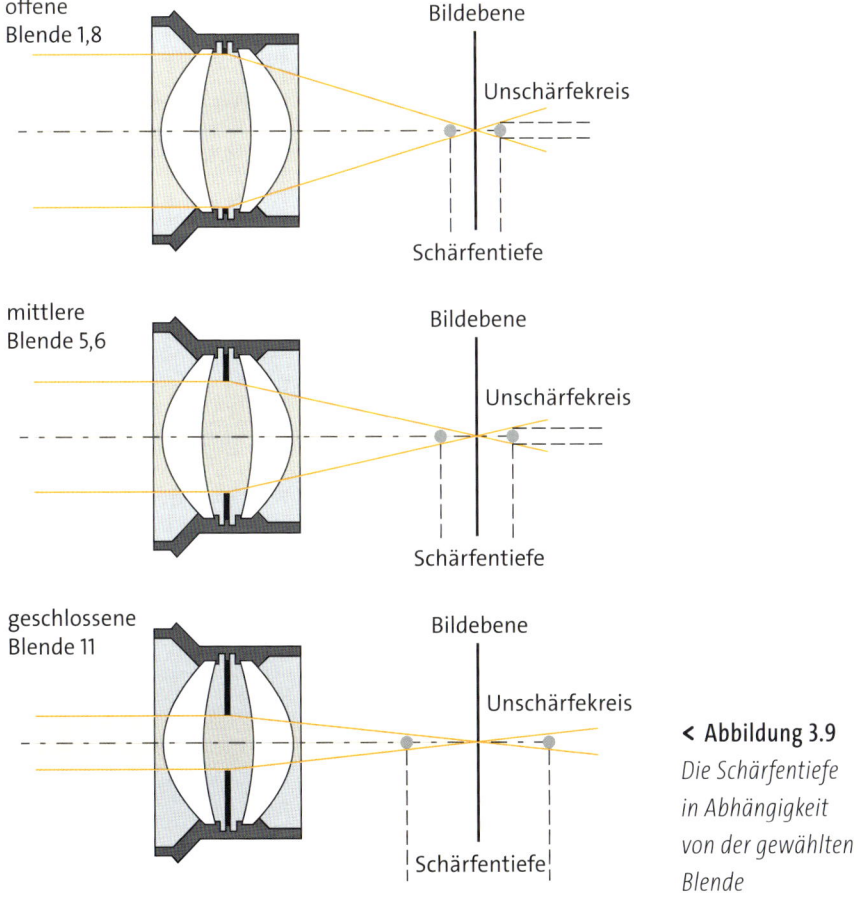

◂ Abbildung 3.9
Die Schärfentiefe in Abhängigkeit von der gewählten Blende

Wie Blendenöffnung und Blendenzahl zusammenhängen

Die Größe der Blendenöffnung wird mit einer Zahl angegeben. Diese Blendenzahl ergibt sich aus dem Verhältnis der wirksamen Blendenöffnung zur Objektivbrennweite. Die wirksame Blendenöffnung ist dabei der Durchmesser, den die Blendenöffnung hat, wenn man von vorn in das Objektiv schaut.

Die Formel zur Berechnung der Blendenzahl (auch Öffnungsverhältnis) lautet:

$$\frac{\text{wirksame Blendenöffnung}}{\text{Brennweite}} = \frac{1}{\text{Blendenzahl}}$$

Ein Beispiel aus dem Spiegelreflexkamerabereich soll diese Berechnungsformel veranschaulichen: Bei einem Objektiv mit 50 mm Brennweite und einer Blende (Blendenzahl) von f1,7 ergibt sich eine wirksame Blendenöffnung (Durchmesser) von etwa 30 mm. Bei einem 300-mm-Objektiv mit einer Blende von f2,8 hingegen beträgt die Größe der wirksamen Blendenöffnung immerhin schon etwa 107 mm im Durchmesser. Daran sieht man, dass Objektive mit einer großen Anfangsöffnung große und entsprechend teure Linsenkonstruktionen bedingen. Günstigere Objektive haben meist eine Anfangsöffnung von f3,5 bis f5,6. Hier wird Material auf Kosten der Lichtstärke eingespart, was sich besonders in Situationen mit wenig Umgebungslicht negativ bemerkbar macht.

Ihre RX100 IV besitzt ein Objektiv mit einer größtmöglichen Anfangsblende von f1,8 bis f2,8, also ein sehr lichtstarkes Objektiv. Trotz dieser großen Lichtstärke ist es recht kompakt gebaut. Sicherlich hängt das nicht unwesentlich mit dem, im Vergleich zum Spiegelreflexbereich, kleinen Sensor zusammen.

Abbildung 3.10
Oben ist hier die geschlossene Blende der RX100 IV und unten die offene Blende zu sehen.

 Lichtstärke

Als Lichtstärke eines Objektivs wird die maximal mögliche Blendenöffnung beziehungsweise das größtmögliche Öffnungsverhältnis bezeichnet.

Die Kamera kann die Blende weiter schließen und öffnen. Dabei werden feste Werte benutzt, die sogenannte *Blendenreihe* mit entsprechenden Blendenstufen:

f1	f1,4	f2	f2,8	f4	f5,6	f8	f11	f16	f22	f32

Der Übergang von einer Blendenstufe zur nächsten bedeutet die Verdopplung beziehungsweise Halbierung der Lichtmenge, die zum Sensor gelangt. Zwischenwerte der Blendenwerte wie zum Beispiel halbe Blendenstufen oder Drittel-Blendenstufen sind ebenfalls möglich.

 Schreibweise des Blendenwerts

In diesem Buch wird die allgemein übliche Syntax f »Blendenwert« (zum Beispiel f2,8) verwendet. Dies entspricht einer Blendenzahl von 1:2,8.

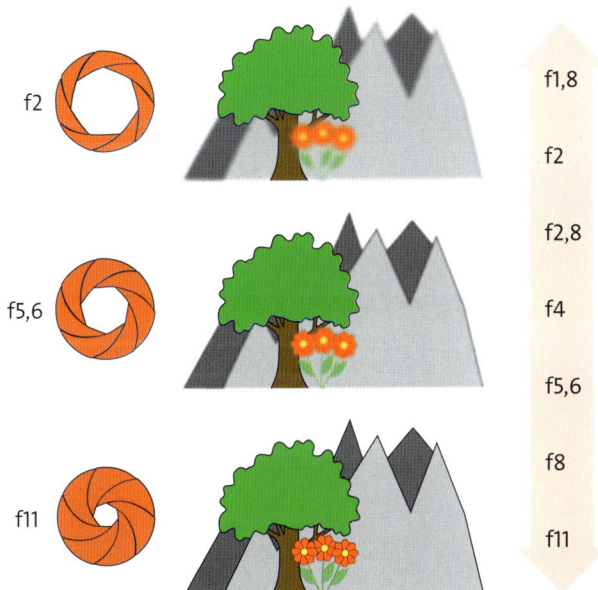

∧ Abbildung 3.11
Eine kleine Blendenzahl bewirkt eine geringe Schärfentiefe (aufblenden), eine große Blendenzahl eine große Schärfentiefe (abblenden). Blende 1,8 ist die kleinstmögliche Blendenzahl (Offenblende) der RX100 IV und Blende 11 die größtmögliche (geschlossene Blende).

Die Blende der RX100 IV

Die größtmögliche Blendenöffnung Ihrer RX100 IV ist abhängig von der jeweils verwendeten Brennweite (Zoomfaktor). Im Weitwinkelbereich steht Ihnen eine maximale Blendenöffnung von f1,8 und im Telebereich von f2,8 zur Verfügung.

Kapitel 3 • Die Belichtung im Griff

Brennweite	24 mm	25 mm	26 mm	28 mm	36 mm	50 mm	60 mm	70 mm
Blendenzahl	f1,8	f2	f2,2	f2,5	f2,8	f2,8	f2,8	f2,8

∧ **Tabelle 3.1**
Die Offenblendenwerte der RX100 IV abhängig von der Brennweite

An der RX100 IV können Sie maximal bis f11 abblenden. Das irritiert eventuell zunächst, wenn Sie schon mit einer Spiegelreflexkamera gearbeitet haben. Hier sind zum Teil Werte von f22 und mehr möglich. Wenn Sie nun Bedenken haben, dass Sie die Blende nicht weit genug schließen können, um eine maximale Schärfentiefe zu erreichen, dann sind Ihre Sorgen unbegründet. Die Schärfentiefe hängt auch indirekt von der Größe des Bildsensors ab (da hier mit kürzeren Brennweiten gearbeitet wird). Und dieser ist eben deutlich kleiner, als bei einer Spiegelreflexkamera, und so erreichen Sie auch schon mit einer Blende von f11 eine maximale Schärfentiefe.

∧ **Abbildung 3.12**
Vergleich Spiegelreflexkamera mit Kleinbildformat (links) bei f11 und RX100 IV (rechts) bei f4.

Die Tabelle 3.2 zeigt Ihnen die vergleichbaren Blendenwerte für die RX100 IV und Kameras mit Sensoren im Kleinbildformat auf.

Blende an der RX100 IV	f1,8	f2,8	f4	f5,6	f8	f11
Blende an einer Kamera mit Kleinbildsensor	f4,9	f7,6	f11	f15,2	f21,8	f29,9

∧ **Tabelle 3.2**
Vergleichbare Blendeneinstellungen an der RX100 IV und einer Kamera mit Kleinbildformat.

Das bedeutet: Blenden Sie bei Ihrer RX100 IV auf f4 ab, dann haben Sie auf dem Bild die gleiche Schärfentiefe wie bei einer Kamera mit Kleinbildformat bei f11. Das ist schon ein verhältnismäßig hoher Wert und bedeutet eine recht große Schärfentiefe. Was auf der einen Seite freut, etwa bei Makroaufnahmen, stört natürlich auf der anderen Seite, etwa bei Porträtaufnahmen. Hier wünscht man sich im Allgemeinen eine geringe Schärfentiefe, um den Porträtierten vom Hintergrund freizustellen.

Die richtige Blende für die gewünschte Bildwirkung

Wenn Sie die drei Bilder der Abbildung 3.13 genauer betrachten, stellen Sie fest, dass der Bereich der Schärfe unterschiedlich ausfällt. Bei Blende f5,6 (Mitte) ist die Schärfentiefe am geringsten. Die Schärfentiefe steigt an, je mehr Sie abblenden, also je höher Sie den Blendenwert wählen und damit die Blende schließen.

Anhand der Aufnahmedaten haben Sie bereits erfahren, dass nicht nur die Blende geändert wurde. Auch die Belichtungszeit wurde angepasst, und zwar so, dass in allen drei Fällen die gleiche Menge Licht auf den Sensor gelangt. Wird die Blendenöffnung dabei um eine ganze Blendenstufe verkleinert, so verdoppelt sich die benötigte Belichtungszeit. Achten Sie hier auch auf den Hintergrund. Je größer die Blendenöffnung (kleiner Blendenwert), umso mehr »verschwimmt« dieser.

Abbildung 3.13 >

Oben: Der Hintergrund »verschwimmt« leicht, während die Pflanzen im Vordergrund scharf abgebildet sind. Mitte: Bei f5,6 wird der Hintergrund schon schärfer. Unten: Voll abgeblendet auf f11, ist das Bild von vorn bis hinten scharf.

Den Blendenwert selbst festlegen

Wenn es für die Bildwirkung so wichtig ist, welche Blende gewählt wird, dann ist es für kreatives Arbeiten unabdingbar, dass Sie die Blende selbst einstellen können. Ihre RX100 IV bietet Ihnen hierfür die Kreativprogramme **A** und **M** an. Im Blendenprioritätsmodus **A** können Sie direkt über das Einstellrad die gewünschte Blende einstellen. Im manuellen Modus **M** drücken Sie die Taste ▼ des Einstellrads zum Wechseln zwischen der Einstellung der Blende und der Belichtungszeit. Die jeweilige Einstellung erfolgt auch hier durch Drehen am Einstellrad.

< **Abbildung 3.14**
*Im manuellen Modus **M** wechseln Sie mit der Taste ▼ ❶ des Einstellrads zwischen der Einstellmöglichkeit für Blende und Belichtungszeit. Durch Drehen des Einstellrads ❷ stellen Sie die gewünschten Werte ein. Auf dem Monitor beziehungsweise im Sucher können Sie jederzeit die aktuell eingestellte Blende ❸ ablesen (Foto: Sony).*

Optimale Schärfe mit der richtigen Blende

Wenn Sie maximale Schärfe in Ihren Bildern wünschen, dann sollten Sie noch ein physikalisches Phänomen bedenken: Sicherlich erreicht man mit starkem Abblenden eine möglichst große Schärfentiefe. Dem steht aber die Beugung des Lichts an der Blendenkante gegenüber. Dies führt zu stärker werdender Unschärfe ab einer bestimmten Blende. Man spricht hier auch von der *Beugungsunschärfe*. Der Strahlengang des Lichts ist dann nicht mehr geradlinig, sondern wird gebeugt beziehungsweise abgelenkt, weil die Blendenöffnung nur noch sehr klein ist. Wenn Sie also zum Beispiel mit Ihrer RX100 IV mit der kleinsten Blende von f11 fotografieren und die maximale Schärfentiefe erreichen möchten, ist zwar f11 die richtige Wahl, die Abbildungsleistung ist aber nicht mehr optimal. Eine bessere Abbildungsleistung erzielen Sie hier im Bereich von f8.

Die fünf Bilder in Abbildung 3.15 wurden jeweils mit einer anderen Blende aufgenommen. Bild ❹ ergibt bei offener Blende f2,8 schon eine gute Schärfe. Bild ❺, ❻ und ❼ (bei f4, f5,6 und f8 aufgenommen) sind noch ein wenig schärfer, und auch der Kontrast ist merklich besser. Größere Blendenwerte als f8 bringen keine Verbesserung mehr. Im Gegenteil: die Schärfe lässt nach. Allerdings immer noch auf einem hohen Niveau, wie Bild ❽ bei f11 beweist.

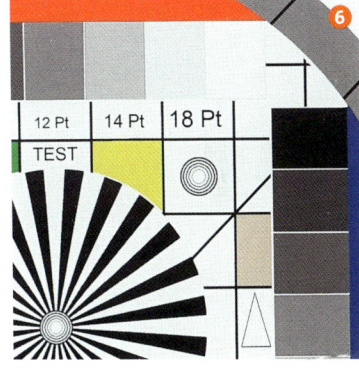

< ∧ Abbildung 3.15
Die Abbildungsleistung der RX100 IV ist über den gesamten Blendenbereich schon sehr gut. Maximale Schärfe erreichen Sie allerdings im Bereich von f4 bis f8.

Den optimalen ISO-Wert finden

Je nach Motivhelligkeit gelangt mal mehr und mal weniger Licht zum Bildsensor Ihrer RX100 IV. Die Sensorempfindlichkeit ist flexibel und lässt sich darauf abstimmen. Hierfür ist der ISO-Wert wichtig.

ISO-Werte geben die Sensorempfindlichkeiten an. Übliche Werte sind hierbei ISO 100, 200, 400, 800, 1600, 3200, 6400, 12 800, 25 600. Kleine Werte stehen für eine geringe Empfindlichkeit, größere für eine höhere Empfindlichkeit in Bezug auf das Signal, das beim Sensor ankommt. Ein Schritt zum nächsten Wert entspricht der Verdopplung beziehungsweise Halbierung der Empfindlichkeit. ISO 100 ist also halb so empfindlich wie ISO 200 etc.

Ist in der analogen Fotografie für jede ISO-Empfindlichkeit ein separater Film notwendig, wird im Gegensatz dazu im digitalen Bereich der nächste ISO-Wert durch die Signalverstärkung erreicht. Dank der Einstellbarkeit des ISO-Wertes sind Sie wesentlich flexibler gegenüber der analogen Fotografie, bei der man stets bis zum nächsten Filmwechsel von einem vordefinierten ISO-Wert abhängig war.

Verwacklungen mit dem richtigen ISO-Wert vermeiden

Der Bildstabilisator der RX100 IV unterstützt Sie bereits sehr gut, um verwackelte Aufnahmen zu vermeiden. Trotzdem kann es bei wenig Licht, zum Beispiel bei bedecktem Himmel oder in Innenräumen, zu Belichtungszeiten kommen, welche eine verwacklungsfreie Aufnahme nicht mehr garantieren. Im Abschnitt »Einfache Faustregel für die Belichtungszeit« ab Seite 75 wurde hierzu eine Faustregel beschrieben.

Sicherlich könnten Sie nun die Blende weiter öffnen – falls Sie nicht ohnehin schon mit voll geöffneter Blende fotografieren. Allerdings müssen Sie dabei Abstriche bei der zu erzielenden Schärfentiefe machen. Dies ist aber oft nicht gewünscht. Auch ein Stativ wäre natürlich eine Lösung, aber das werden Sie sicherlich nicht immer dabei haben. Hier kommt Ihr zusätzlicher Trumpf, die Anhebung des ISO-Wertes, ins Spiel. Erhöhen Sie den ISO-Wert einfach so weit, bis Sie bei der Belichtungszeit in den Bereich für eine verwacklungsfreie Aufnahme kommen.

Abbildung 3.16 >
Mit der Anhebung des ISO-Wertes erhöhen Sie das Rauschen. Als Kompromiss sollten Sie dies aber immer im Auge behalten. Sind relativ kurze Belichtungszeiten notwendig, wie bei dieser Freihandaufnahme, ist ein hoher ISO-Wert dennoch sinnvoll.

Sinnvoll ist die ISO-Wert-Anhebung auch in anderen Situationen. Denken Sie zum Beispiel an die Wildtierfotografie. Hier wünscht man sich oft kurze Belichtungszeiten, um die Szene scharf aufnehmen zu können. Hilfreich ist hier auch der Einsatz der Funktion **ISO AUTO**. Die Kamera erhöht nun selbständig den ISO-Wert in einem gewissen Bereich und strebt eine Belichtungszeit an, die eine möglichst verwacklungsfreie Aufnahme erlaubt.

Niedrige ISO-Werte für geringes Rauschen und maximale Schärfe

Leider führen hohe ISO-Werte zu einem stärkeren Rauschen auf den Bildern. Das einfallende Licht wird in elektrische Signale umgewandelt, die dann entsprechend der gewählten ISO-Einstellung verstärkt werden. Je geringer das Signal beziehungsweise je höher der ISO-Wert, umso deutlicher wird das Signal verstärkt und das Rauschen nimmt zu. Sie erhalten dann auf Ihren Bildern unzählige Pixel mit falscher Farbe und Helligkeit, wie es auf den Beispielbildern (siehe Abbildung 3.19) gut zu erkennen ist. Dies wirkt sich ebenfalls auf die Schärfe der Bilder aus, welche bei hohen ISO-Werten weit schlechter ausfällt.

Abbildung 3.17 >
ISO 12 800, aber das Rauschen hält sich noch in Grenzen. Auf einem Ausdruck ist es meist weniger störend als auf dem Computerbildschirm.

ISO-Werte vorwählen

Bis ISO 3200 hält sich das ISO-Rauschen der RX100 IV in Grenzen. Höhere Werte sollten Sie nach Möglichkeit meiden. Auch hier gibt es allerdings Ausnahmen. Es ist durchaus möglich, dass sich bei bestimmten Motiven das Rauschen weniger bemerkbar macht. Andererseits kann bei geringen Kontrasten und aufgehellten Motiven auch bereits bei ISO 125 beziehungsweise ISO 200 Rauschen sichtbar werden.

Im praktischen Einsatz sollten Sie abwägen, ob eine hohe Empfindlichkeit tatsächlich benötigt wird. Dies kann etwa der Fall sein, wenn Sie eine kürzere Belichtungszeit wünschen, um Verwacklungen zu vermeiden. Andererseits nützt es Ihnen wenig, eine Aufnahme zwar ohne Bewegungsunschärfe, dafür aber mit zu starkem Rauschen zu besitzen.

> **ISO 80 und ISO 100**
>
> Die RX100 IV bietet Ihnen noch zwei zusätzliche ISO-Werte, **ISO 80** und **ISO 100**, an. Beide werden im Menü mit Strichen über und unter der Zahl dargestellt. Der Sensor der RX100 IV wurde für **ISO 125** optimiert. Hier erreicht er also seinen größten Dynamikumfang. Wählen Sie hier einen der beiden Werte, also **ISO 80** oder **ISO 100**, erhalten Sie sicher sehr gute Rauschwerte, allerdings reduziert sich der Dynamikumfang. Das heißt, besonders bei kontrastreichen Motiven werden feine Abstufungen nicht mehr so gut wiedergegeben. In der Praxis sind die Qualitätsverluste allerdings relativ gering.

Wann immer möglich, sollten Sie also mit ISO 125 bis ISO 800 fotografieren, vor allem wenn es Ihnen um rauscharme Bilder geht. Lassen Sie die Entscheidung, welcher ISO-Wert eingestellt wird, in diesen Fällen nicht von der Kamera treffen. Wie sich ein zunehmender ISO-Wert auf das Rauschen auswirkt, können Sie an den Bildern aus Abbildung 3.19 erkennen. Die Bilder wurden mit unterschiedlichen ISO-Werten von ISO 125 bis ISO 12 800 aufgenommen. Vergleichen Sie zum Beispiel die Augenpartie oder die Intensität der Farben. Ab ISO 1600 nimmt das Rauschen deutlich zu.

Den ISO-Wert einstellen

Sie können den ISO-Wert nicht in allen Programm-Modi der RX100 IV einstellen. Dies ist nur in den Modi **M**, **S**, **A**, **P** und im **Film**-Modus möglich. Wählen Sie einen dieser Modi, drücken Sie die **MENU**-Taste und wechseln Sie ins Menü 📷 4. Unter der Option **ISO** steht Ihnen die Auswahl an einstellbaren ISO-Werten zur Verfügung. Mit den Tasten ▲ und ▼ am Einstellrad navigieren Sie in der Auswahl. Mit der Mitteltaste des Einstellrads bestätigen Sie Ihre Auswahl.

Abbildung 3.18 >
Menü zur Auswahl des ISO-Werts

^ Abbildung 3.19
ISO-Vergleich: Ab ISO 1600 ist das Rauschen hier schon zu erkennen. Dadurch lässt auch die Schärfe ab diesem Wert nach.

Die ISO-Automatik

Ist es Ihnen zu mühselig, jedes Mal den ISO-Wert selbst einzustellen, dann überlassen Sie diese Arbeit einfach Ihrer RX100 IV. Hierfür bietet Ihnen die Kamera eine Automatikfunktion (**ISO AUTO**).

Aufgrund des Rauschens bei höheren ISO-Werten hat Sony diese Automatik etwas eingeschränkt, um auch im Automatikmodus akzeptable Ergebnisse zu erzielen. Standardmäßig wählt Ihre RX100 IV aus diesem Grund ISO-Werte im Bereich von ISO 125 bis ISO 6400 aus. Da die RX100 IV bei ISO 6400 in den meisten Fällen allerdings schon recht starkes Rauschen liefert, wäre hier meine Empfehlung an Sie, den ISO-Wert auf den Bereich von ISO 125 bis ISO 3200 zu beschränken.

▲ Abbildung 3.20
In der Optionsauswahl ***AUTO*** *versteckt sich die Option* ***ISO AUTO***.

Sobald die Gefahr besteht, eine Aufnahme zu verwackeln, wird die Kamera den ISO-Wert anheben, um auf diese Weise eine kürzere Belichtungszeit zu erreichen. Ebenfalls erhöht die RX100 IV den ISO-Wert im Blendenprioritätsmodus **A**, wenn keine passende, also keine schnellere Belichtungszeit mehr möglich ist. Dies trifft auch auf die Zeitpriorität **S** zu. Hier erhöht die RX100 IV den ISO-Wert, wenn keine größere Blendenöffnung am Objektiv eingestellt werden kann, die eigentlich für die richtige Belichtung notwendig wäre.

An der RX100 IV können Sie mit der Option **ISO AUTO Min. VS**, welche Sie im Menü 📷 4 finden, hierauf gezielt Einfluss nehmen. Das funktioniert bei **ISO AUTO** und **Multiframe-RM** und in der Programmautomatik **P** sowie im Blendenprioritätsmodus **A**. Sie können hier direkt die Verschlusszeit einstellen, bei der die RX100 IV den ISO-Wert erhöht. Da die Verwacklungsgefahr auch von der verwendeten Brennweite abhängt, bieten sich die Einstellungen **FASTER (Schneller)**, **FAST (Schnell)**, **STD (Standard)**, **SLOW (Langsam)** und **SLOWER (Langsamer)** an. Diese berücksichtigen die Brennweite. Sie werden wohl ein wenig experimentieren müssen, um die für Sie beste Einstellung zu finden. Wenn Sie beim Fotografieren eine sehr ruhige Hand haben, dann wählen Sie **SLOW** oder sogar **SLOWER**. Hier wartet die RX100 IV am längsten, bis sie den ISO-Wert anhebt. Die Differenz zwischen diesen Stufen beträgt 1 EV. Ist der ISO-Maximalwert der ISO-Automatik erreicht, muss die RX100 IV natürlich die Belichtungszeit verringern, um eine korrekte Belichtung zu erreichen. Hier kann dann ein Stativ notwendig werden, falls der Bildstabilisator SteadyShot die Verwacklung nicht ausgleichen kann.

Den optimalen ISO-Wert finden

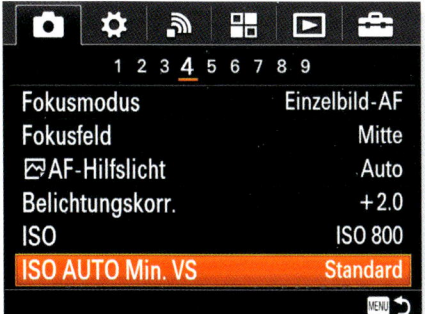

< Abbildung 3.21
*Das Feintuning für die ISO-Automatik können Sie unter dem Menüpunkt **ISO AUTO Min. VS** vornehmen.*

Im manuellen Modus können Sie die ISO-Automatik nicht verwenden. In den Automatik- und Szenenwahlprogrammen verwendet die Kamera dagegen generell die ISO-Automatik.

ISO AUTO anpassen
SCHRITT FÜR SCHRITT

1 Menü auswählen
Drücken Sie die **MENU**-Taste und wechseln Sie ins Menü 📷 4. Hier wählen Sie die Option **ISO** mit der Taste ▼ des Einstellrads. Drücken Sie die Mitteltaste des Einstellrads, um in die Auswahl zu gelangen.

Zukünftig wählt die RX100 IV Werte im Bereich von ISO 125 bis ISO 3200, sobald **ISO AUTO** gewählt wurde.

2 ISO AUTO wählen
Wählen Sie nun **ISO AUTO** mit den Tasten ▼ und ▲ des Einstellrads.

3 ISO-Werte anpassen
ISO AUTO minimal steht standardmäßig auf **ISO 125**. Dieser Wert soll hier nicht geändert werden. Mit der Taste ▶ navigieren Sie zu **ISO AUTO maximal**. Jetzt können Sie mit den Tasten ▼ und ▲ den Wert **ISO 3200** wählen. Bestätigen Sie die Auswahl durch Drücken der Mitteltaste.

ISO-Wert vor der Aufnahme überprüfen
Verwenden Sie die ISO-Automatik, dann blendet die RX100 IV unten rechts im Sucher beziehungsweise auf dem Monitor **ISO Auto** ein. Sobald Sie den Auslöser halb drücken, erscheint dort der ISO-Wert, den die Kamera bei der Aufnahme verwenden wird.

Zusätzliche Funktion zur Reduzierung von Bildrauschen

Für den ISO-Bereich ab ISO 1600 verfügt die RX100 IV über eine zusätzliche Rauschminderung (**Hohe ISO-RM**). Ab diesem ISO-Wert kann das Rauschen teilweise schon recht störend wirken, weshalb diese Maßnahme notwendig wird. Sie haben hier die Wahl zwischen **Normal, Niedrig** und **Aus**. Im Modus **Normal** verwendet die RX100 IV einen stärkeren Algorithmus zum Herausrechnen des Rauschens. In der Praxis wirkt sich der Unterschied allerdings hier weniger stark aus. Verwenden Sie die Automatikprogramme, **Schwenk-Panorama** oder Szenenwahlprogramme **SCN**, dann können Sie hier keine Änderungen vornehmen. Auf RAW-Fotos hat die Funktion keinen Einfluss.

Es empfiehlt sich, die Einstellung **Normal** eingeschaltet zu lassen, wenn Sie nicht nachträglich mit einem Softwareprogramm das Rauschen selbst reduzieren wollen.

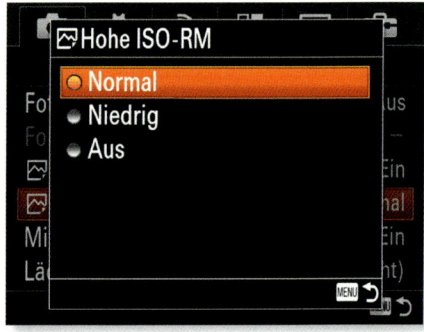

Abbildung 3.22 >
Menü zur Auswahl der Rauschminderungsfunktion **Hohe ISO-RM**

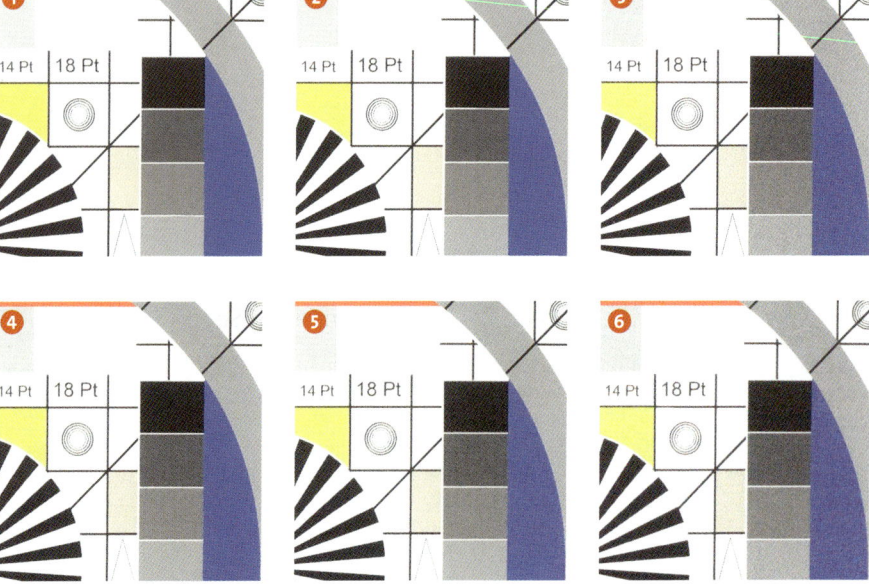

Abbildung 3.23 >
Vergleichsaufnahmen mit aktivierter Funktion **Hohe ISO-RM:**
❶ *ISO 6400* **Normal**
❷ *ISO 6400* **Niedrig**
❸ *ISO 6400* **Aus**
❹ *ISO 12 800* **Normal**
❺ *ISO 12 800* **Niedrig**
❻ *ISO 12 800* **Aus**

Der Einfluss des ISO-Werts auf die Belichtungszeit

Verändern Sie den ISO-Wert, so hat dies Einfluss auf den Blendenwert beziehungsweise die Belichtungszeit. Das heißt, bei unterschiedlichen ISO-Werten muss für eine identisch belichtete Aufnahme entweder die Blende oder die Belichtungszeit angepasst werden. Haben Sie den Blendenprioritätsmodus **A** gewählt und verändern Sie den ISO-Wert, so wird die Belichtungszeit angepasst. Im Zeitprioritätsmodus **S** würde hingegen die Blende verändert werden.

ISO-Wert	Blende	Zeit
100	f4	1/100 s
200	f4	1/200 s
400	f4	1/400 s

< Tabelle 3.3
*Einfluss des ISO-Wertes im Blendenprioritätsmodus **A***

ISO-Wert	Zeit	Blende
100	1/100 s	f4
200	1/100 s	f5,6
400	1/100 s	f8

< Tabelle 3.4
*Einfluss des ISO-Wertes im Zeitprioritätsmodus **S***

Im Modus **ISO AUTO** werden mit Ausnahme der Programme **A**, **S** und **M** die Blende und die Belichtungszeit nach Erfordernis verändert. Die RX100 IV entscheidet hier selbstständig, welche Einstellung die richtige ist, und lässt Sie ganz entspannt fotografieren.

Multiframe-Rauschminderung bei hohen ISO-Werten

Die RX100 IV beherrscht zusätzlich noch einen Trick, um das Rauschen weiter zu minimieren. Hier rechnet die Kamera mehrere Aufnahmen zu einem optimierten Bild zusammen. Es werden bis zu sechs Aufnahmen hintereinander im Serienbildmodus geschossen. Die Kamera vergleicht die Bilder und versucht, das unregelmäßig auftretende Rauschen herauszurechnen.

Zum Wählen dieser Funktion wechseln Sie ins Menü 📷 4. Dort navigieren Sie mit der Taste ▼ zur Auswahl **ISO** und

ˇ Abbildung 3.24
*Mit **Multiframe-RM** können Sie **ISO AUTO** wählen.*

Info

Bei aktivierter **Multiframe-RM**-Funktion können Sie folgende ISO-Werte wählen: ISO 200, 400, 800, 1600, 3200, 6400, 12800 und 25600.

drücken die Mitteltaste des Einstellrads. Der erste Eintrag in der Optionsauswahl dient der Auswahl der Multiframe-Rauschminderung (**Multiframe-RM**). Hier können Sie es wieder der Kamera überlassen (**ISO AUTO**), welcher ISO-Wert gewählt wird, oder aber Sie geben einen ISO-Wert vor.

Während der Aufnahme halten Sie dann den Auslöser gedrückt, bis alle Aufnahmen gemacht sind. Danach benötigt die RX100 IV einen Augenblick für die Berechnung. Erst danach können Sie das nächste Bild aufnehmen. Den höchsten ISO-Wert, ISO 25600, können Sie nur im Zusammenhang mit der Multiframe-Rauschminderung einsetzen. Das verwundert auch nicht weiter, da das Rauschen bei dieser sehr hohen ISO-Zahl ohne diesen Trick schon sehr unangenehm auffallen würde.

Im **RAW**- und **RAW+JPEG**-Modus (**Bildqualität**) kann die Funktion nicht verwendet werden. Ebenso sind jegliche **DRO**- und **HDR**-Funktionen nicht anwählbar, und auch im Zusammenspiel mit dem Blitz ist die Funktion deaktiviert. Haben Sie einen der **Bildeffekte** gewählt, können Sie **Multiframe-RM** ebenfalls nicht verwenden.

Die Funktion eignet sich besonders für statische Motive und wenn zum Beispiel wenig Licht vorhanden ist. Leicht versetzte Bilder, wie sie bei Freihandaufnahmen entstehen könnten, gleicht die Kamera aus.

▲ Abbildung 3.25
Vergleich zwischen der normalen Rauschminderung (links) und der Multiframe-Rauschminderung (rechts). Die Multiframe-Rauschminderung berechnet ein optimiertes Bild aus sechs Serienbildaufnahmen. Die Rauschminderung ist deutlich zu erkennen.

Eine wertvolle Belichtungshilfe: das Histogramm

Sicherlich ist es möglich, das gerade aufgenommene Bild am Monitor der RX100 IV zu prüfen. Genauer wird es aber mit dem Histogramm. Über- oder unterbelichtete Bilder lassen sich hiermit viel leichter entdecken.

In der digitalen Fotografie versteht man unter einem Histogramm die Darstellung der Häufigkeits- und Intensitätswerte der Farben eines Bildes. Kontrastumfang und Helligkeit eines Bildes können so abgelesen werden. Bei Farbbildern werden meist drei Histogramme (eines pro Farbkanal, also für Rot, Grün und Blau) dargestellt.

Die RX100 IV stellt die Gesamthelligkeit aller drei Farbkanäle Rot, Grün und Blau im Bildwiedergabemodus einzeln sowie auch in einer Gesamtansicht dar. Links im Histogramm beginnt der Schwarzanteil bei 0. Die Helligkeitswerte erstrecken sich dann abgestuft bis Weiß (255) rechts im Histogramm.

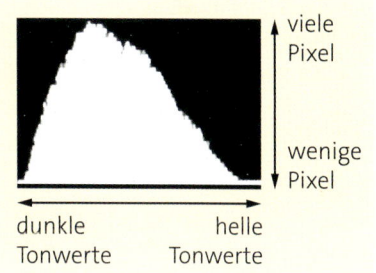

^ Abbildung 3.26
Das Helligkeitshistogramm

^ Abbildung 3.27
Dieses Motiv wurde korrekt belichtet, was auch an der gleichmäßigen Verteilung der Histogrammwerte ❶ im mittleren Bereich zu erkennen ist. Rechts und links läuft das Histogramm aus. Über- oder Unterbelichtungen sind also nicht im Bild vorhanden.

Die Histogrammanzeige wählen

Zum Histogramm zeigt die RX100 IV zusätzlich noch ein Miniaturbild der erstellten Aufnahme an. Überbelichtete beziehungsweise unterbelichtete Bereiche werden hierbei durch Blinken angezeigt.

Im Einzelbild-Wiedergabemodus drücken Sie die Taste **DISP**, um das Histogramm darzustellen. Nach einem erneuten Drücken werden die Aufnahmeinformationen der Bilder angezeigt. Ein weiteres Betätigen der Taste **DISP** zeigt ein Bild ohne Informationen. Danach gelangen Sie wieder zur Histogrammanzeige.

< Abbildung 3.28
Im Bildwiedergabemodus können Sie durch Drücken der Taste DISP die Histogramme und weitere Informationen aufrufen. Das Gesamthelligkeitshistogramm ❶ finden Sie ganz oben, das für die einzelnen Farbkanäle Rot ❷, Grün ❸ und Blau ❹ darunter.

 Das ideale Histogramm

Bei einer korrekten Belichtung verteilen sich die Histogrammhügel gleichmäßig über das Histogramm. Links und rechts laufen die Hügel aus und in der Mitte liegen die höchsten Werte. Allerdings ist das mehr Theorie als Praxis und trifft nicht für gänzlich alle Bilder zu. Bei gelungenen Nachtaufnahmen zum Beispiel hat das Histogramm meist deutlich mehr dunklere Werte als helle.

Über- und Unterbelichtungen erkennen

Eine Überbelichtung erhält man, wenn die empfangene Lichtmenge größer ist als die Lichtmenge, die der Sensorpixel verarbeiten kann. Sie erkennen dies in Bildern an Stellen, an denen keine Zeichnung – also Informationen – mehr vorhanden sind. Farbtöne gehen verloren, diese Stellen werden einfach weiß dargestellt. Da der Informationsinhalt praktisch null ist, kann auch durch eine Bildbearbeitung keine Rettung derartiger Bilder mehr erfolgen.

Unterbelichtungen entstehen durch zu geringen Lichteinfall. Im Gegensatz zur Überbelichtung kann man hier aber dem Pixel beziehungsweise Pixelbereich noch Informationen entlocken. Da der Signal-Rausch-Abstand in diesem Fall allerdings sehr gering ist, wird mit dem Aufhellen auch das Rauschen verstärkt und sichtbar. Sowohl Über- als auch Unterbelichtung sollten Sie also möglichst vermeiden. Wie Sie das erreichen, wird im Abschnitt »Problemsituationen meistern mit der Belichtungskorrektur« ab Seite 109 beschrieben.

 Signal-Rausch-Abstand

Neben dem (erwünschten) Nutzsignal, was als Pixel auf den Bildern erscheinen soll, treten in der digitalen Fotografie immer auch (unerwünschte) »Störsignale« auf. Diese machen sich später als Rauschen auf den Bildern bemerkbar. Je weiter das Nutzsignal vom Störsignal entfernt ist, umso weniger tritt Rauschen auf den Bildern in Erscheinung.

< **Abbildung 3.29**
Die Überbelichtung erkennt man an einer starken Anhäufung der hellsten Tonwerte auf der rechten Seite. Überbelichtete Bereiche können nicht wiederhergestellt werden.

< **Abbildung 3.30**
Eine Unterbelichtung des Bildes zeigt sich durch eine Anhäufung der Tonwerte im linken Bereich. Unterbelichtete Bereiche können unter Inkaufnahme von stärkerem Rauschen meist wiederhergestellt werden.

Volle Kontrolle mit dem Live-Histogramm

Die RX100 IV bietet zusätzlich noch ein weiteres Hilfsmittel an. Mit Hilfe eines Echtzeit- oder Live-Histogramms können Sie die Belichtung bereits während der Aufnahme beurteilen und so die Belichtung entsprechend korrigieren. Drücken Sie hierzu die Taste **DISP**, bis unten auf dem Monitor beziehungsweise im Sucher das Histogramm erscheint. Sie können nun sofort sehen, ob es zu Über- oder Unterbelichtungen kommen wird und ob eine Belichtungskorrektur notwendig ist. Hierfür müssen Sie zuvor diese Funktion aktivieren. In Kapitel 1 auf Seite 27 finden Sie dazu eine Schritt-für-Schritt-Anleitung.

Das Bild der Libelle in Abbildung 3.31 konnte vorab mit dem Echtzeithistogramm überprüft werden. Die Anhäufung von hellen Tonwerten auf der rechten Seite zeigte die drohende Überbelichtung an. Die Aufnahme wurde daher mit einer Belichtungskorrektur von −1 EV richtig aufgenommen. Im umgekehrten Fall, wenn das Histogramm auf der linken Seite anstößt, nehmen Sie eine positive Korrektur vor. Das Live-Histogramm erspart Ihnen bei richtiger Anwendung das Anlegen einer Testreihe beziehungsweise mehrere Probeaufnahmen.

∧ Abbildung 3.31
Bereits auf dem Monitor erkennen Sie, dass das Bild vermutlich überbelichtet ist. Das Histogramm ❶ unterstützt diese Annahme. Die Überbelichtung erkennen Sie daran, dass im rechten Bereich des Histogramms der Tonwertberg abgeschnitten ist.

∧ Abbildung 3.32
Mittels der Taste 🇿 wurde eine Belichtungskorrektur in Minusrichtung vorgenommen. Sie erkennen die Änderung sofort auf dem Monitor beziehungsweise im Sucher und können den Wert entsprechend anpassen.

Die Über- und Unterbelichtungswarnung nutzen

Die RX100 IV ist mit einem sogenannten *Lichter- und Schattenwarner* ausgestattet. Sie können so direkt nach der Aufnahme feststellen, an welchen Stellen es im Bild zu strukturlosen Lichtern beziehungsweise tiefschwarzen Schatten gekommen ist. Schalten Sie hierfür im Wiedergabemodus die Histogrammanzeige (Taste **DISP**) ein. Die Anzeige blinkt dann in den betreffenden Bereichen. In diesen Fällen passen Sie die Belichtung nach dem Drücken der Taste für die Belichtungskorrektur 🇿 entsprechend an und machen eine zweite Aufnahme.

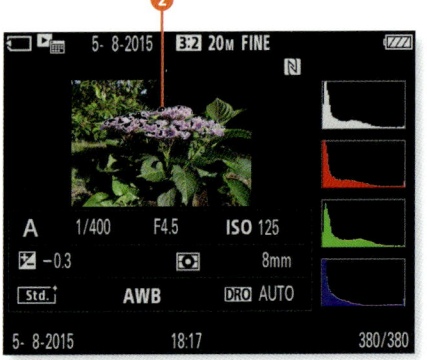

< Abbildung 3.33
Die Lichter- und Schattenwarnung zeigt Ihnen schon direkt nach der Aufnahme blinkend an ❷, ob es zu über- oder unterbelichteten Bereichen im Bild gekommen ist. So können Sie direkt ein korrigiertes Bild aufnehmen.

Bei Überbelichtungen (weiße Bereiche) korrigieren Sie in den negativen Bereich und bei Unterbelichtungen (schwarze Bereiche) in den positiven Bereich. Treten Über- und Unterbelichtungen gleichzeitig auf, ist der Kontrastumfang des Motivs so hoch, dass er nicht von der Kamera bewältigt werden kann. Lösungsansätze hierfür wären zum einen, dass Sie das Motiv beziehungsweise die betreffenden Bereiche – wenn möglich – entsprechend abschatten oder aufhellen. Zum anderen können Sie die Dynamikbereich-Optimierung mit unterschiedlichen Werten zu Hilfe nehmen. Eine dritte Möglichkeit ist die Nutzung der HDR-Funktion beziehungsweise das nachträgliche Zusammenrechnen mehrerer Bilder unterschiedlicher Belichtungen (siehe den Abschnitt »Tools für faszinierende HDR-Fotos« auf Seite 115).

Problemsituationen meistern mit der Belichtungskorrektur

Die Belichtungsmessung und -berechnung der RX100 IV wurde so optimiert, dass Standardmotive, wie sie ein Großteil der Fotografen im Allgemeinen aufnimmt, richtig belichtet werden. Dabei orientiert sie sich an einem Mittelwert. So traf die RX100 IV zum Beispiel bei dem Bild der Seebrücke (Abbildung 3.35) genau die Belichtung und auch bei dem Bild des Innengebäudes (Abbildung 3.34) war keine Korrektur notwendig.

⌄ Abbildung 3.34
Harmonische Lichtverhältnisse ohne starke Kontraste erlauben meist Aufnahmen, ohne dass in die Belichtungsautomatik eingegriffen werden muss.

⌄ Abbildung 3.35
Dieses Motiv ist eines der vielen, bei dem die Belichtungsmessung zu einwandfreien Ergebnissen führt.

[45 mm | f4 | 1/640 s | ISO 1600]

[60 mm | f9 | 1/750 s | ISO 160]

Weicht die mittlere Helligkeit im Motiv aber vom Normwert (18 % Grauwert) ab, wird eine manuelle Belichtungskorrektur notwendig. Dies trifft auf großflächige weiße oder schwarze Bereiche wie Schnee oder Schatten im Motiv zu. Hier muss korrigierend eingegriffen werden, sonst erscheint zum Beispiel der Schnee auf dem Foto nicht weiß, sondern grau.

Deshalb bietet die RX100 IV die Möglichkeit, die Belichtung manuell anzupassen und zwar im Bereich von ±3 EV in Schritten von 1/3 EV.

[35 mm | f5,6 | 1/1600 s | ISO 200]

∧ **Abbildung 3.36**
Die Belichtungsautomatik hat sich von dem großen Weißanteil im Motiv täuschen lassen. Das Weiß erscheint grau.

[35 mm | f5,6 | 1/500 s | ISO 200 | +1,5 EV]

∧ **Abbildung 3.37**
Korrigiert man die Belichtung, erscheint der Schnee weiß.

Tipp

Auch wenn Sie zum Beispiel Objekte am Himmel fotografieren wollen, wie etwa fliegende Vögel, ist meist eine Belichtungskorrektur notwendig. Die Gesamthelligkeit ist hier am Tage höher als der von der Kamera erwartete Mittelwert.

∧ **Abbildung 3.38**
Die Belichtungskorrekturtaste ❶

Die Belichtungskorrektur mit Ihrer RX100 IV einstellen

Um die Belichtungskorrektur einzustellen, drücken Sie die Belichtungskorrekturtaste und wählen über das Einstellrad den gewünschten Korrekturwert aus. Diese Einstellung bleibt bei einem Wechsel zwischen den Programmen **M**, **A**, **S**, **P**, **Schwenk-Panorama** und **Film** vorhanden. In den Automatikmodi und in den Szenenwahlprogrammen **SCN** der RX100 IV können Sie hingegen keine Belichtungskorrekturen durchführen.

Mit Belichtungsreihen Fehlbelichtungen vermeiden

In kritischen Situationen können Belichtungsreihen, also mehrere Aufnahmen mit unterschiedlichen Belichtungseinstellungen, nützlich sein. Auf diese Weise steigt die Wahrscheinlichkeit, brauchbare Bildergebnisse zu erhalten. Die RX100 IV kann drei, fünf oder neun (bei 2 und 3 EV nur drei und fünf) Aufnahmen hintereinander mit Belichtungsänderungen von ±0,3, ±0,7, ±1, ±2 oder ±3 EV belichten. Später können Sie sich dann im Bildbearbeitungsprogramm die Aufnahme aussuchen, die Ihrem persönlichen Geschmack am nächsten kommt.

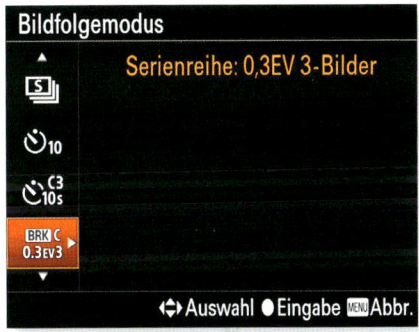

▾ Abbildung 3.39
Im *Bildfolgemodus Serienreihe* können Sie drei oder fünf Aufnahmen mit unterschiedlichen Belichtungen aufnehmen.

Dazu wählen Sie im **Bildfolgemodus** die Option **Serienreihe**. In diesem Modus halten Sie einfach den Auslöser gedrückt, bis alle Aufnahmen der Belichtungsreihe gemacht wurden. Die Belichtungsreihe wird dabei mit maximaler Geschwindigkeit durchgeführt. Wichtig ist dies vor allem bei dynamischen Objekten, bei denen möglichst wenige Änderungen am Motiv gewünscht sind.

Lassen Sie im **BRK-C**-Modus während der Belichtungsreihe den Auslöser los, wird bei erneutem Drücken des Auslösers die Belichtungsreihe nicht fortgesetzt. Beim nächsten Drücken des Auslösers beginnt eine neue Belichtungsreihe. Die Schärfe wird im **BRK-C**-Modus nur bei eingeschaltetem Nachführ-AF (**AF-C**) nachgeführt.

Im statischen AF-Modus (**AF-S**) ist die Schärfe fixiert. Möchten Sie später die Belichtungsreihe für DRI- oder HDR-Arbeiten (siehe den Abschnitt »Die Dynamikbereich-Optimierung einsetzen« auf Seite 114) weiterverwenden, ist es wichtig, dass die Belichtungsreihe möglichst einheitlich, also ohne Änderung der Perspektive beziehungsweise des eigenen Standorts, durchgeführt wird. Dies sollten Sie bei der Wahl des AF-Modus beachten.

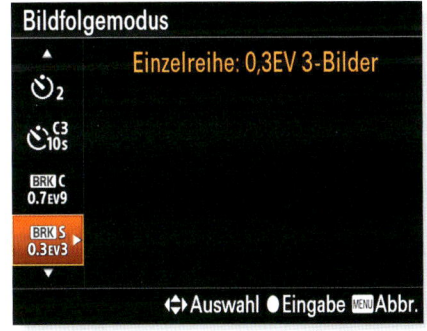

▴ Abbildung 3.40
Bei der *Einzelreihe* drücken Sie den Auslöser für jedes Bild der Reihe durch.

Die RX100 IV benutzt für alle Aufnahmen der Reihe dieselben Belichtungsausgangswerte, auch wenn sich zwischenzeitlich die Belichtungssituation geändert hat. Beachten Sie weiterhin, dass bei aktiviertem Blitz jedes Bild separat ausgelöst werden muss. Der **BRK-C**-Modus ist hier inaktiv.

Alternativ steht Ihnen noch die Option **Einzelreihe** zur Verfügung. Hier drücken Sie für jede Aufnahme den Auslöser separat durch. Damit entscheiden Sie selbst über den Zeitabstand zwischen den Aufnahmen. Diese Option eignet sich besonders für statische Motive.

Die Reihenfolge der Aufnahmen ist dabei immer: normal belichtet – unterbelichtet – überbelichtet. Eine Änderung dieser Reihenfolge ist im Menü 📷 3 unter **Belicht.reihe Einstlg. • Reihenfolge** möglich.

▲ Abbildung 3.41
Belichtungsreihe aus drei Aufnahmen: ❶ normal belichtet, ❷ unterbelichtet (–1,5 EV) und ❸ überbelichtet(+1,5 EV). Die Aufnahme ❸ wird am ehesten der vorgefundenen Motivsituation gerecht.

Hohe Kontraste beherrschen

Der Kontrastumfang, den unsere Augen und unser Gehirn verarbeiten können, ist beachtlich hoch. Für uns ist es kein Problem, die unterschiedlichen Helligkeiten zu unterscheiden, die zum Beispiel mitten im Wald vorherrschen, wenn die Sonne zwischen den sonst dunklen Bäumen hervorblitzt. Im Schatten- sowie im Schneebereich sehen wir feinste Details. Kamerasensoren schaffen diesen Spagat zwischen extremer Helligkeit und extremer Dunkelheit leider weniger gut. Diese kontrastreichen Szenen führen meist dazu, dass in den dunklen oder hellen Bereichen keine Zeichnung mehr vorhanden ist. Das heißt, in den dunkleren Bereichen ist nur noch reines Schwarz und in den hellen Bereichen nur noch reines Weiß zu sehen.

Prüfen Sie am besten, sobald Sie kontrastreiche Motive, wie Landschaften mit hellem Himmel und dunklem Vordergrund, Gegenlicht- oder Nachtfotos, aufnehmen, das Bild am Monitor Ihrer RX100 IV.

Schalten Sie im Wiedergabemodus über die **DISP**-Taste die Histogrammanzeige ein. Ihre RX100 IV zeigt Ihnen, wie bereits erwähnt, durch blinkende

Bereiche im Bild, an welchen Stellen es hier zu Fehlbelichtungen gekommen ist. Diese Anzeige bezieht sich allerdings auf das JPEG-Format. Im JPEG-Format wird schon durch das Dateiformat die Dynamik etwas eingeschränkt.

Möchten Sie das letzte Quäntchen an Dynamik aus Ihrer RX100 IV herausholen, sollten Sie im RAW-Format arbeiten. Über den RAW-Konverter (siehe den Abschnitt »Sonys RAW-Entwickler im Einsatz« ab Seite 263) ist hier noch ein Tick mehr an Kontrast herauszuholen.

Zunächst sollten Sie sich aber darüber im Klaren sein, dass nicht der Sensor oder das Dateiformat die Grenzen setzt, sondern das Ausgabegerät letztendlich über den darstellbaren Dynamikumfang entscheidet. Ein TFT-Monitor liefert je nach Modell zwischen 8 und 11 Blenden. Bei der Auswahl eines solchen Monitors sollten Sie auf einen möglichst hohen statischen Kontrastwert achten. Sehr gut sind Werte ab 1:1000. Eingeschränkt wird man allerdings im Dynamikumfang bei Ausdrucken und Ausbelichtungen. Fotopapier zum Beispiel liefert gerade einmal 5 bis 6 Blenden, womit das JPEG-Format mit seinen 8 Blenden sicher einen ausreichend großen Dynamikumfang zur Verfügung stellt. Beamer können je nach Gerät 5 bis 8 Blenden darstellen.

Für Darstellungen im Internet sind 8-Bit-Formate ausreichend, da die gängigen Browser nur 8-Bit-Grafikformate wie JPEG und PNG anzeigen können.

v **Abbildung 3.42**
Diese Aufnahme weist starke Kontraste auf, mit der die RX100 IV nicht gut zurechtkam.

Abbildung 3.43 >
*In den dunklen Bereichen (hier blau dargestellt) ist keine Zeichnung mehr vorhanden. Hier reicht der Dynamikumfang nicht aus. Hilfreich in solchen Situationen ist auch der Über- und Unterbelichtungswarner der RX100 IV, erreichbar im Wiedergabemodus über die **DISP**-Taste.*

Die Dynamikbereich-Optimierung einsetzen

Die RX100 IV hat eine Funktion integriert, die Dynamik schon bei der Aufnahme zu optimieren, die Dynamikbereich-Optimierung (**DRO**). Hierfür analysiert die Kamera die Aufnahmebedingungen und nimmt Korrekturen an Helligkeit und Kontrast vor. Diese Korrektur bezieht sich aber nur auf das JPEG-Format. Das RAW-Format bleibt davon unberührt. Als Standardeinstellung ist die Option **DRO AUTO** voreingestellt.

Zur Einstellung der Dynamikbereich-Optimierung gelangen Sie über das Menü 📷 5. Hier wählen Sie **DRO/Auto HDR** mit der Mitteltaste des Einstellrads. Unter **Dynamikber.optimierung** finden Sie alle Einstellmöglichkeiten. Sie haben hier sieben mögliche Einstellungen zur Verfügung: **D-R OFF**, **DRO AUTO** und die Levels **DRO Lv1** bis **Lv5**.

Die RX100 IV schaltet die Dynamikbereich-Optimierung ab, sobald ein Automatikmodus, das **Schwenk-Panorama**, die **Multiframe-RM** oder ein **Bildeffekt** gewählt wurde. Dasselbe gilt, wenn Sie **Nachtszene**, **Nachtaufnahme**, **Handgeh. bei Dämm.**, **Anti-Beweg.-Unsch.** oder **Feuerwerk** im Szenenwahlprogramm **SCN** einstellen. Alle anderen Modi im Szenenwahlprogramm werden von der RX100 IV bei der **Dynamikber.optimierung** auf **Auto** eingestellt.

Auf das RAW-Format nimmt die Dynamikbereich-Optimierung keinen Einfluss. Was auch gut ist, denn wer im RAW-Format arbeitet, möchte diese Optimierung ohnehin selbst am Computer durchführen. Zudem bietet die RX100 IV, ebenso wie viele höherwertige Kameras von Sony, die Möglichkeit, beide Formate (RAW und JPEG) parallel zu speichern, so dass bereits direkt nach dem Fotografieren eine leicht korrigierte Version (JPEG) und eine für die eigene Bearbeitung (RAW) zur Verfügung stehen.

In der Standardeinstellung **DRO AUTO** ermittelt die RX100 IV den Motivkontrast. Erkennt die Kamera ein kontrastarmes Motiv, wird der Kontrast leicht angehoben, im umgekehrten Fall wird er abgesenkt. Eine weit stärker eingreifende Funktion verbirgt sich hinter den Optionen **DRO Lv1** bis **DRO Lv5**. Die Kontraständerungen wirken sich hier nicht auf das ganze Bild aus, sondern nur partiell auf bestimmte Zonen. Schattenbereiche werden zum Beispiel aufgehellt, wobei keine Zeichnung in den hellen Bereichen verloren geht.

⌃ Abbildung 3.44
Das Menü der Dynamikbereich-Optimierung

Möchten Sie sich nicht die nachträgliche Arbeit mit der Entwicklung von RAW-Dateien machen, belassen Sie die Dynamikbereich-Optimierung auf der Einstellung **DRO AUTO**. In kontrastreichen Szenen stellen Sie sie besser je nach Aufnahmebedingung auf Werte zwischen **DRO Lv1** und **DRO Lv5**.

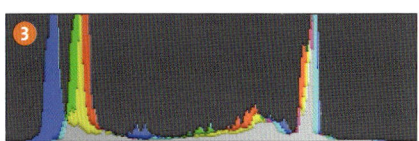

> **DRO im Serienbildmodus**
> Im Serienbildmodus wird die Korrektur des ersten Bildes für die weiteren Aufnahmen übernommen und nicht jeweils neu berechnet.

Wunder kann die Funktion natürlich nicht bewirken. Wenn Bereiche hoffnungslos überstrahlt oder völlig im Schwarz versunken sind, kann auch diese sonst so hilfreiche Funktion keine Rettung mehr bringen.

Da die RX100 IV in der Stellung **DRO Lv1** bis **DRO Lv5** zum Teil Signalverstärkungen vornimmt, kommt es bereits bei niedrigen ISO-Werten zu sichtbarem Rauschen. Dies macht sich besonders in den dunkleren Bildpartien bemerkbar. Verwenden Sie diese Level deshalb am besten nur, wenn wirklich starke Kontraste im Motiv vorhanden sind und Sie ein sichtbares Bildrauschen in Kauf nehmen können.

⌃ **Abbildung 3.45**
In den Histogrammen kann man gut erkennen, dass die RX100 IV mit DRO verschieden starke Änderungen vornimmt: ❶ *D-R OFF*, ❷ *DRO AUTO*, ❸ *DRO Lv1* und ❹ *DRO Lv5*. Bei **DRO Lv5** sind die stärksten Änderungen vorgenommen worden.

Tools für faszinierende HDR-Fotos

Ihre RX100 IV bietet eine weitere Möglichkeit mit hohen Kontrasten umzugehen, die **HDR**-Funktion. Dabei wird ein Verfahren angewendet, bei dem mehrere Aufnahmen zu einem dynamikoptimierten Foto, einem sogenannten High Dynamic Range-Bild (*High Dynamic Range* = hohe Dynamikwerte), zusammengerechnet werden.

Es ist natürlich auch möglich, mehrere Bilder mit Hilfe von spezieller Software am Rechner zu einem optimierten Bild zusammenzurechnen. Dies ist aber zum Teil mit erheblichem Aufwand verbunden, was im nachfolgenden Abschnitt »DRO- vs. HDR-Funktion« näher beschrieben wird.

Diese zeitaufwendige Bearbeitung am Rechner kann Ihnen nun Ihre RX100 IV bis zu einem gewissen Punkt abnehmen. Mit der **HDR**-Funktion erhalten Sie praktisch direkt nach der Aufnahme ein aus zwei oder drei Bildern zusammengerechnetes Bild. Dafür werden die Bilder automatisch und schnell hintereinander mit unterschiedlicher Belichtung aufgenommen. Der Belichtungsabstand dieser Fotos kann in Stufen von 1,0 EV ❷ bis 6,0 EV ❸ manuell voreingestellt werden. Die RX100 IV speichert zu der zusammengerechneten Aufnahme aber auch immer noch die Aufnahmen mit den unveränderten Belichtungswerten.

↑ Abbildung 3.46
Mit der HDR-Funktion der RX100 IV können Sie Kontraste wirkungsvoll beherrschen. Der Belichtungsabstand der einzelnen Fotos kann bis zu 6 EV betragen.

Die HDR-Funktion **HDR AUTO** ❶ wiederum versucht, den Kontrastumfang des Motivs zu ermitteln, und wählt dann selbstständig den Belichtungsabstand beider Aufnahmen. Die RX100 IV errechnet im Anschluss eine optimierte Aufnahme.

Handelt es sich um ein Motiv mit geringem Kontrastumfang, dann ist es wenig sinnvoll, diese Funktion zu verwenden. Daher signalisiert die RX100 IV dies durch Anzeige von 🄷🄳🄡 ❗ auf dem Monitor. Dasselbe Symbol erscheint auch bei Motivunschärfe. Dennoch kann die HDR-Funktion auch bei geringem Kontrast nützlich sein, da das Rauschen (ähnlich der **Multiframe-RM**) durch die Anwendung dieser Funktion reduziert wird.

Die HDR-Funktion kann ihre Stärken bei hohen Kontrasten ausspielen. Allerdings ist auch sie kein Allheilmittel. Falsch eingesetzt, erhalten Sie langweilige kontrastlose Bilder – wo hier die Grenze verläuft, ist aber sicherlich Geschmackssache.

◂ Abbildung 3.47
*Bild ❹ wurde ohne HDR-Funktion und Bild ❺ mit **HDR 5,0 EV** aufgenommen.*

Hohe Kontraste beherrschen

 HDR nicht im RAW-Modus

Im RAW-Modus ist die Funktion nicht verfügbar. Ebenso kann sie nicht bei Verwendung eines Automatikprogramms, bei **Schwenk-Panorama**, **Multiframe-RM**, **Bildeffekt** oder **SCN** eingestellt werden.

DRO- vs. HDR-Funktion

Wann ist es sinnvoll, zur **DRO**- oder gar zur **HDR**-Funktion zu greifen? Der **HDR**-Funktion sollten Sie immer dann den Vorzug geben, wenn es darum geht, statische Motive aufzunehmen. Da mehrere Aufnahmen einer Szene notwendig sind, sollte es im Motiv möglichst nicht zu größeren Änderungen während der Aufnahmen kommen. Das heißt, alle Aufnahmen sollten deckungsgleich sein. Ansonsten kann es in der zusammengesetzten Aufnahme zu verwischten Bereichen kommen. Dieses Problem tritt ebenfalls auf, wenn mehrere einzeln aufgenommene Aufnahmen mittels Software am PC zusammengesetzt werden. Gegenüber der **DRO**-Funktion können Sie bei **HDR** mit weit besseren Rauschwerten rechnen. Während **DRO** vor allem auf den höheren Levels das Rauschen deutlich verstärkt, wird es bei der **HDR**-Funktion hingegen sogar reduziert. Der Grund: Hier stehen die Informationen unterschiedlicher Aufnahmen zur Verfügung; das Rauschen kann hiermit bis zu einem gewissen Grad herausgerechnet werden.

◀ **Abbildung 3.48**
Der Vergleich von **D-R OFF** ❻, **DRO Lv1** ❼, **DRO Lv5** ❽ und **HDR AUTO** ❾ bei ISO 12 800 zeigt deutlich, dass die **HDR**-Funktion das Rauschen stark reduziert. Da bei der **HDR**-Funktion drei Aufnahmen zur Verfügung stehen, kann das Rauschen zum Teil herausgerechnet werden.

Wenn es allerdings schnell gehen muss, ist die **DRO**-Funktion die richtige Wahl. So macht zum Beispiel der Einsatz der **HDR**-Funktion in den Serienbild-Modi keinen Sinn, da der gesamte Vorgang (das Aufnehmen der Bilder und Berechnen der finalen Ausgabe) zeitaufwendig ist und keine schnelle Bildfolge zulässt.

Die RX100 IV versucht, die Unterschiede nicht völlig deckungsgleicher Aufnahmen auszugleichen. Ein Stativ ist also nicht unbedingt notwendig. In Fällen, in denen die Abweichungen zu stark sind, gelingt ihr dies jedoch nicht. Dann erscheint die Anzeige ▨ im Display. Hier verwenden Sie besser die **DRO**-Funktion oder ein Stativ. Das Stativ bringt allerdings nur dann etwas, wenn es zu Verwacklungen der Kamera kommt. Bewegt sich das Motiv selbst zu sehr, nützt ein Stativ weniger. In solchen Motivsituationen können Sie die **DRO**-Funktion nutzen.

Den Kontrastumfang des Motivs richtig ermitteln

Um den Kontrastumfang der Bilder der RX100 IV zu erhöhen, gibt es zwei weitere Möglichkeiten, die unter dem Begriff *Dynamic Range Increase* (DRI, Dynamikzunahme) zusammengefasst werden. Zum einen ist es das *Exposure Blending* (Belichtung mischen), bei dem es darum geht, dynamikgesteigerte Bilder mit Hilfe von Ebenen und Masken unterschiedlich belichteter Aufnahmen und durch deren Überlagerung zu erhalten. Zum anderen wird das HDR-Verfahren eingesetzt. Hier werden – ebenfalls aus einer Belichtungsreihe – hoch dynamische Bilder erzeugt, bei denen durch sogenanntes *Tonemapping* (Tonwertabbildung) Details in Lichtern und Schatten herausgearbeitet werden.

Voraussetzung für beide Verfahren sind mehrere Aufnahmen mit unterschiedlich langen Belichtungszeiten. Die Blende und die Brennweite sollten bei allen Aufnahmen identisch sein. Wichtig ist ein Stativ, denn kleinste Verwacklungen oder Kameraschwenks führen zu einem unscharfen Gesamtbild.

v **Abbildung 3.49**
Eine HDR-Aufnahme direkt aus der Kamera. Starke Kontraste wie hier lassen sich so recht gut beherrschen.

Mit der Spotmessung sollten zunächst die bildwichtigen Bereiche angemessen werden. Liegen die Helligkeitsunterschiede im Rahmen der durch die Kamera unterstützten ±0,3–3 EV, kann direkt eine Belichtungsreihe durchgeführt werden. Drei Bilder sind das Minimum, maximal neun Bilder bietet die Kamera. Besser sind aber vier bis neun unterschiedlich belichtete Bilder.

Hohe Kontraste beherrschen

Kontrastumfang ermitteln
SCHRITT FÜR SCHRITT

1 Die Blende einstellen
Zunächst stellen Sie mit dem Moduswahlknopf **A** für den Blendenprioritätsmodus ein. Nun können Sie die Blende f2,8 durch Drehen am Einstellrad einstellen.

2 Spotmessung wählen
Anschließend stellen Sie im Menü 📷 5 in der Option **Messmodus** die Spotmessung **(Spot)** ein.

3 Die hellste Stelle im Motiv messen
Schwenken Sie die Kamera so, dass der Spotkreis im Monitor beziehungsweise Sucher auf die hellste Stelle im Motiv zeigt. Kontrollieren Sie dann die angezeigte Verschlusszeit.
   Blinkt eventuell die Zahl 2000, also die kürzeste mögliche Verschlusszeit, muss entweder die Blendenzahl erhöht oder der ISO-Wert verringert werden. Notieren oder merken Sie sich die angezeigte Zeit.

4 Die dunkelste Stelle im Motiv messen
Anschließend schwenken Sie die Kamera und zielen Sie mit dem Spotkreis auf das dunkelste Motivelement. Auch diese ermittelten Einstellungen notieren Sie sich.

5 Das Ergebnis ermitteln
Auswertung: Um den Kontrastumfang, also die Anzahl der Blendenstufen, zu ermitteln, teilen Sie die Verschlusszeit für die hellste Stelle im Motiv so lange durch 2, bis der Wert für die dunkelste Stelle erreicht ist. Hierbei können die Werte gerundet werden. Die Anzahl der möglichen Teilungen ergibt den Kontrastumfang des Motivs. Man kann sagen, dass sich bereits ab etwa vier Teilungen (Blendenstufen) eine Bearbeitung mittels DRI anbietet, um den gesamten Kontrast im Bild darstellen zu können.

Kapitel 4
Besser fotografieren mit den Belichtungsprogrammen

Für viele Situationen: der Automatikmodus 122

Mit den Szenenwahlprogrammen schnell zu besseren Fotos ... 124

Die Kreativprogramme richtig nutzen 136

Bildeffekte einsetzen 143

Für viele Situationen: der Automatikmodus

Wenn Sie nicht lange nachdenken, sondern einfach drauflosknipsen wollen, also eine »Point & Shoot«-Kamera benötigen, können Sie die beiden Vollautomatikmodi der RX100 IV i📷 und i📷⁺ nutzen. Gerade für Einsteiger ist diese Möglichkeit interessant, da man sich hier keine Gedanken über Kameraeinstellungen machen muss. Kommt es nicht auf eine gezielte Beeinflussung beispielsweise von Blende oder Belichtungszeit an und werden vorrangig Schnappschüsse eingefangen, können Sie hier durchaus brauchbare Ergebnisse erzielen. Auch wenn Sie Ihre Kamera zum Beispiel einmal an Kinder weitergeben, kann dieser Modus nützlich sein. Mit dem Vollautomatikmodus können auch Kinder witzige und schöne Schnappschüsse selbst aufnehmen, ohne schon die einzelnen Einstellungen verstehen zu müssen.

Welchen der beiden Automatikmodi die RX100 IV bei der Einstellung am Moduswahlknopf auf **AUTO** wählt, können Sie direkt im Menü 📷 7 unter **Modus Automatik** einstellen. Drücken Sie nach Wahl von **AUTO** am Moduswahlknopf die Mitteltaste am Einstellrad, dann können Sie hier aber auch den anderen Automatikmodus einstellen.

Abbildung 4.1 >
Wählen Sie mit dem Moduswahlknopf die Option **AUTO**, dann stehen Ihnen im Menü die *Intelligente* oder die *Überlegene Automatik* zu Verfügung.

Die intelligente Vollautomatik (iAuto)

In der **Intelligenten Automatik** i📷 versucht die Kamera, eine der Szenen, die sie abgespeichert hat, zu erkennen. Gelingt dies, dann nimmt sie automatisch die entsprechenden Einstellungen vor. Die erkannte Szene wird Ihnen angezeigt. Allerdings dürfen Sie hierbei weder Klarbild-Zoom noch Digitalzoom verwenden, denn sonst erkennt die Kamera die Szenen nicht.

In diesem Vollautomatikmodus sind die Einstellungsmöglichkeiten sehr stark eingeschränkt. Viele Optionen sind hier auch nicht aktivierbar. Die Bildfolge- und Blitzmodi können Sie aber zum Teil noch verändern.

 Programmalternative
Möchten Sie mehr Einflussmöglichkeiten, ist die Programmautomatik **P** sinnvoll. Diese bietet fast die gleichen Automatikfunktionen wie die Vollautomatik, ist aber flexibler, da Sie selbst einen gewissen Einfluss auf die Blende und Belichtungszeit haben.

[24 mm | f5,6 | 1/80 s | ISO 125]

˄ Abbildung 4.2
Viele Schnappschüsse gelingen auch mit der Vollautomatik zufriedenstellend.

Die überlegene Automatik

Auch bei der **Überlegenen Automatik**  versucht die Kamera, die aktuelle Szene wiederzuerkennen. In diesem Modus entscheidet die Kamera nun aber auch über die Bildfolge und wie viele Bilder aufgenommen werden, um diese zu einem Bild zu verarbeiten. Sie kombiniert hier also zum Beispiel Szenenprogramme mit der HDR-Funktion. Die erkannten Parameter blendet die RX100 IV im Display beziehungsweise im Sucher ein.

Sony hat mit den neuen Automatikfunktionen tief in die Trickkiste gegriffen. Es lohnt sich auf jeden Fall für Sie, diese Funktion zumindest einmal zu testen. Sie ersparen sich so das ständige Anpassen von Einstellungen, wenn die Motive wechseln.

Bei bestimmten Einstellungen gibt es aber auch hier Einschränkungen. Wählen Sie **RAW** beziehungsweise **RAW & JPEG** als Bildqualität,

[70 mm | f8 | 1/60 s | ISO 250]

˄ Abbildung 4.3
Die Kamera analysiert in beiden Vollautomatikmodi das Motiv und versucht, eine passende Szene aus ihrem Repertoire zu finden. Aufgrund der vielen Grüntöne im Motiv und des recht großen Abstands zum Fotografen, wählte die RX100 IV bei diesem Bild das am besten passende Programm aus: **Landschaft**.

dann nutzt die RX100 IV die Möglichkeit, mehrere Bilder zusammenzurechnen, nicht. Bei der Verwendung von **Klarbild-Zoom** beziehungsweise **Digitalzoom** erkennt die Kamera die Szenen nicht mehr. Haben Sie **Lächel-/Ges.-Erk.** deaktiviert, dann werden die Szenen **Gegenlichtporträt**, **Nachtaufnahme** und **Kleinkind** nicht erkannt.

Mit den Szenenwahlprogrammen schnell zu besseren Fotos

Die RX100 IV stellt Ihnen eine Reihe unterstützender Halbautomatiken zur Verfügung, um Ihrer Kreativität freien Raum zu lassen. So gelingen Ihnen zum Beispiel ohne viele Einstellungen im Szenenwahlprogramm **Porträt** überzeugende Aufnahmen von Gesichtern. Wenn Sie im Laufe der Zeit etwas Erfahrung mit Ihrer RX100 IV gesammelt haben, können Sie sich dann an die Programme **P**, **A**, **S** und **M** wagen. Hier wird Ihr Einfluss auf das Bildergebnis weit größer und lässt sich so ganz individuell an Ihren Geschmack anpassen.

Die RX100 IV wartet mit dreizehn Szenenwahlprogrammen auf, mit denen Sie häufiger vorkommende Situationen vollautomatisch aufnehmen können. Auf die folgenden Szenenwahlprogramme können Sie dabei zurückgreifen: **Porträt**, **Sportaktion**, **Makro**, **Landschaft**, **Sonnenuntergang**, **Nachtszene**, **Handgehalten bei Dämmerung**, **Nachtaufnahme**, **Anti-Bewegungs-Unschärfe**, **Tiere**, **Gourmet**, **Feuerwerk** und **Hohe Empfindlichkeit**.

⌃ Abbildung 4.4
*Im Menü **Szenenwahl** stehen Ihnen dreizehn Programme zur Verfügung.*

Die Kamera wird hier anhand von Erfahrungswerten voreingestellt. Beeinflusst wird dabei die Wahl der Zeit-Blenden-Kombination, des Autofokus, des ISO-Bereichs und weiterer Parameter. Die Wahl der Bildqualität bleibt weiterhin Ihnen als Fotograf überlassen. Die Einstellungen im Menü **Kameraeinstlg.** werden also – lässt man einmal die oben genannten Parameter beiseite – nur geringfügig durch die Szenenwahlprogramme verändert. Bei einigen anderen Kameraherstellern greifen die Programme derart stark ein, dass hier selbst eine Änderung der Bildqualität oder der Bildgröße nicht möglich ist und man von den Vorgaben abhängig ist. Zudem können Sie in den meisten Programmen auch den Blitz ein- beziehungsweise ausschalten und den Bildfolgemodus ändern. So sind die Szenenwahlprogramme durchaus auch von erfahrenen Fotografen sinnvoll einsetzbar. Die Nachtprogramme haben zum Beispiel den Vorteil, dass automatisch mehrere Bilder zu einem verrechnet werden und so ein kontrastreicheres Bild entsteht. Haben Sie hier Veränderungen vorgenommen, werden diese gespeichert und stehen Ihnen nach der Wahl eines anderen Programms weiterhin zur Verfügung. Wichtige Parameter, wie die Belichtungszeit und Blende, können allerdings nicht verändert werden.

Die Dynamikbereich-Optimierung zur Erhöhung der Dynamik der RX100 IV ist in den Szenenwahlprogrammen unterschiedlich eingestellt. In den Nachtprogrammen wird sie komplett abgeschaltet.

Die Einstellungen, die Sie über die **Fn**-Taste erreichen, können Sie bis auf Ausnahmen, die jeweils vom gewählten Szenenwahlprogramm abhängig sind, nicht ändern.

Stellen Sie den **Moduswahlknopf** auf **SCN**, um eine Szenenwahl zu treffen. Um an der RX100 IV das Szenenwahlprogramm zu ändern, drücken Sie die **MENU**-Taste und wechseln Sie ins Menü 7. Unter **Szenenwahl** gelangen Sie ins Auswahlmenü und können nach dem Drücken der Mitteltaste am Einstellrad eine Auswahl vornehmen.

 Szenenwahlprogramme schnell wählen

Ist **Szenenwahl** eingestellt, dann können Sie per Einstellrad die unterschiedlichen Szenenwahlprogramme schnell anwählen.

Porträt

Das **SCN**-Programm **Porträt** versucht, die Blendeneinstellung speziell für Porträts optimal einzustellen. Bei Porträts ist meist eine möglichst geringe Schärfentiefe gewünscht, die aber nicht nur die Augen, sondern das gesamte Gesicht erfassen sollte. Der Hintergrund verschwimmt in Unschärfe, und die porträtierte Person wird optisch freigestellt. Um dies zu erreichen, öffnet die RX100 IV die Blende in den meisten Fällen komplett. Es bietet sich an, im Telebereich zu arbeiten, wenn der Hintergrund möglichst unscharf erscheinen soll, also im Bereich von 50 bis 70 mm.

Wenn die Helligkeit zu groß ist, schließt die RX100 IV die Blende weiter, um eine korrekte Belichtung zu garantieren. Sollte dies einmal der Fall sein, schaltet die RX100 IV den integrierten elektronischen ND-Filter ein. So kann die Kamera länger belichten, ohne dass es zu einer Überbelichtung kommen kann. Der Filter erspart Ihnen das Abblenden, also das manuelle Erhöhen des Blendenwerts, um drei Stufen.

Das Programm reduziert automatisch leicht die Schärfe und liefert dadurch weichere Hauttöne. Die Mehrfeldmessung **Multi** und der Fokusmodus

Abbildung 4.5 >
Im Porträtprogramm versucht die RX100 IV unter anderem, die Blende so weit zu öffnen, dass der Hintergrund unscharf dargestellt und damit der oder die Porträtierte freigestellt wird.

[50 mm | f2,8 | 1/45 s | ISO 400]

AF-S sind voreingestellt. Die Dynamikbereich-Optimierung steht auf **DRO AUTO**, und der interne Blitz ist freigegeben. Sie können ihn permanent zuschalten, um zum Beispiel Spitzlichter in die Augen des oder der Porträtierten zu zaubern (mehr dazu im Kapitel 5, »Gekonnt blitzen mit der RX100 IV«). Drücken Sie hierzu die Taste ▶ des Einstellrads und wählen Sie **Aufhellblitz**.

Sportaktion

Das **SCN**-Programm **Sportaktion** ist der Spezialist für sich schnell bewegende Motive. Ein Objekt, das sich schnell bewegt, muss mit einer möglichst geringen Belichtungszeit aufgenommen werden, um scharf dargestellt zu werden. Die Kamera versucht hier, minimale Belichtungszeiten zu erreichen, und setzt hierfür, wenn es nötig wird, hohe ISO-Werte bei der ISO-Automatik sowie eine weit geöffnete Blende ein. Der Autofokus arbeitet automatisch im Nachführmodus **AF-C** und verfolgt so bei halb gedrücktem Auslöser das Motiv. Die Belichtungsdaten werden ebenfalls permanent angepasst. Beim **Bildfolgemodus** können Sie wählen zwischen **Serienaufnahme** und **Serienaufn.-Zeitprio.**. Bei **Serienaufnahme** kann die RX100 IV bis zu fünf Bilder pro Sekunde aufnehmen, während es bei **Serienaufn.-Zeitprio.** bis zu 16 Bilder pro Sekunde sind. Bei letzterer Einstellung wird allerdings der Fokus nach der ersten Aufnahme nicht mehr verändert. Das Motiv muss sich also in dem zuvor anvisierten Bereich bewegen, um scharf abgebildet werden zu können.

[70 mm | f2,8 | 1/2000 s | ISO 125]

Abbildung 4.6 >
Im Sportprogramm wählte die Kamera (in dieser Situation völlig richtig) eine möglichst große Blendenöffnung, um die Belichtungszeit so kurz wie möglich zu halten.

Die Belichtungszeit können Sie im Sportprogramm nicht anpassen. Sie sind auf die durch die Kamera berechnete Belichtungszeit festgelegt. Flexibler sind Sie im Zeitprioritätsmodus **S** (siehe auch den Abschnitt »Zeitprioritätsmodus (S) für das Spiel mit der Zeit« auf Seite 140). Hier können Sie die Belichtungszeit frei wählen und so der Situation anpassen. Tritt also im Bild eine ungewollte Bewegungsunschärfe auf, können Sie die Belichtungszeit hier weiter verkürzen. Um dynamische Effekte durch Bewegungsunschärfe zu erzielen, können Sie die Belichtungszeit dann natürlich auch verlängern.

Makro

Die RX100 IV stellt ein Programm für Aufnahmen im Nah- und Makrobereich zur Verfügung: das **SCN**-Programm **Makro** ✿. Gerade wenn Sie sich hier auf Neuland begeben, kann dieses Motivprogramm hilfreich sein. Die Kamera wählt den Autofokusmodus **AF-S** und den Einzelbildmodus vor. Sie versucht zunächst, eine möglichst kurze Belichtungszeit einzustellen, um ein Verwackeln zu vermeiden. Reicht das Licht hierfür nicht aus, um dennoch eine ausreichend belichtete Aufnahme zu erhalten, ist ein Stativ von Vorteil, damit die Belichtungszeit wieder etwas länger werden kann. Da alle AF-Sensoren das Motiv analysieren, kann die Kamera die nötige Schärfentiefe berechnen und weiter abblenden, um die Schärfentiefe zu maximieren. Das macht sie allerdings nur, wenn genügend Licht zur Verfügung steht. Leider können Sie hier nicht den **Nachführ-AF (AF-C)** wählen. Somit können Sie das Makroprogramm nur bei statischen Motiven einsetzen. Wenn Sie bei Makroaufnahmen mehr Einstellungen selbst übernehmen wollen, bietet sich der Blendenprioritätsmodus **A** an. Hier können Sie die Blende frei wählen und so die Schärfentiefe gezielt beeinflussen. Ein Stativ sollten Sie dabei aber möglichst immer verwenden. Wenn möglich, lassen Sie den Blitz abgeschaltet. Sie vermeiden so Abschattungen und Schlagschatten.

ᐯ Abbildung 4.7
Nahaufnahme mit dem Programm **Makro**

[70 mm | f3,5 | 1/80 s | ISO 125]

Mit der RX100 IV verwenden Sie am besten die längste Brennweite, also 70 mm. Sie erreichen so den größten Abbildungsmaßstab und stellen zudem den Hintergrund am deutlichsten frei. Mehr zum Thema »Makro« erfahren Sie im Kapitel 10, »Nah- und Makrofotografie«.

Landschaft

Bei Landschaftsaufnahmen ist meist eine möglichst große Schärfentiefe gewünscht. Das **SCN**-Programm **Landschaft** ▲ versucht deshalb, die Schärfentiefe zu maximieren. Hierbei werden die Objektivbrennweite und Objekthelligkeit ausgewertet und eine kleine Blende angesteuert. Die RX100 IV geht dabei nur so weit, dass ein Verwackeln durch eine zu lange Belichtungszeit verhindert wird. Außerdem wird die Farbsättigung für die Farben Grün und Blau erhöht. Der Kontrast wird verstärkt und auch die Schärfung fällt höher aus.

⌃ **Abbildung 4.8**
Im Landschaftsprogramm versucht die Kamera, die Blende möglichst weit zu schließen, ohne jedoch ein verwackeltes Bild zu riskieren.

Ob der Bildstabilisator **SteadyShot** eingeschaltet ist oder nicht, spielt hierbei für die Kamera keine Rolle. Sie geht von einem nicht aktivierten SteadyShot aus. Leider ist auch keine Verschiebung der Zeit-Blenden-Kombination möglich, um eventuell selbst mit der Blendenwahl die Schärfentiefe zu verändern.

Die Kamera sorgt in diesem Programm für kräftige Farben und erhöht den Kontrast etwas. Dies sorgt unter anderem für angenehme Grün- und Blautöne, wie sie in Landschaftsaufnahmen meist vorkommen.

Testen Sie das Landschaftsprogramm auch einmal im Architekturbereich, wenn Sie sich zum Beispiel auf einer Städtereise befinden. Denn auch hier ist meist eine große Schärfentiefe gewünscht. Etwa wenn sich im Vordergrund eine Person vor einem im Hintergrund befindlichen Gebäude positioniert hat, um eine schöne Foto-Erinnerung mit nach Hause zu nehmen.

Sonnenuntergang

Das **SCN**-Programm **Sonnenunterg.** ⬬ ist abgestimmt auf die warme Farbwiedergabe von Sonnenuntergängen. Der Weißabgleich tendiert stark zu einer wärmeren Farbdarstellung. Kontrast und Farbsättigung werden um jeweils zwei Stufen erhöht.

In die Sonne fotografieren

Vorsicht! Nur bei sehr tiefem Sonnenstand sollten Sie direkt in die Sonne fotografieren, sonst können Schäden an der Kamera und vor allem auch an Ihren Augen auftreten!

[70 mm | f4 | 1/2000 s | ISO 125]

[70 mm | f4 | 1/2000 s | ISO 125]

⌃ Abbildung 4.9
*Links: Aufnahme ohne Motivprogramm, Rechts: Aufnahme mit dem **SCN**-Modus **Sonnenuntergang**. Der Kontrast und die Farbsättigung wurden durch das gewählte Programm erhöht.*

Nachtszene

Wenn Sie im **SCN**-Programm **Nachtszene** ☾ fotografieren, verwenden Sie am besten ein stabiles Dreibein-Stativ. Denn die Kamera wählt in den meisten Fällen eine längere Belichtungszeit, um auch das dunkle Umfeld um das Hauptobjekt herum detailreich einfangen zu können. Der interne Blitz ist hier deaktiviert, um die Atmosphäre vor Ort zu erhalten. Verwenden Sie den Selbstauslöser oder einen Fernauslöser, damit es nicht zu Verwacklungen durch das Betätigen des Auslösers kommt.

Wischeffekte

Achten Sie darauf, dass keine Personen oder Fahrzeuge vor der Kamera durch das Bild laufen, da es dadurch zu unerwünschten Wischeffekten kommen kann. Anderseits können die Lichtspuren, die zum Beispiel durch die Lichter der Autos entstehen, auch sehr interessant sein.

Handgehalten bei Dämmerung

Nicht immer hat man ein Stativ dabei, obwohl es die Lichtverhältnisse erfordern. Hierfür hat sich Sony eine weitere Funktion einfallen lassen: Im Programm **Handgeh. bei Dämm.** nimmt die Kamera mehrere Aufnahmen schnell hintereinander auf. Diese werden sofort miteinander verglichen und verarbeitet. Rauschen und kleine Verwacklungen werden so zum Teil herausgerechnet beziehungsweise reduziert. Sehr hohe ISO-Werte werden vermieden.

Auch hier ist Blitzen nicht möglich, wäre aber auch nicht sinnvoll, da die Lichtstimmung vor Ort sicher verloren ginge. Die Bildqualität **RAW** können Sie hier nicht wählen, es wird ausschließlich eine JPEG-Datei berechnet.

▲ Abbildung 4.10
*Bei einer solchen Lichtsituation hilft nur ein Stativ oder das **SCN**-Programm **Handgeh. bei Dämm.**, um ein scharfes Bild zu erhalten.*

Nachtaufnahme

Das **SCN**-Programm **Nachtaufnahme** wurde speziell dafür entwickelt, Personen nachts unter Einbeziehung des Umfelds zu fotografieren. Im Normalfall würde die Kamera in einer solchen Situation den Blitz zünden und die Belichtungszeit auf mindestens 1/30 s stellen. Damit würde der Hintergrund aber zu dunkel erscheinen.

Um nun den Hintergrund mit einzubeziehen und korrekt zu belichten, schaltet die Kamera in diesem Programm auf Langzeitblitzsynchronisation um. Das heißt, der Verschluss bleibt nach dem Blitzen weiterhin geöffnet und bringt so das Restlicht und die Konturen des Hintergrundes mit auf die Abbildung. Da hier Belichtungszeiten bis zu 1/4 s erreicht werden können, sollte sich das Motiv möglichst nicht bewegen, um keine Unschärfe ins Bild zu bringen. Es bietet sich ein Stativ an – auch damit sich die Kamera selbst nicht bewegt.

Der Blitz sollte in diesem Programm normalerweise ausgeklappt sein. Das Abschalten des Blitzes kann unter Umständen sinnvoll sein, wenn sich im Vordergrund beziehungsweise in Reichweite des Blitzes kein Motiv befindet.

[24 mm | f3,2 | 1/60 s | ISO 500]

[24 mm | f1,8 | 1/20 s | ISO 400]

∧ **Abbildung 4.11**
*Links: Hier wurde im Blendenprioritätsmodus **A** geblitzt. Das Gesicht ist richtig belichtet, aber der Hintergrund erscheint zu dunkel. Rechts: Soll der Hintergrund ebenfalls gut zu sehen sein, wählen Sie das Nachtporträtprogramm.*

Im Dunkeln gelangt der Autofokus doch an seine Grenzen, und das **AF-Hilfslicht** kann den Autofokus nur bis zu wenigen Metern Entfernung unterstützen. Es bietet sich daher an, Nachtaufnahmen manuell scharf zu stellen. Es ist auch möglich, eine in der Nähe des Motivs befindliche Lichtquelle anzumessen, den Fokus zu speichern und die Kamera entsprechend zum eigentlichen Motiv zurückzuschwenken. In diesem Fall muss dann aber die Belichtungsmessung noch am eigentlichen Motiv durchgeführt werden. Schwierig wird es meist auch, wenn zum Beispiel vereinzelt helle Lichter im ansonsten dunklen Motiv auftreten. Der Dynamikumfang, also der Bereich zwischen dem dunkelsten und dem hellsten darstellbaren Helligkeitswert, ist für eine Kamera in solchen Fällen schwer abzubilden. Verwenden Sie hier zusätzlich das RAW-Format, um ein Maximum an Möglichkeiten bei der späteren Bildbearbeitung zur Verfügung zu haben.

Anti-Bewegungsunschärfe

Das **SCN**-Programm **Anti-Beweg.-Unsch.** steuert Belichtungszeiten an, mit denen Sie auch bei relativ wenig Licht aus der Hand fotografieren können. Möglichst kurze Belichtungszeiten haben hier also Priorität. Dafür fährt die RX100 IV die ISO-Werte bis **ISO 25 600** hoch, auch wenn Sie für den **ISO AUTO**-Bereich kleinere Werte eingestellt haben. Die Blende wird weit geöffnet. Drücken Sie den Auslöser, nimmt die Kamera drei Bilder auf und verarbeitet Sie zu einem finalen Bild. Dabei wird das Rauschen reduziert und kleine Verwacklungen korrigiert.

Die Funktion ist geeignet für Motive, die sich nicht oder nur langsam bewegen. Bewegt sich das Motiv zu schnell, dann kann die RX100 IV die Bilder eventuell nicht richtig zusammenrechnen. Ist diese Bedingung jedoch erfüllt, ist es mit dem Programm möglich, Bilder bei Dunkelheit aus der freien Hand ohne Verwacklungen aufzunehmen.

[25 mm | f2,8 | 1/25 s | ISO 6400]

^ Abbildung 4.12
*Für statische Motive geeignet: das Szenenprogramm **Anti-Beweg.-Unsch.***

Tiere

Im Prinzip handelt es sich bei dem **SCN**-Programm **Tiere** um eine leichte Modifikation des **SCN**-Programms **Porträt**. Auch hier wird die Blende weit (wenn auch nicht ganz so weit wie bei **Porträt**) geöffnet, um das Motiv freizustellen. Es wird der **AF-S** und **Einzelaufnahme** im **Bildfolgemodus** eingestellt. Damit ist das Programm hauptsächlich für sich nur wenig bewegende Tiere geeignet.

[70 mm | f3,5 | 1/80 s | ISO 125]

< Abbildung 4.13
*Im Szenenwahlprogramm **Tiere** wählt die Kamera eine möglichst offene Blende, um das Tier vom Hintergrund freizustellen.*

Gourmet

Essen zu fotografieren ist schon seit einiger Zeit in Mode. Im **SCN**-Programm **Gourmet** sind einige Einstellungen bereits vorgenommen, damit Sie schnell und unkompliziert appetitliche Aufnahmen erhalten. Dafür ist es wichtig, dass insbesondere die Farbe stimmt. Die RX100 IV steuert deshalb in diesem Programm den Weißabgleich so, dass die Motive in warmen Farben wiedergegeben werden.

[24 mm | f1,8 | 1/8 s | ISO 800]

< Abbildung 4.14
*Mit dem **SCN**-Programm **Gourmet** können Sie spontan appetitliche Aufnahmen von Essen machen.*

Feuerwerk

Eine Feuerwerksfigur hält sich etwa zwei bis fünf Sekunden am Himmel, bevor sie erlischt. Das **SCN**-Programm **Feuerwerk** ist auf diese sehr kurzlebigen Lichteffekte vor dunklem Himmel abgestimmt. Die Kamera stellt eine feste Belichtungszeit von zwei Sekunden ein und wählt eine mittlere Blende (f5,6). Sie benötigen hier also auf jeden Fall ein Stativ. Der ISO-Wert wird bei **ISO AUTO** auf **ISO 125** festgelegt. Rechnen Sie für jede Aufnahme mindestens vier Sekunden ein, da nach der ersten Aufnahme noch ein sogenanntes *Dunkelbild* erstellt wird. Dieses wird zur Rauschreduzierung verwendet und erfordert die gleiche Belichtungszeit.

Mit den Szenenwahlprogrammen schnell zu besseren Fotos

[35 mm | f5,6 | 2 s | ISO 125 | Stativ]

< Abbildung 4.15
Mit dem Programm **Feuerwerk** gelingen Ihnen eindrucksvolle Aufnahmen.

Tipp!
Schöne Aufnahmen gelingen Ihnen, wenn Sie direkt nach dem Zünden des Feuerwerkskörpers am Himmel den Auslöser drücken.

Hohe Empfindlichkeit

Das **SCN**-Programm **Hohe Empfindlk.** ISO wurde entwickelt, um Szenen mit schlechten Lichtverhältnissen, zum Beispiel eine Party am Abend oder Motive in Innenräumen, möglichst ohne Motivunschärfe festhalten zu können. Das heißt, die Belichtungszeit wird in diesem Programm möglichst kurz gehalten, damit es nicht zu Verwacklungen kommt. Damit die Aufnahmen dennoch nicht unterbelichtet sind, nutzt die RX100 IV ihren kompletten ISO-Bereich aus. Einstellungen bei **ISO AUTO** werden auch hier ignoriert. Den Serienbildmodus können Sie hier nicht verwenden.

[70 mm | f2,8 | 1/125 s | ISO 3200]

^ Abbildung 4.16
Auch für sich im Dunkeln bewegende Motive ist das **SCN**-Programm **Hohe Empfindlk.** geeignet.

135

Die Kreativprogramme richtig nutzen

Die Kreativprogramme der RX100 IV erlauben Ihnen eine freie Entfaltung und volle Kontrolle über alle relevanten Kamerafunktionen. Funktionen wie die Wahl des Bildstils, die ISO-Einstellung sowie die Blenden- und Belichtungszeitenverschiebung sind hier ohne Einschränkungen möglich.

Auf die vielen Möglichkeiten dieser vier Belichtungsprogramme **P**, **A**, **S** und **M** wird im Folgenden eingegangen. Erreichen können Sie die Kreativprogramme direkt über den Moduswahlknopf.

∧ Abbildung 4.17
Die Programmautomatik P ❶, *die Blendenpriorität A* ❷, *die Zeitpriorität S* ❸ *sowie die Manuelle Belichtung M* ❹ *stellen Sie über den Moduswahlknopf ein.*

Spontan Fotografieren mit der Programmautomatik (P)

Die Programmautomatik **P** ist neben der Vollautomatik gut für Schnappschüsse geeignet. Denken Sie zum Beispiel an Kindergeburtstage oder andere Familienfeiern. Hier bleibt üblicherweise keine Zeit für eine aufwendige Bildgestaltung und das Einstellen vieler Parameter. Auch ändern sich bei solchen Anlässen für gewöhnlich ständig die Motive. Alles in allem ein Fall für die Programmautomatik **P**.

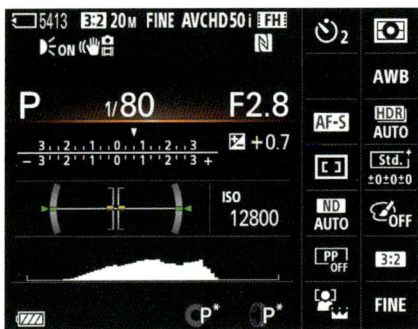 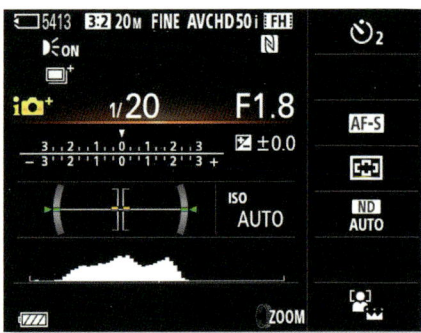

Abbildung 4.18 >
Bereits auf dem Monitor ist leicht zu erkennen, dass das Programm P (links) weit mehr Einstellmöglichkeiten bietet als die Vollautomatik (rechts).

Nach welchem Schema stellt nun die RX100 IV die Blende und die Belichtungszeit in diesem Programm ein? Zunächst versucht die Kamera, abhängig vom Umgebungslicht und dem verwendeten Objektiv, eine möglichst kurze Belichtungszeit einzustellen, die ein Verwackeln bei Aufnahmen aus freier Hand verhindert. Der eingeschaltete **SteadyShot** hat auf die Wahl der Belichtungszeit keinen Einfluss, obwohl dadurch weit längere Belichtungszeiten verwacklungsfrei möglich wären. Um ein Bildrauschen möglichst zu verhindern, hat ein geringer ISO-Wert im Modus **ISO AUTO** Priorität. Bei wenig

Umgebungslicht wird der ISO-Wert bis zum Maximalwert der ISO-Automatik (Standard: ISO 6400) erhöht. Noch höhere ISO-Werte sind in diesem Programmpunkt zwar anwählbar, werden aber nicht angewendet, solange die ISO-Automatik eingestellt ist. Ist erst einmal ein hoher Wert eingestellt, bleibt die RX100 IV auch dabei, bis der Wert manuell geändert wird. Selbst nach dem Aus- und erneuten Einschalten der Kamera steht Ihnen der Wert wieder zur Verfügung.

Die Programmautomatik wählt Belichtungszeiten aus einem Bereich von 1 s bis 1/32 000 s. Außerdem steht Ihnen die sogenannte *Programm-Shift-Funktion* **P*** zur Verfügung. Programm-Shift-Funktion heißt: Mit Hilfe des Einstellrads oder des Steuerrings können Sie die von der Programmautomatik ermittelte Blende beziehungsweise Belichtungszeit verändern. Die daran gekoppelte Belichtungszeit beziehungsweise Blende wird durch die Kamera eingestellt, so dass jederzeit eine korrekte Belichtung möglich ist. Gekennzeichnet wird der Shift-Modus durch ein Sternchen neben dem P. Im Zusammenspiel mit dem internen Blitz können Sie die Shift-Funktion nicht verwenden. Wie Sie die Blitzbelichtung beeinflussen können, erfahren Sie im Abschnitt »Schwierige Blitzlichtsituationen meistern« ab Seite 154.

[70 mm | f4,5 | 1/160 s | ISO 400]

^ **Abbildung 4.19**
*Die Programmautomatik **P** konnte die belichtungstechnisch relativ einfache Situation gut meistern.*

Das Erreichen der kürzesten Belichtungszeit bei extremer Helligkeit signalisiert die Kamera mit dem Blinken der 1/32 000 s im Sucher beziehungsweise auf dem Monitor. Die Kamera hatte zuvor bereits den größtmöglichen Blendenwert eingestellt. Hier droht also eine Überbelichtung. Im Normalfall sollte diese Grenze nicht erreicht werden, es sei denn, Sie haben manuell höhere Werte als ISO 6400 gewählt und die Funktion **ND-Filter** abgeschaltet.

< **Abbildung 4.20**
*Drehen Sie am Einstellrad, können Sie die Kombination aus Belichtungszeit und Blende in der Programmautomatik **P** verschieben.*

Schärfentiefe mit dem Blendenprioritätsmodus (A) beeinflussen

Bei der Blendenpriorität **A** (= *Aperture Priority*) haben Sie die Möglichkeit, die Blende über das Einstellrad beziehungsweise den Steuerring zu wählen: Eine hohe Zahl bedeutet höhere Schärfentiefe und längere Belichtungszeit, eine niedrige Zahl führt zu geringerer Schärfentiefe und kürzerer Belichtungszeit. Bei Ihrer RX100 IV steht Ihnen, je nach gewählter Zoomeinstellung, im Weitwinkelbereich (bei 24 mm) ein Blendenbereich von f1,8 bis f11 zur Verfügung und im Telebereich (ab 36 mm) von f2,8 bis f11. Blinken die Anzeige für 1/32 000 s oder 30 s im Sucher beziehungsweise am Monitor, sollten Sie die Blende verändern, um in den Steuerungsbereich der Kamera zu gelangen.

Viele Fotografen verwenden den Blendenprioritätsmodus, auch Zeitautomatik genannt, als Standardeinstellung an ihrer Kamera. Aus Erfahrung kann meist abgeschätzt werden, wie weit sich die Schärfentiefe im Bild erstrecken wird. Je nach gewünschtem Effekt wird die Blende vorgewählt und eventuell noch über die Schärfentiefetaste kontrolliert, über die viele Kameras verfügen. Wie schon erwähnt, sehen Sie an Ihrer RX100 IV sofort die reale Schärfentiefe im Sucher beziehungsweise auf dem Monitor. Eine Schärfentiefetaste wird hier gar nicht benötigt.

[28 mm | f8 | 1/160 s | ISO 200]

^ **Abbildung 4.21**
Beabsichtigt war bei diesem Motiv eine möglichst große Schärfentiefe, von ganz vorn bis hinten. Blende f8 führte zum gewünschten Ergebnis.

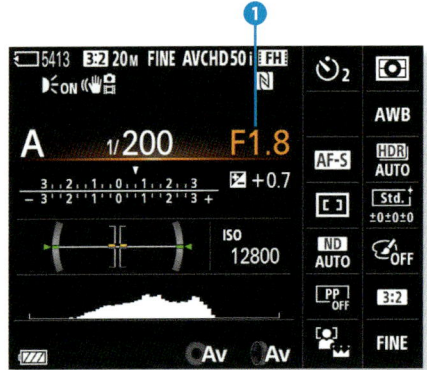
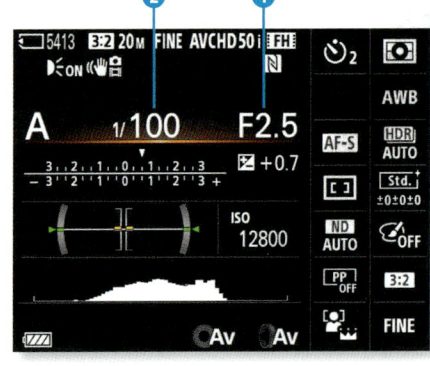

^ **Abbildung 4.22**
Verringern Sie den Blendenwert ❶ im Blendenprioritätsmodus **A**, so verlängert die Kamera die Belichtungszeit automatisch ❷, um wieder eine ausgewogene Belichtung zu gewährleisten.

Die Kreativprogramme richtig nutzen

Die Möglichkeit, die Blende steuern zu können, ist unter anderem im Bereich der Makrofotografie, bei Produktaufnahmen oder auch im Porträtbereich wichtig. Hier kommt es darauf an, die Blende auf einen bestimmten Wert fest einstellen zu können, um mit einer konstanten Schärfentiefe arbeiten zu können.

Abbildung 4.23 >
Wenn Sie die Schärfentiefe minimieren wollen, wählen Sie einen möglichst kleinen Blendenwert.

[70 mm | f2,8 | 1/80 s | ISO 400]

Die Blendenpriorität A verwenden
SCHRITT FÜR SCHRITT

1 Programm wählen
Drehen Sie den Moduswahlknopf in Stellung **A**. Der Blendenwert wird daraufhin im Monitor sowie im Sucher farblich hervorgehoben, um zu verdeutlichen, dass dieser nun verändert werden kann.

2 Blende einstellen
Stellen Sie nun die Blende mittels des Einstellrads ein. Ein Drehen nach links verringert den Blendenwert, ein Drehen nach rechts erhöht ihn. Wenn Sie also die Schärfentiefe vergrößern wollen, dann erhöhen Sie den Blendenwert. Umgekehrt verringern Sie ihn, wenn Sie die Schärfentiefe möglichst gering halten wollen.

3 Weitere Parameter einstellen
Stellen Sie eventuell noch weitere Parameter, wie Belichtungskorrektur oder Weißabgleich, an der Kamera ein. In diesem Programm sind Sie völlig frei in der Wahl. Anschließend stellen Sie wie gewohnt scharf und lösen aus.

Zeitprioritätsmodus (S) für das Spiel mit der Zeit

In der Zeitpriorität **S** (= *Shutter Priority*), auch Blendenautomatik genannt, wird die gewünschte Belichtungszeit voreingestellt. Die passende Blende stellt die Kamera automatisch bereit. Zu empfehlen ist dieser Modus, wenn es wichtig ist, eine bestimmte Belichtungszeit einzuhalten.

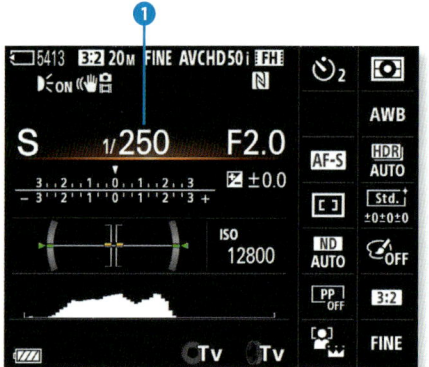
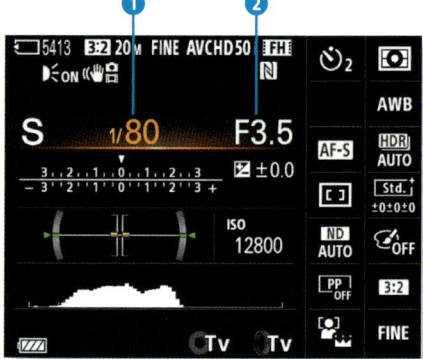

Abbildung 4.24 ▶
Verändern Sie im Programm ***S*** *die Belichtungszeit* ❶*, so wählt die Kamera automatisch einen passenden Blendenwert* ❷*, um dieselbe Belichtung zu erreichen.*

Möchten Sie zum Beispiel die Bewegung eines Sportwagens einfrieren, sind Belichtungszeiten von etwa 1/1000 s nötig. Nachdem Sie diese Belichtungszeit über das Einstellrad gewählt haben, ermittelt die RX100 IV selbstständig die zugehörige Blende. Verändern sich die Lichtverhältnisse, passt die Kamera automatisch die Blende an, um jeweils korrekt zu belichten.

Die Belichtungszeit vorgeben
SCHRITT FÜR SCHRITT

1 Zeitpriorität wählen
Wählen Sie mit dem Moduswahlknopf **S** aus. Die Belichtungszeit wird nun farblich im Sucher und im Monitor hervorgehoben.

2 Belichtungszeit einstellen
Drehen Sie nun mit dem Einstellrad nach links, um die Belichtungszeit zu verlängern, beziehungsweise nach rechts, um sie zu verkürzen.

3 Weitere Parameter einstellen
Stellen Sie weitere Parameter (wie zum Beispiel den ISO-Wert oder die Bildfolge) ein. Stellen Sie dann wie üblich scharf und lösen Sie aus, um das Bild zu speichern.

Die Kreativprogramme richtig nutzen

[50 mm | f2,8 | 1/60 s | ISO 640]

^ Abbildung 4.25
*Das Programm **S** eignet sich auch hervorragend, wenn es um Mitziehaufnahmen geht. Die Dynamik des Motivs wird so besonders gut dargestellt. Stellen Sie hier die Belichtungszeit auf etwa 1/60 s, und schwenken Sie die Kamera mit dem Motiv mit.*

[26 mm | f2,2 | 1/1600 s | ISO 160]

^ Abbildung 4.26
Schnelle Objekte verlangen nach extrem kurzen Belichtungszeiten. Mit 1/1600 s Belichtungszeit konnten die Bienen recht scharf aufgenommen werden. Soll der Flügelschlag ebenfalls scharf sein, wäre eine noch kürzere Belichtungszeit notwendig.

Da im Verhältnis zum Blendenprioritätsmodus **A** ein wesentlich kleinerer Spielraum für die Kamera bleibt, durch die Wahl einer passenden Blende eine korrekte Belichtung zu erzielen, gelangt man hier schneller an die Grenzen des Steuerungsbereichs. Hier müssen Sie also eher damit rechnen, dass die gewünschte Belichtungszeit nach oben beziehungsweise nach unten angepasst werden muss, da der nutzbare Blendenbereich erschöpft ist. Sie erkennen dies an der blinkenden Blendenzahl im Sucher beziehungsweise auf dem Monitor. Natürlich bleibt auch noch die Möglichkeit, den ISO-Wert anzupassen beziehungsweise **ISO AUTO** zu verwenden.

Manuelle Belichtung (M) für schwierige Fälle

Völlige Freiheit erhält der Fotograf im manuellen Belichtungsmodus **M**. Über das Einstellrad wählen Sie die Belichtungszeit sowie die Blende. Um die Belichtungszeit verändern zu können, müssen Sie lediglich am Einstellrad drehen. Drücken Sie die Taste ▼ des Einstellrads, können Sie die Blende einstellen. Mit einem erneuten Druck der Taste ▼ wechseln Sie wieder zur

Belichtungszeit. Sie haben in diesem Modus die Wahl zwischen allen möglichen Einstellungskombinationen von Blende und Belichtungszeit.

Sinnvoll ist dieser Modus vor allem bei Nachtaufnahmen, in der Astrofotografie und auch für Panoramafotos, bei denen Blende und Belichtungszeit gleich bleiben sollten, damit das zusammengesetzte Bild einheitlich ist.

Verwacklungen vermeiden

Die **Verwacklungswarnung** «» ist im manuellen Modus **M** sowie im Zeitprioritätsmodus **S** deaktiviert. Sie als Fotograf müssen hier besonders darauf achten, dass eine entsprechend kurze Belichtungszeit eingehalten wird, um aus der freien Hand verwacklungsfrei arbeiten zu können (siehe auch den Abschnitt »Einfache Faustregel für die Belichtungszeit« auf Seite 75).

Die Kamera bietet Ihnen aber selbst in diesem vollständig manuellen Modus eine Hilfestellung an. Auf der Belichtungswertskala auf dem Monitor beziehungsweise im Sucher können Sie feststellen, ob Ihre aktuelle Einstellung mit dem Ergebnis des Messsystems der RX100 IV übereinstimmt oder wie stark sie davon abweicht.

Bis zu einem Belichtungskorrekturwert von ±2 EV kann die Abweichung angezeigt werden. Liegt die Messung außerhalb dieses Bereichs, blinkt ein Pfeil auf der entsprechenden Seite: entweder links für Unterbelichtung oder rechts für Überbelichtung. Treffen Sie mit Ihrer Einstellung genau die Null, entspricht sie der ermittelten Belichtungsmessung der Kamera. Haben Sie **ISO AUTO** eingestellt, können Sie diese Hilfe allerdings nicht in Anspruch nehmen. Hier versucht die Kamera, im Rahmen der verfügbaren ISO-Werte der **ISO-Automatik**, die korrekte Belichtung einzustellen. Gelingt dies nicht, blinkt entweder der niedrigste beziehungsweise der höchst mögliche ISO-Wert.

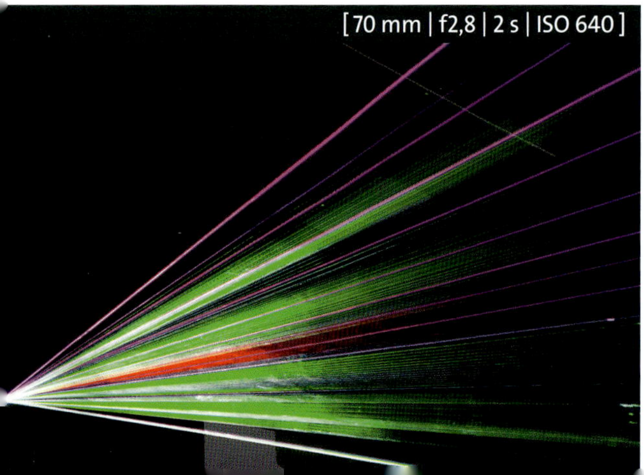

▼ **Abbildung 4.27**
Spezielle Situationen, wie hier bei einer Lasershow, erfordern den manuellen Modus. Die extrem schnell wechselnden Lichtverhältnisse überfordern jegliche Automatik.

[70 mm | f2,8 | 2 s | ISO 640]

Nur über den manuellen Modus **M** erreichbar ist die Möglichkeit, Langzeitbelichtungen länger als 30 Sekunden durchzuführen. Hierzu erhöhen Sie mit dem Einstellrad solange die Belichtungszeit, bis in der Anzeige **BULB** erscheint. Das passiert direkt nach den noch wählbaren 30 s. In diesem Modus bleibt der Verschluss so lange geöffnet, wie der Auslöser gedrückt gehalten wird.

Manuell fotografieren

SCHRITT FÜR SCHRITT

1 Programm wählen
Stellen Sie den Moduswahlknopf auf **M** ein.

2 Parameter einstellen
Stellen Sie mit dem Einstellrad die gewünschte Belichtungszeit ein. Die Blende verändern Sie, in dem Sie die Taste ▼ des Einstellrads drücken und dann erneut das Einstellrad drehen. Alternativ können Sie die Blende auch direkt am Steuerring einstellen, falls nicht der manuelle Fokusmodus eingestellt ist. Verändern Sie gegebenenfalls den ISO-Wert. Beachten Sie, dass die **Verwacklungswarnung** in diesem Programm nicht aktiv ist. Stellen Sie also die Belichtungszeit entsprechend kurz ein. Möchten Sie den Blitz verwenden, dann können Sie diesen natürlich zuschalten.

3 Auslösen
Stellen Sie mit Hilfe des Steuerrings auf das Motiv (manueller Fokusmodus) scharf oder drücken Sie den Auslöser halb bis die Schärfe gefunden wurde, und lösen Sie aus.

Programm-Shift-Funktion im Modus M
Im manuellen Modus steht Ihnen ebenfalls eine Programm-Shift-Funktion zur Verfügung. Voraussetzung ist, dass Sie eine Taste als **AEL Halten** beziehungsweise **AEL Umschalten** programmiert haben (siehe den Kasten »AEL-Taste einstellen« auf Seite 88). Halten Sie diese gedrückt beziehungsweise schalten Sie mit dieser um und wählen Sie mit dem Einstellrad eine andere Zeit-Blenden-Kombination. Die zuvor gewählte Belichtung bleibt vorhanden.

Beachten Sie, dass die Funktion **ND-Filter**, wenn nötig (also wenn die Belichtungszeit kürzer als 1/32 000 s sein müsste), von Hand zugeschaltet werden muss. Bei der Grundeinstellung ist diese Funktion im manuellen Modus deaktiviert.

Bildeffekte einsetzen

Sonys Bildprozessoren sind mittlerweile so leistungsfähig geworden, dass sie Ihnen auch bei der Bildbearbeitung unter die Arme greifen können. Das gilt natürlich auch für Ihre RX100 IV.

Sie wählen diese Effekte über das Menü 📷 5 unter **Bildeffekt** aus. Allerdings funktioniert dies nur bei Aufnahmen im JPEG-Format. Wenn Sie **RAW** oder **RAW & JPEG** bei **Bildqualität** eingestellt haben, können Sie die Bildeffekte nicht auswählen.

 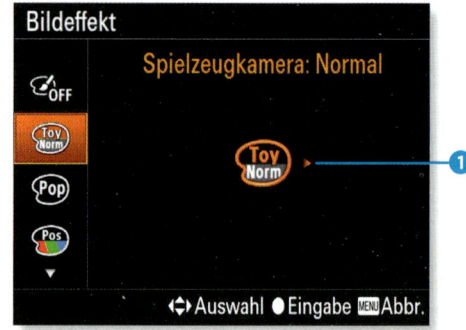

^ Abbildung 4.28
*Einige Bildeffekte, wie hier **Spielzeugkamera**, erlauben es Ihnen, eine Anpassung der Farben beziehungsweise der Stärke des Effekts vorzunehmen. Diese Möglichkeit wird durch den Pfeil neben dem Piktogramm ❶ verdeutlicht.*

Auswirkungen der Bildeffekte

Bedenken Sie, dass die Kamera bei Verwendung der Bildeffekte kein unbearbeitetes Bild speichert. Wenn Sie sich also für einen Effekt entschieden haben, diesen aber später doch nicht so gut finden, dann kommen Sie an die ursprüngliche Bildversion nicht mehr heran. Verwenden Sie die Effekte also mit Bedacht! Die Auswirkungen der Bildeffekte **HDR Gemälde**, **Sattes Monochrom**, **Miniatur**, **Weichzeichnung**, **Wasserfarbe** und **Illustration** können Sie im Sucher beziehungsweise auf dem Display nicht vorab überprüfen, da die Änderungen hier erst nach der Aufnahme vorgenommen werden.

Ihre RX100 IV bietet Ihnen eine Auswahl an Bildeffekten an, ohne dass dazu eine Bearbeitung am PC notwendig ist. Aus folgenden Effekten können Sie wählen:

❷ : Der Bildeffekt **Spielzeugkamera** gibt den Aufnahmeeffekt einer Spielzeugkamera wieder. Da diese meist über kein allzu gutes Objektiv verfügen, kommt es hier zu einer starken Randabschattung. Außerdem können die Farben in fünf unterschiedlichen Richtungen (**Kühl**, **Warm**, **Grün**, **Magenta**, **Normal**) verstärkt werden, um den Effekt weiter auszuprägen.

❸ : Der Effekt **Pop-Farbe** verstärkt die Farben insgesamt.

❹ , ❺ : **Posterisation** führt eine Tonwerttrennung durch. Hier wird nur noch eine Farbe dargestellt, während der Rest des Bildes schwarzweiß erscheint. Außerdem werden die Tonwerte reduziert. Es entstehen harte

Kontraste. Sie können zwischen einer Farb- (**Tontrennung: Farbe**) und einer Schwarzweißvariante (**Tontrennung: S/W**) wählen.

6 ⓡ: Der Bildeffekt **Retro-Foto** wandelt das Originalbild in ein Bild mit Farben um, die an ein Bild vergangener Zeiten aus dem Papierbildarchiv erinnern: Der Kontrast wird abgesenkt und eine Sepiatönung angewendet.

7 ⓢ: Der Bildeffekt **Soft High-Key** unterstützt Sie bei der Aufnahme von High-Key-Aufnahmen. High-Key-Aufnahmen werden meist gezielt mit wenig Kontrast aufgenommen. Das Motiv sowie Hinter- und Vordergrund bestehen dabei aus hellen Farbtönen. Die Aufnahme wird etwas knapper belichtet und die Gradationskurve angehoben, um in den hellen Bereichen feine Farbunterschiede hervorzubringen. Die Aufnahme soll so überbelichtet wirken, ohne dass Zeichnung in den hellen Bereichen verloren geht.

∧ **Abbildung 4.29**
Mit Hilfe der Bildeffekte können Sie schnell einen anderen Bildlook erzeugen: ❷ *Spielzeugkamera Normal,* ❸ *Pop-Farbe,* ❹ *Tontrennung: Farbe,* ❺ *Tontrennung: S/W,* ❻ *Retro-Foto und* ❼ *Soft High-Key.*

Kapitel 4 • Besser fotografieren mit den Belichtungsprogrammen

< ⌃ Abbildung 4.30
Im Vergleich: ❶ *Teilfarbe: Rot (PartR),* ❷ *Hochkontr.-Mono.,* ❸ *Weichzeich. (Mittel),* ❹ *HDR Gemälde (Mittel) Die Bildeffekte* ❺ *Sattes Monochrom,* ❻ *Miniatur (Auto),* ❼ *Wasserfarbe,* ❽ *Illustration (Mittel) im Vergleich*

❶ 🅿️🅿️🅿️🅿️: Der Bildeffekt **Teilfarbe** erlaubt die Schwarzweißwandlung der Bilder, wobei je nach Wahl Blau (**B**), Grün (**G**), Rot (**R**) oder Gelb (**Y**) als Farbe erhalten bleibt. Hiermit können Sie schön ein einzelnes Detail aus dem Umfeld hervorheben, zum Beispiel die roten Lippen in einem Porträt.

❷ 🅷🅲🅱🆆: Der Bildeffekt **Hochkontr.-Mono.** (HCBW) wandelt das Original in ein sehr kontrastreiches Schwarzweißbild.

❸ (Soft/Mid): Mit dem Bildeffekt **Weichzeichnung** erhalten Sie ähnliche Effekte wie mit dem Einsatz eines Weichzeichnungsfilters, den Sie vor ein Objektiv schrauben. Es stehen Ihnen drei unterschiedliche Stärken zur Verfügung: **Niedrig**, **Mittel** und **Hoch**.

❹ (Pntg/Mid): Mit dem Bildeffekt **HDR Gemälde** erhalten Sie ein HDR-Bild (siehe den Abschnitt »Tools für faszinierende HDR-Fotos« auf Seite 115) aus drei Einzelbildern mit einer verstärkten Farbsättigung. Die Verstärkung der Farben kann in drei Stufen verändert werden (**Niedrig**, **Mittel** und **Hoch**). Erkennt die Kamera ein Problem bei der Aufnahme, weil es zum Beispiel während der drei HDR-Aufnahmen zu einer Verwacklung kam, dann zeigt sie es mit einem Ausrufezeichen an.

❺ (Rich/BW): Der Bildeffekt **Sattes Monochrom** erstellt ebenfalls ein HDR-Bild aus drei Einzelbildern. In dem Beispielbild in Abbildung 4.30 sehen Sie eine Schwarzweißvariante.

❻ (Mini/Auto): Mit dem Bildeffekt **Miniatur** erzielen Sie einen Miniatureffekt. Hier wird nur ein Streifen des Motivs scharf dargestellt, das restliche Motiv verschwimmt in Unschärfe. Dadurch wird der Anschein einer Miniaturwelt erweckt. Während der Aufnahme können Sie den scharf darzustellenden Bereich anvisieren. Den gewünschten Ausschnitt können Sie verändern. Damit erreichen Sie, dass Objekte plötzlich wie Miniaturen wirken. Für eine gelungene Aufnahme sollte man von weiter oben in einem spitzen Winkel herabfotografieren. Das Motiv sollte dabei weiter entfernt sein. Mit den Optionen **Auto**, **Oben**, **Mitte (Horizontal)**, **Unten**, **Links**, **Mitte (Vertikal)** und **Rechts** stellen Sie ein, welcher Bereich des Bildes in der Schärfentiefe liegen soll.

❼ (WtrC): Der Bildeffekt **Wasserfarbe** verwandelt das Bild in eine Art Aquarellbild. Es werden Wischeffekte ähnlich denen beim Malen mit wasserlöslichen Farben simuliert.

❽ (Ilus/Mid): Der Bildeffekt **Illustration** macht aus dem Original eine Illustration. Hier werden Konturen verstärkt und eine Handzeichnung nachgeahmt. Drei unterschiedliche Stärken stehen hier zur Wahl: **Niedrig**, **Mittel** und **Hoch**.

Kapitel 5
Gekonnt blitzen mit der RX100 IV

Blitzen mit Bordmitteln 150

Die perfekte Blitzsteuerung in den Kreativprogrammen 152

Schwierige Blitzlichtsituationen meistern 154

Grenzenlose Freiheit: externe Blitze kabellos steuern 162

Blitzen mit Bordmitteln

Die RX100 IV besitzt ein eingebautes Blitzgerät, das Sie also praktischerweise immer dabei haben. Und in vielen Situationen kann dies durchaus hilfreich sein, denn die Blitzleistung reicht für einen Bereich von etwa zwei bis vier Metern vor der Kamera aus. So können Sie zum Beispiel auf Familienfeiern den Blitz problemlos im Dunkeln oder in Innenräumen verwenden. Auch bei Gegenlicht kann er wertvolle Dienste leisten. Voraussetzung ist, dass der Abstand zum Motiv nicht zu groß ist. Falsch eingesetzt, erzeugt er aber unter Umständen unschöne Schlagschatten, rote Augen oder völlig überstrahlte Motive. Hier kann auch die ausgeklügelte Technik der Kamera nicht immer entgegenwirken. Das folgende Kapitel soll Ihnen das nötige Wissen in Sachen Blitztechnik vermitteln. So gelingen Ihnen sicher zukünftig auch ausgewogene Blitzlichtaufnahmen.

< Abbildung 5.1
Der ausklappbare Blitz der RX100 IV
(Foto: Sony)

Der unschlagbare Vorteil des Blitzlichts gegenüber dem natürlich verfügbaren Licht ist, dass Sie es weitgehend dosieren und ausrichten (an der RX100 IV nach vorn und nach oben, wenn Sie es mit dem Finger festhalten) können, wie es in der jeweiligen Situation sinnvoll erscheint. Die Lichtfarbe von Blitzlicht ist ein neutrales Weiß (etwa 5500 bis 6500 Kelvin Farbtemperatur), was in etwa unserem Sonnenlicht entspricht.

Der wohl wichtigste Begriff in der Blitztechnik ist die *Leitzahl*. Mit der Leitzahl wird die Lichtleistung des Blitzgerätes angegeben. Sie können hieraus Rückschlüsse auf die mögliche Leuchtweite ziehen. Recht leicht merkt sich die Formel zur Berechnung der Leuchtweite:

$$\text{Leuchtweite} = \frac{\text{Leitzahl}}{\text{eingestellte Blende}}$$

Das interne Blitzgerät der RX100 IV hat eine Leitzahl von etwa 4 bei ISO 100. Höhere ISO-Werte erhöhen die Leitzahl, niedrigere verringern die Leitzahl.

Sollte das Motiv stark von der »mittleren Helligkeit« (18 % Grauwert) abweichen, gelten ebenfalls andere Leitzahlen.

< Abbildung 5.2
Der interne Blitz bietet sich vor allem an, wenn recht nahe Motive aufgehellt werden sollen. Seine Reichweite liegt bei etwa zwei bis vier Metern.

[70 mm | f4 | 1/125 s | ISO 125]

Da die Blitzhelligkeit mit dem Quadrat des Blitzabstands abnimmt, benötigt man für die vierfache Lichtmenge die doppelte Leitzahl.

ISO 100	ISO 200	ISO 400	ISO 800	ISO 1600
1×	1,4×	2×	2,8×	4×

< Tabelle 5.1
Faktoren zur Leitzahlbestimmung

Wie der Tabelle 5.1 zu entnehmen ist, erhöht eine Veränderung der ISO-Einstellung an der Kamera von ISO 100 auf ISO 200 die Leitzahl um den Faktor 1,4. Besitzt das Blitzgerät bei ISO 100 eine Leitzahl von 6, ergibt sich bei ISO 200 eine Leitzahl von 8,4 (6 × 1,4). Wenn Sie draußen fotografieren, herrscht aber meist ein gewisser Dunst, und es gibt andere Einflüsse, die sich auf die Reichweite auswirken. Regen und Schnee mindern sie zum Beispiel erheblich.

 Kein Blitzschuh an der RX100 IV

Mit der RX100 IV können Sie keine externen Blitzgeräte nutzen, da ein entsprechender Blitzschuh nicht vorhanden ist. Auch hat Sony nicht vorgesehen, dass man ein externes Blitzgerät kabellos über das interne Blitzgerät steuern kann. Blitzgeräte von bestimmten Fremdherstellern können Sie allerdings doch mit der RX100 IV verwenden. Mehr dazu im Abschnitt »Grenzenlose Freiheit: externe Blitze kabellos steuern« ab Seite 162.

Die perfekte Blitzsteuerung in den Kreativprogrammen

Auch im Blitzmodus stehen Ihnen mit den Kreativprogrammen (**P, A, S, M**) alle Möglichkeiten offen. Sie können hier die Blitzdosis fein variieren und mit dem vorhandenen Licht gezielt abstimmen.

Der Blitz der RX100 IV klappt nicht automatisch aus. Um ihn zu nutzen, ziehen Sie den Schalter mit dem Blitzsymbol ❶ nach rechts. Daraufhin klappt der Blitz aus und steht Ihnen zur Verfügung. Möchten Sie ohne Blitz fotografieren, drücken Sie ihn einfach wieder zurück ins Gehäuse, bis er dort einrastet. Während der Blitz aufgeladen wird, blinkt der Punkt des Symbols ⚡• auf dem Monitor beziehungsweise im Sucher. Rechnen Sie für das Laden des Blitzes mit etwa zwei bis drei Sekunden. Danach ist der Blitz wieder einsatzbereit, und der Punkt leuchtet permanent in der Farbe Orange.

◤ **Abbildung 5.3**
Der Schalter ❶ für das Ausklappen des internen Blitzgeräts der Sony RX100 IV (Foto: Sony)

Blitzen mit der Blendenpriorität für kreative Fotos

Die Blendenpriorität **A**, bei der Sie die Blende selbst wählen können und die Kamera die passende Zeit berechnet, kennen Sie bereits aus den vorhergehenden Kapiteln. Über die Verstellung der Blende nehmen Sie Einfluss auf die Schärfentiefe, also auf den Bereich, der scharf auf dem Bild erscheinen soll. Auch beim Einsatz eines Blitzes geht Ihnen diese Möglichkeit der Bildgestaltung nicht verloren.

[70 mm | f2,8 | 1/800 s | ISO 80]

[70 mm | f2,8 | 1/800 s | ISO 80]

Die Bilder der Abbildung 5.4 verdeutlichen, dass der Blitz selbst keine Auswirkungen auf die Schärfentiefe hat. Für dieses Beispiel wurde die Pflanze bei leichtem Gegenlicht jeweils mit und ohne Aufhellblitz der RX100 IV aufgenommen. Zwei Aufnahmen entstanden dabei mit Blende f11, also mit einer Blendenöffnung für eine recht große Schärfentiefe, und zwei weitere Aufnahmen mit Blende f2,8, also mit einer Blendenöffnung für eine geringe Schärfentiefe.

Mit Blende f2,8 ließ sich die Pflanze recht gut vom Hintergrund freistellen. Gut zu sehen ist auch die Wirkung des internen Blitzes auf die Pflanze im Vordergrund. Diese wird in den Schatten aufgehellt. Die Stärke der Aufhellung ist hier abhängig von der gewählten Blende. Bei einer großen Blendenöffnung fällt auch mehr von dem Blitzlicht auf den Sensor und die Aufhellung ist deshalb stärker als bei einer kleineren Blendenöffnung. Ihnen stehen also auch mit Blitzlicht nahezu alle Vorteile der Bildgestaltung des Programms **A** zur Verfügung, wenn Sie sich nicht zu weit vom Motiv entfernen.

In beiden Fällen wurde mit der Mehrfeldbelichtungsmessung **Multi** gearbeitet. Da hier die Entfernung des Motivs, auf das scharfgestellt wurde, mit höherer Priorität in die Belichtungsberechnung einfließt als der Hintergrund, regelt die Kamera den Blitz entsprechend herunter, sobald die Pflanze im Vordergrund richtig belichtet wurde. Der Hintergrund erscheint so mit Blitzeinsatz etwas dunkler.

‹ ⌄ **Abbildung 5.4**
Im Vergleich: Bild ❷ *wurde mit offener Blende und ohne Blitz fotografiert, Bild* ❸ *mit offener Blende und mit Blitz. Im Vergleich: Bild* ❹ *mit geschlossener Blende und ohne Blitz fotografiert, Bild* ❺ *bei geschlossener Blende und mit Blitz.*

Das Umgebungslicht einbeziehen

In der Zeitpriorität **S** und im manuellen Modus **M** legen Sie die Belichtungszeit selbst fest. Das gilt natürlich auch, wenn Sie mit dem Blitz arbeiten möchten. Wie stark dabei der Einfluss des Blitzes ist, hängt zum großen Teil von der Belichtungszeit ab. Ist die Belichtungszeit lang genug, um genügend Umgebungslicht mit einzufangen, dann dient der Blitz mehr oder weniger als Aufheller. Hierdurch wirken Ihre Bilder nicht mehr »plattgeblitzt«. Je kürzer aber die Belichtungszeit wird, umso stärker tritt das Licht des Blitzes in den Vordergrund.

∧ Abbildung 5.5
❶ Mit einer recht kurzen Belichtungszeit kommt hier das Licht fast ausschließlich vom Blitz. Sie erkennen dies an der kühlen Lichtfarbe. Es werden zudem harte Schlagschatten produziert.
❷ Bei längerer Belichtungszeit ändert sich die Situation. Das Raumlicht dominiert und das Motiv wird wärmer angestrahlt. Die Schlagschatten durch den Blitz werden weicher.
❸ Bei einer sehr langen Belichtungszeit hellt der Blitz die Szene nur noch recht schwach auf.

Schwierige Blitzlichtsituationen meistern

Ein Blitz kann Ihnen in vielen Motivsituationen eine nützliche Hilfe sein, um trotz schwieriger Aufnahmeverhältnisse ein besseres Ergebnis zu erhalten. Sie können mit Hilfe des Blitzes auch besondere Effekte erzielen. Im Folgenden finden Sie Situationen, in denen der Blitz oft eine wichtige Rolle spielt.

Schatten aufhellen und Schlagschatten mindern

Die Elektronik der Kamera ist bemüht, die Gesamtsituation perfekt abzustimmen und den Gegenlichteffekt bestmöglich beizubehalten. Die RX100 IV untersucht das Umfeld und berechnet eine Belichtung, die ein bis zwei Stufen unterbelichtet ausfallen kann. Dies ist notwendig, um eine Überbelichtung des Hauptmotivs und des Hintergrunds zu vermeiden. Da in hellerer Umgebung die Blende weiter geschlossen werden muss, ist die Blitzreichweite zum Aufhellen geringer als in dunkler Umgebung.

Den sogenannten *Slow-Sync-Modus* aktivieren Sie, indem Sie die **MENU**-Taste drücken und ins Menü 🗅 3 wechseln. Dort wählen Sie **Blitzmodus,** um in das Blitzmodus-Menü zu gelangen. Hier wählen Sie die Option **SLOW** (Langzeitsync.).

Im Vollautomatikmodus wählt die RX100 IV immer eine Belichtungszeit, mit der verwacklungsfreie Aufnahmen aus der freien Hand möglich sind. Im Slow-Sync-Modus **SLOW** hingegen wird die Belichtungszeit verlängert, was eventuell den Einsatz eines Stativs notwendig macht. Der Vorteil ist hier aber, dass auch das Umgebungslicht mit auf die Aufnahme gelangt. Man denke hier nur an Aufnahmen in der Dämmerung. Der Vordergrund wird durch die Vollautomatik korrekt belichtet, der Hintergrund jedoch ist meist nur noch schwarz. Hier können Sie mit den Kreativprogrammen und dem Slow-Sync-Modus sowohl den Vorder- als auch den Hintergrund richtig belichten und für ein überzeugendes Bildergebnis sorgen.

▲ Abbildung 5.6
Links wurde das Motiv im Aufhellblitz-Modus aufgenommen. Die Hauptlichtquelle war hierbei der interne Blitz. Ein unschöner Schatten war die Folge. Rechts die gleiche Situation, nun aber mit Blitzlicht und gewählter Option **SLOW** im Blendenprioritätsmodus **A**. Die Belichtungszeit wird so weit verlängert, dass auch das Umgebungslicht das Motiv ausleuchtet. Der Schatten fällt nun heller und weicher aus.

Nicht einsetzen können Sie den Slow-Sync-Modus **SLOW** in den Vollautomatikmodi und in den Szenenwahlprogrammen.

Die zweite Möglichkeit ist die Nutzung eines oder mehrerer entfesselter Blitze, welche durch den internen Blitz der RX100 IV ausgelöst werden. Hiermit lassen sich komplexe Beleuchtungen aufbauen. Auf diesen Aspekt wird im Abschnitt »Grenzenlose Freiheit: externe Blitze kabellos steuern« ab Seite 162 noch genauer eingegangen.

[50 mm | f4,5 | 1/125 s | ISO 125]

Schöne Spitzlichter in Porträts setzen

Blitzlicht erzeugt auch sehr schön anzusehende Spitzlichter in den Augen. Der Blick des Porträtierten wirkt dadurch lebendiger. Schalten Sie dazu ruhig auch bei ausreichend vorhandenem Licht den Blitz ein. Jetzt kommt es noch auf die richtige Dosis der Blitzleistung an, um zum Beispiel Überstrahlungen zu vermeiden. Eine entsprechende Anpassung können Sie mit der Blitzbelichtungskorrektur (siehe den Abschnitt »Richtig belichten mit der Blitzbelichtungskorrektur« auf Seite 157) vornehmen.

^ Abbildung 5.7
Der Vorteil von Blitzlicht: schöne Spitzlichter in den Augen

Gekonnt Bewegungsschleier erzeugen

Wenn Sie ein bewegtes Motiv mit Bewegungsspuren versehen wollen, ist es wichtig, dass diese hinter dem bewegten Objekt und nicht davor liegen. Dies erreichen Sie mit der Synchronisation auf den zweiten Verschlussvorhang.

Bei der normalen Synchronisation (auf den 1. Vorhang) wird der Blitz gleich am Anfang gezündet, also sobald der Verschluss komplett geöffnet ist. Dadurch bewegt sich das Motiv anschließend weiter und erzeugt die Bewegungsspuren in Fahrtrichtung, also scheinbar nach vorn. Das wirkt auf dem Foto dann so, als würde sich das Objekt rückwärts bewegen. Beim Blitzen auf den 2. Vorhang hingegen wird der Blitz erst am Ende der Belichtungszeit gezündet, das heißt, das Bild wird erst am Ende der Bewegung mit dem Blitz eingefroren, so dass die Bewegungsspuren nun hinter dem Motiv zu sehen sind. Dadurch ergeben sich natürlicher wirkende Abbildungen. Um diese Funktion zu aktivieren, schalten Sie im Menü 📷 3 den **Blitzmodus** auf **Sync 2. Vorh.** Auf dem Display beziehungsweise im Sucher erscheint nun **REAR**.

v Abbildung 5.8
*Im Menü **Blitzmodus** kann über die Option **Sync 2. Vorh.** die Synchronisierung auf den zweiten Vorhang gewählt werden.*

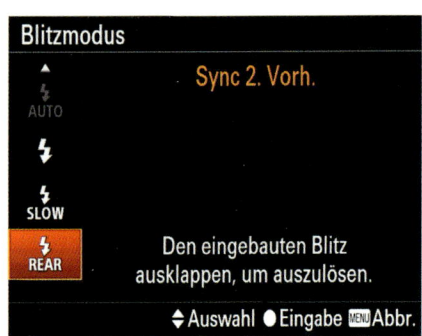

Problematisch bei längeren Belichtungszeiten ist es, dass man zum Beispiel bei sich bewegenden Personen schwer abschätzen kann, wo sie sich bei Auslösung des Blitzes befinden. Auch wenn Sie eine bestimmte Mimik oder Gestik festhalten möchten, sollten Sie an die Zeitverzögerung denken. Um überhaupt die benötigte lange Belichtungszeit zu erhalten, benutzen Sie am besten die Zeitpriorität **S** oder den manuellen Modus **M** und stellen Sie mindestens 1/30 s ein.

^ Abbildung 5.9
*Links: Option **Aufhellblitz**. Sofort nach dem Auslösen zündet der Blitz. Die Bewegungsspuren liegen auf der falschen Seite. Rechts: Option **Blitzen auf den zweiten Vorhang**. Hier wirken die Bewegungsschleier wesentlich natürlicher. Die Bewegungsrichtung des Fahrzeugs ist so richtig zu erkennen. Der Blitz zündet erst kurz vor dem Schließen des Verschlusses.*

Richtig belichten mit der Blitzbelichtungskorrektur

Sind im Bild sehr helle oder dunkle Motive vorhanden, kann eine Blitzbelichtungskorrektur notwendig werden. Das gilt ebenso für Motive, die sich sehr dicht vor dem Blitzgerät befinden. Die RX100 IV erlaubt die Einstellung der Belichtungskorrektur im Bereich von −3 EV bis +3 EV. Die Einstellungsmöglichkeit hierzu finden Sie, außer in den vollautomatischen Modi oder den Szenenwahlprogrammen, nach Drücken der **MENU**-Taste im Menü 📷 3, unter **Blitzkompens.**

Mit den Tasten ◄ und ► des Einstellrads können Sie nun die entsprechende Korrektur einstellen. Nach dem Drücken des Auslösers wird der Wert gespeichert. Mit einer Minuskorrektur wird die Blitzleistung verringert, mit der Pluskorrektur entsprechend erhöht. Durch die Blitzbelichtungskorrektur wird nur die Belichtung des Vordergrunds beeinflusst. Sie können so unter anderem die Belichtung des Vorder- und Hintergrunds aufeinander abstimmen. Soll die Belichtung des Hintergrunds ebenfalls verändert werden, stellen Sie an der Kamera die gewöhnliche Belichtungskorrektur für das Umgebungslicht ein.

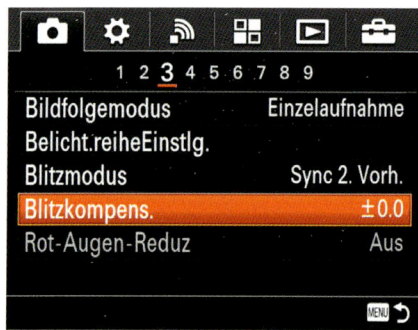
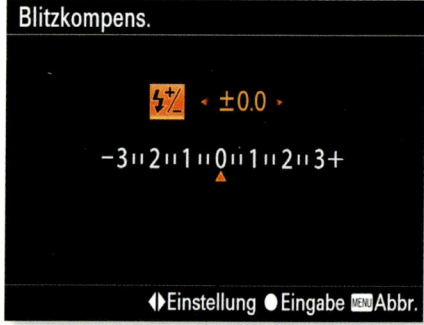

Abbildung 5.10 >
Mit der Option **Blitzkompens.** können Sie die Stärke des Blitzes in gewissen Grenzen variieren.

∧ Abbildung 5.11
Hier ist gut zu erkennen, wie mit der Blitzbelichtungskorrektur die Helligkeitsabstimmung zwischen Vorder- und Hintergrund verändert werden kann. Eine negative Korrektur des Blitzlichts lässt den Vordergrund dunkler erscheinen (links), während eine positive Korrektur zur stärkeren Aufhellung des Vordergrundes beiträgt (Mitte). Steht die Blitzbelichtungskorrektur auf null, wirken Vorder- und Hintergrund nahezu gleich hell (rechts).

Rote Augen beim Blitzen verhindern

Es kann vorkommen, dass bei Blitzlichtaufnahmen von Personen der Rote-Augen-Effekt auftritt. Dabei erscheinen die Pupillen mehr oder weniger rot. Dieser Effekt entsteht, wenn Blitzlicht und Objektiv nahezu in einer Achse liegen (wie das bei einem eingebauten Blitzlicht der Fall ist). Der Blitz trifft dabei direkt durch die im Dunkeln weit geöffneten Pupillen auf die Netzhaut. Diese reflektiert den Blitz in der Farbe Rot, was sich unangenehm auf den Abbildungen widerspiegelt. Auch bei Tieren tritt der Effekt auf. Sie besitzen meist aber eine andersfarbige Netzhaut. Bei Katzen zum Beispiel leuchten die Augen sehr hell, da die Netzhaut das Blitzlicht stark reflektiert.

Was kann man nun gegen diesen Effekt unternehmen? Zunächst sollte die zu fotografierende Person nicht direkt in die Kamera (und damit in den Blitz) schauen. Damit sich die Pupillen schließen und die Gefahr der Reflexion verringert wird, ist es ratsam, die Person zunächst in eine Lichtquelle schauen zu lassen.

Zusätzlich bietet die RX100 IV eine Funktion, um den Rote-Augen-Effekt zu reduzieren. Dazu schalten Sie im Menü ◻ 3 die Blitzfunktion **Rot-Augen-Reduz** ein. Vor dem eigentlichen Hauptblitz werden dann zunächst mehrere kurze Vorblitze gezündet, um die Pupillen zu animieren, sich möglichst weit zu schließen. Das Problem bei spontanen Schnappschüssen ist in diesem Fall, dass die Personen vorher »gewarnt« werden und entsprechend die Mimik und Gestik verändern. Blitzt dann der Hauptblitz, hat sich die Atmosphäre verändert und das Ergebnis entspricht nicht unbedingt Ihren Wünschen. Schalten Sie die Funktion in solchen Fällen besser ab, und entfernen Sie eventuell auftretende rote Augen später am PC. Das klappt in den meisten Fällen recht gut.

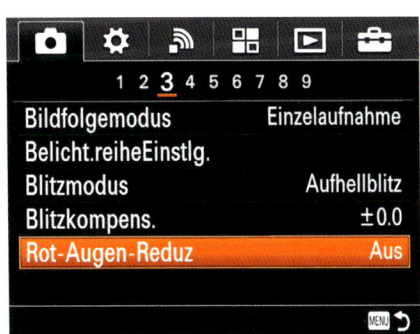 

< **Abbildung 5.12**
Ist *Rot-Augen-Reduz* aktiviert, wird eine Serie von Blitzen vor der eigentlichen Aufnahme abgegeben, um die Pupillen der Augen des Porträtierten zu schließen und so rote Augen zu reduzieren.

Sehr kurze Belichtungszeiten mit dem Blitz

Ihre RX100 IV kann Belichtungszeiten bis 1/2000 s mit dem Verschluss bei voller Blitzleistung synchronisieren. Möglich wird dies dadurch, dass in der RX100 IV kein Schlitzverschluss, sondern ein Zentralverschluss verbaut wird. Zum Beispiel ist es so selbst bei Tageslicht möglich, sich sehr schnell bewegende Objekte mit einer sehr kurzen Belichtungszeit und einer offenen Blende aufzunehmen. Belichtungszeiten bis zu 1/32 000 s sind nur ohne Blitzeinsatz möglich.

Blitzen bei Gegenlicht

Solange das Sonnen- oder ein Kunstlicht von vorn auf das Motiv fällt, werden Sie keine Probleme beim Fotografieren haben. Schwieriger hingegen wird es, wenn sich die Lichtverhältnisse ändern und Sie gegen die Sonne, den Himmel beziehungsweise die künstliche Lichtquelle fotografieren müssen. Die Kontraste sind dann meist sehr hoch und überfordern in vielen Fällen die Kameraautomatik der RX100 IV.

Fotografieren Sie, wie im Bildbeispiel in der Abbildung 5.13, eine Blume gegen den Himmel oder auch gegen die Sonne, dann erhalten Sie in den meisten Fällen ein Ergebnis wie im ersten Bild. Die Kamera versucht die Gesamtsituation so gut wie möglich aufzunehmen und belichtet auf einen »Durchschnittswert«. So wird die Blüte grau dargestellt. Verwenden Sie die Spotmessung, um die Blüte richtig zu belichten, dann kommt es zu einer starken Überbelichtung der übrigen Motivbestandteile, wie dem Himmel und der Blätter. Das hängt wieder damit zusammen, dass die Helligkeitsunterschiede im Bild zu groß für den Sensor der RX100 IV sind. Die bessere Herangehensweise in diesem Fall ist es, mittels einer weiteren Lichtquelle den Helligkeitsunterschied zu mindern. Und hier kommt der interne Blitz wie gerufen.

˅ **Abbildung 5.13**
Gegenlichtaufnahme ohne Blitz (links), mit Blitz (rechts)

Im Dunkeln ohne Stativ unterwegs

Wenn Sie bei wenig Licht ohne Stativ blitzen müssen und trotzdem möglichst viel Umgebungslicht mit auf die Aufnahme bekommen wollen, dann ist dies natürlich auch möglich, allerdings mit Einschränkungen. Einerseits muss die

Belichtungszeit relativ lang sein, damit möglichst viel Licht auf den Sensor gelangen kann. Andererseits muss die Belichtungszeit so kurz sein, dass es nicht zu Verwacklungen kommt.

Dieses Problem bewältigen Sie am besten mit den Programmen **S** oder **M**. Hierbei stellen Sie die Belichtungszeit so ein, dass Sie mit eingeschaltetem **SteadyShot** Verwacklungen noch gerade so ausschließen können. Stellen Sie den ISO-Wert auf bis zu **ISO 1600** ein. Im Programm **M** öffnen Sie die Blende möglichst weit, um viel Licht auf den Sensor zu bekommen. Sie erreichen so, dass der Blitz die im Vordergrund befindlichen Objekte vernünftig aufhellt, ohne aber gegenüber dem Umgebungslicht zu stark hervorzutreten.

[50 mm | f4 | 1/15 s | ISO 1600]

△ **Abbildung 5.14**
*Im Modus **M** wurde die Belichtungszeit so eingestellt, dass die Kamera gerade noch verwacklungsfrei gehalten werden kann. Dann wurde die Blende weit geöffnet. Der Hintergrund konnte so hell genug dargestellt werden.*

Gegenlichtaufnahmen meistern
SCHRITT FÜR SCHRITT

1 Programm wählen
Wählen Sie eines der Kreativprogramme (**P**, **A**, **S** oder **M**) am Moduswahlknopf. Alternativ können Sie mit dem Programm **Überlegene Automatik** Versuche unternehmen. Die Automatik sollte die Gegenlichtsituation erkennen und die notwendigen Einstellungen automatisch einstellen.

2 Belichtungsmessung einstellen
Drücken Sie die **MENU**-Taste und wechseln Sie ins Menü 5. Hier wählen Sie unter **Messmodus** die Mehrfeldmessung **Multi** aus.

3 Blitz aktivieren
Betätigen Sie den Schalter ⚡, um den Blitz ausklappen zu lassen. Wechseln Sie ins Menü 3 zum **Blitzmodus** und wählen Sie **Aufhellblitz**. Verwenden Sie, wenn notwendig, wie im Abschnitt »Richtig belichten mit der Blitzbelichtungskorrektur« auf Seite 157 beschrieben, die Blitzbelichtungskorrektur, um die Helligkeit zwischen Vorder- und Hintergrund Ihren Wünschen entsprechend anzupassen.

Grenzenlose Freiheit: externe Blitze kabellos steuern

▲ Abbildung 5.15
Spezielle Blitze, wie der Mecablitz 28 CS-2 digital von Metz, lassen sich auch von der RX100 IV fernsteuern (Foto: Metz).

Drahtlos zu blitzen (man sagt dazu auch »entfesselt blitzen«) bedeutet, dass das externe Blitzgerät nicht an der Kamera (über einen Blitzschuh), sondern getrennt von ihr und dabei ohne Verkabelung arbeitet. Gesteuert wird der externe Blitz dabei über den eingebauten Blitz. Dieser sendet entsprechende Signale für Start und Lichtmenge an den oder auch die externen Blitze. Wenn Sie mit Ihrer RX100 IV drahtlos blitzen möchten, müssen Sie auf Systemblitze von Fremdherstellern zurückgreifen. Um mit Systemblitzen von Sony drahtlos blitzen zu können, benötigt die Kamera nämlich einen speziellen Modus, den WL-Modus. Über diesen verfügt die RX100 IV jedoch nicht. Als Fremdherstellerblitz bietet sich zum Beispiel der Yongnuo Speedlite YN560-II an. Wichtig ist, dass der gewählte Blitz den sogenannten *S2-Modus* unterstützt. Hier ignoriert der externe Blitz die von der RX100 IV ausgesendeten Messblitze. Diese würden sonst zum Auslösen des externen Blitzes führen, allerdings zu früh. Im S2-Modus löst der externe Blitz erst aus, wenn der Hauptblitz gezündet wurde.

Eine zweite Möglichkeit sind selbstlernende Blitze. Ein Beispiel für einen selbstlernenden Blitz ist der Metz Mecablitz 28 CS-2 digital. Diesen müssen Sie nur einmalig im EASY-Modus des Blitzgeräts an die RX100 IV anlernen. Auf diese Weise kann das Blitzgerät die Vorblitze vom Hauptblitz unterscheiden, und es zündet dann nicht zu früh. Am besten funktioniert das drahtlose Blitzen in dunkler Umgebung. Es sollten möglichst auch keine weiteren Fotografen mit Blitzgeräten in der Nähe sein. Denn auch diese würden ja den externen Blitz auslösen. Nachfolgend wird das Steuern eines externen Blitzes am Beispiel des Yongnuo Speedlite YN560-II Systemblitz erklärt.

◂ Abbildung 5.16
Das interne Blitzgerät der RX100 IV kann nur dann ein externes Blitzgerät auslösen, wenn dieses über den S2-Modus verfügt.

Mit einem externen Blitzgerät fotografieren
SCHRITT FÜR SCHRITT

1 Die RX100 IV vorbereiten
Entriegeln Sie den internen Blitz mit dem Schalter ⚡. Wählen Sie am Moduswahlknopf eines der Kreativprogramme (**P, A, S** oder **M**). Wechseln Sie anschließend ins Menü 📷 3 zur Funktion **Blitzmodus**. Hier wählen Sie die Option **Aufhellblitz**.

2 Externen Blitz vorbereiten
Schalten Sie den externen Blitz ein und wählen Sie den Modus **S2**. Positionieren Sie ihn entsprechend Ihren Wünschen. Als Blitzleistung stellen Sie zunächst **1/1**, also die volle Blitzleistung, ein.

3 Verbindung prüfen
Prüfen Sie die Verbindung beider Geräte, indem Sie eine Testaufnahme machen. Löst das externe Blitzgerät nicht aus, ist zu prüfen, ob Kamera und Blitz zu weit voneinander entfernt sind und ob der Signalempfänger ❶ des Blitzes zur Kamera zeigt.

4 Lichtverhältnisse abstimmen
Wenn das Blitzgerät der RX100 IV und das externe Blitzgerät Licht für die Aufnahme liefern, können Sie die Feinabstimmung vornehmen. Dazu reduzieren oder erhöhen Sie an der RX100 IV beziehungsweise am externen Blitzgerät die Blitzleistung. An der RX100 IV navigieren Sie dazu ins Menü 📷 3 zur Option **Blitzkompens.** und korrigieren den Wert entsprechend. Für eine optimale Einstellung werden sicher einige Probeaufnahmen notwendig sein. Allerdings lohnt sich die Mühe, und Sie erhalten gut ausgeleuchtete Aufnahmen, die mit dem internen Blitz der RX100 IV allein nicht möglich wären.

⌄ Abbildung 5.17
Oben wurde die Pflanze mit dem internen Blitz aufgenommen, was Schlagschatten erzeugt. Unten steuerte der interne Blitz ein externes Blitzgerät. Die Schlagschatten verschwinden, und die Lichtgestaltung wirkt insgesamt ausgeglichener.

Kapitel 6
Korrekte Farben erzielen

Richtiges Weiß und perfekte Farben in jeder Situation 166

Farbstiche vermeiden 174

Mit den Farbkreativmodi die Bildausgabe anpassen 178

Farbraumeinstellungen richtig wählen 183

Richtiges Weiß und perfekte Farben in jeder Situation

In den meisten Fällen werden Sie eine Aufnahme nur dann als gelungen empfinden, wenn die Farben so abgebildet werden, wie Sie sie am Aufnahmeort vorgefunden haben. Eine nachträgliche Korrektur ist häufig nur noch bedingt oder mit viel Arbeit in der Bildbearbeitung möglich. Ein korrekter Weißabgleich ist hier ein wichtiger Schlüssel, um falsche Farben zu vermeiden. In diesem Kapitel erfahren Sie, welche Möglichkeiten es gibt, mit dem richtigen Weißabgleich gleich von Anfang an die richtigen Farben zu erhalten. Ihre RX100 IV hält hierfür elf Weißabgleich-Modi bereit. Ist das Ziel der korrekten Farben erreicht, können Sie bei Bedarf die Farbgestaltung weiter gezielt beeinflussen. Zu diesem Zweck bietet die Kamera 13 Kreativmodi beziehungsweise Bildstile, mit denen Sie zum Beispiel die Farben eines aufgenommenen Sonnenuntergangs betonen und so die Szene noch interessanter und farbintensiver erscheinen lassen.

Unterschiedliche Lichtsituationen werden mit verschiedenen Farbtemperaturen beschrieben. Eine Glühlampe mit 40 Watt Leistung strahlt zum Beispiel mit einer Farbtemperatur von etwa 2600 Kelvin (K), während es bei der Abendsonne etwa 5000 K sind. Diese unterschiedlichen Farbtemperaturen haben zur Folge, dass eine weiße Fläche jeweils unterschiedlich wirkt. Während der Mensch völlig unbewusst einen Weißabgleich durchführt, müssen Sie der Digitalkamera einen Referenzwert geben, damit sie die Farben korrekt abbilden kann und keinen Farbstich aufzeichnet.

Abbildung 6.1 >
Tageslichtszene bei leichter Bewölkung

Entgegen unserer üblichen Anschauung haben wärmere Lichtfarben eine niedrigere Farbtemperatur als kältere Lichtfarben. Das hat damit zu tun, dass unser Farbspektrum aus dem Spektrum eines »schwarzen Körpers« hergeleitet wurde. Wird ein Stück Eisen erhitzt, glüht es zunächst rot. Erhöht man die Hitze weiter, wird die Farbe immer heller: Orange, Gelb, Violett und zum Schluss bis ins Blaue hinein. Je höher also die Temperatur, desto bläulicher und damit kälter die Farbe. In der Tabelle 6.1 sehen Sie verschiedene Farbtemperaturen im Vergleich.

[70 mm | f4 | 1/1500 s | ISO 400]

∧ **Abbildung 6.2**
Die untergehende Sonne verwandelte die ansonsten vielleicht nicht so spektakuläre Szene in ein schönes Farbszenario.

Lichtquelle	Farbtemperatur (K)
Blauer Himmel im Schatten	9000–12 000
Nebel	8000
Bedeckter Himmel	6500–7500
Elektronenblitzgerät	5500–5600
Mittagssonne	5500–5800
Morgen- und Abendsonne	5000
Xenonlampe/-lichtbogen	4500–5000
Leuchtstofflampe (neutral)	4400–4800
Mondlicht	4100
Sonnenuntergangssonne	3500
Halogenlampe	3200
Glühlampe 200 W	3000
Glühlampe 40 W	2680
Kerze	1500
Rote Glut	500

∧ **Tabelle 6.1**
Unterschiedliche Farbtemperaturen im Vergleich

Mit Hilfe des Weißabgleichs können Sie sicherstellen, dass die vorhandene Lichtstimmung korrekt abgebildet wird und keine Farbstiche entstehen. Der Weißabgleich ist in der Digitalfotografie also unabdingbar, besonders wenn Sie ausschließlich im **JPEG**-Modus fotografieren. Fotografien Sie im **RAW**-Modus, können Sie den Weißabgleich völlig problemlos auch später im RAW-Konverter anpassen. Da es jedoch bei größeren Änderungen der Lichttemperatur in der Bildbearbeitung zu einer ungewollten Zunahme des Farbrauschens kommen kann, sollten Sie auch im **RAW**-Modus darauf achten, dass der Weißabgleich zumindest annähernd korrekt ist. Um die RX100 IV auf die jeweilige Lichtsituation einzustellen, gibt es mehrere Möglichkeiten.

Der vollautomatische Weißabgleich

Standardmäßig führt die RX100 IV einen automatischen Weißabgleich (*AWB = Automatic White Balance*) durch. Hierbei sucht die Kamera nach der hellsten Stelle im Motiv. Sie geht davon aus, dass die hellste Stelle auch wirklich weiß ist. In den meisten alltäglichen Situationen funktioniert diese Art des Abgleichs sehr gut. Ist die hellste Stelle jedoch nicht weiß, kommt es zu einem Farbstich im Bild. Hier hilft dann nur der manuelle Weißabgleich mit Hilfe der Weißabgleichmodi oder der Eingabe eines Kelvin-Wertes.

Weißabgleich wählen
SCHRITT FÜR SCHRITT

1 Menü aufrufen
Drücken Sie die **MENU**-Taste und wechseln Sie ins Menü 📷 5. Hier finden Sie die Option **Weißabgleich**, die Sie mit der Taste ▼ des Einstellrads auswählen. Nach Drücken der Mitteltaste des Einstellrads stehen Ihnen hier unterschiedliche Weißabgleich-Modi zur Verfügung.

2 Weißabgleich einstellen
Wählen Sie den gewünschten Weißabgleich-Modus aus und bestätigen Sie die Auswahl mit der Mitteltaste des Einstellrads. Der gewählte Weißabgleich wird nun für die nächsten Aufnahmen verwendet.

3 Farbtemperatur einstellen

Wollen Sie die Option **Farbtmp./Filter** nutzen und einen Kelvin-Wert selbst bestimmen, wählen Sie mit Hilfe des Einstellrads die Funktion **Farbtemperatur** aus. Scrollen Sie mit der Taste ▼ des Einstellrads nach unten, bis Sie zum Bereich **Farbtmp./Filter** gelangt sind. Mit der Taste ▶ des Einstellrads gelangen Sie zu **Farbtemperatur**. Mit den Tasten ▲ und ▼ des Einstellrads passen Sie den Kelvin-Wert für die Farbtemperatur Ihren Wünschen entsprechend anpassen.

4 Verschiebung in den Magenta-/Grünbereich

Drücken Sie noch einmal die Taste ▶ des Einstellrads, so gelangen Sie zu **Farbtmp./Filter**. Hier können Sie nun mit den Tasten ◀, ▲, ▼ und ▶ des Einstellrads eine Farbverschiebung in den Magenta- und Grüntönen vornehmen.

5 Foto aufnehmen

Nach dem Drücken der Mitteltaste des Einstellrads sind die Werte gespeichert. Der gewählte Weißabgleich wird nun für die folgenden Aufnahmen verwendet.

[28 mm | f2,5 | 1/250 s | ISO 1600]

[28 mm | f2,5 | 1/250 s | ISO 1600]

˄ Abbildung 6.3
Oben: Die Einstellung Tageslicht führte zu einem falschen Weißabgleich, die Farben sind zu warm. Unten: Zum Vergleich der korrekte Weißabgleich, den die Kamera hier selbstständig im AWB-Modus richtig gewählt hatte.

Der Sensor der RX100 IV ist auf Tageslicht (um die 5500 Kelvin) abgestimmt. Hier funktioniert der Weißabgleich in den meisten Fällen hervorragend. Verwenden Sie deshalb bei Tageslicht ruhig den automatischen Weißabgleich (**AWB**). Auch Aufnahmen in der Sonnendämmerung meistert die RX100 IV im **AWB**-Modus ebenso gut wie Innenaufnahmen mit Kunstlicht. In einigen Fällen, zum Beispiel bei Mischlicht, ist der automatische Weißabgleich allerdings überfordert. Hierfür hat die RX100 IV zwei Helfer an Bord: zum einen den halbautomatischen und zum anderen den manuellen Weißabgleich.

Abbildung 6.4 >
Auch in Innenräumen können Sie den automatischen Weißabgleich verwenden. Die RX100 IV passt die Farbtemperatur den Kunstlichtlampen an.

Der halbautomatische Weißabgleich

Die RX100 IV bietet elf einstellbare Beleuchtungsarten (Tageslicht, Schatten, Bewölkt, Glühlampe, Leuchtstofflampe warmweiß, Leuchtstofflampe kaltweiß, Leuchtstofflampe Tageslicht-weiß und Leuchtstofflampe Tageslicht, Blitz und Farbtemperatur/Filter) plus zwei individuell belegbare Modi zur Auswahl.

Diese Farbtemperaturprofile stellen natürlich nur Annäherungen an die jeweilige Farbtemperatur dar. Sollten Sie auch mit diesen Profilen nicht das gewünschte Ergebnis erzielen, ist ein manueller Weißabgleich nötig. Die Vorgehensweise hierbei wird ab Seite 172 im Abschnitt »Die Farbtemperatur manuell bestimmen« erklärt. In einigen Fällen kann es auch sinnvoll sein, den

Richtiges Weiß und perfekte Farben in jeder Situation

Weißabgleich absichtlich falsch einzustellen, zum Beispiel kann man in einer Kerzenlichtsituation die Einstellung auf Tageslicht ändern, um die Lichtsituation noch wärmer abzustimmen.

Symbol	Beleuchtungsart	Farbtemperatur (in K)	Einsatzbereich
☀	Tageslicht	ca. 5500	im Freien bei mehr oder weniger starker Sonnenlichteinstrahlung und leichter Bewölkung
🏠	Schatten	ca. 7000	im Freien, im Bereich von Schatten bei starker Sonnenlichteinstrahlung
☁	Bewölkt	ca. 6200	im Freien bei starker Bewölkung und Nebel
💡	Glühlampe	ca. 2800	bei künstlicher Beleuchtung, zum Beispiel Glüh- oder Halogenlampen
※-1 ※0 ※+1 ※+2	Leuchtstofflampe warmweiß, kaltweiß, Tageslicht-weiß und Tageslicht	ca. 3000–6500	bei künstlicher Beleuchtung, zum Beispiel Leuchtstofflampen
WB⚡	Blitz	ca. 6500	wenn Sie dominierendes Blitzlicht einsetzen
K⊘	Farbtemperatur/Filter	wird manuell gewählt	manuelle Weißabgleichanpassung

∧ **Tabelle 6.2**
Weißabgleichprofile im Vergleich

∧ **Abbildung 6.5**
Vergleich unterschiedlicher Farbtemperaturprofile: ❶ *Tageslicht,* ❷ *Bewölkt,* ❸ *Schatten.*

171

Die Farbtemperatur manuell bestimmen

Zusätzlich lassen sich über den Menüpunkt **Farbtemperatur** (Menü 🖻 5 • **Weißabgleich**) die Kelvin-Werte zwischen 2500 und 9900 K in 100-K-Schritten direkt einstellen. Hierfür ist zusätzlich ein *Colormeter* (Farbtemperaturmesser) notwendig, um die richtige Farbtemperatur ermitteln zu können. Für Studioleuchten wird die Farbtemperatur jeweils angegeben. Sie kann hier direkt eingestellt werden.

Über die Eingabe der **Farbtemperatur**, also der Kelvin-Werte, werden Verschiebungen der Rot-Blau-Kurve vorgenommen. Zusätzlich besteht die Möglichkeit, Verschiebungen in Richtung Magenta und Grün vorzunehmen. Hierzu ist der Menüpunkt **Farbtmp./Filter** vorgesehen. Der Bereich des Farb-Koordinatensystems erstreckt sich hier von **M7** (Magenta) bis **G7** in Richtung Grün.

Wenn es darauf ankommt, sehr genau in Bezug auf die Farbtemperatur zu arbeiten, oder wenn Sie einfach experimentieren möchten, kann der gemessene Weißabgleich für die weitere Verwendung gespeichert werden. Dazu messen Sie mit der Kamera ein Objekt an, das Sie als weiß definieren. Sinnvoll ist es, hierfür ein weißes Blatt Papier oder eine Graukarte zu verwenden. Denken Sie daran, den Weißabgleich nach den Fotoarbeiten mit dem manuellen Weißabgleich wieder auf **AWB** zurückzustellen. Ansonsten fotografieren Sie weiter mit den manuellen Einstellungen, auch wenn sich die Lichtsituation geändert hat. Das führt dann zu sicher ungewollten Ergebnissen.

▲ Abbildung 6.6
*Im Menüpunkt **Farbtemperatur** kann die Farbtemperatur manuell eingestellt werden. Sinnvoll ist das zum Beispiel, wenn die Farbtemperatur der Hauptbeleuchtung bekannt ist oder Sie die Farbtemperatur zuvor gemessen haben.*

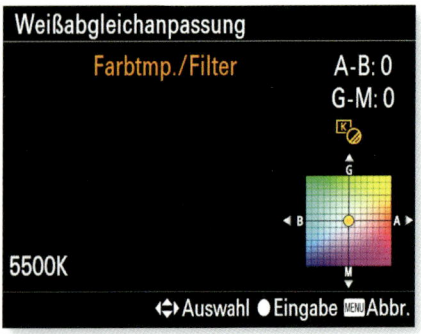

▲ Abbildung 6.7
*Zusätzlich zur Farbtemperatur können über **Farbtmp./Filter** noch Farbverschiebungen vorgenommen werden.*

✅ Blitz bei Weißabgleich

Ist der eingebaute (ausgeklappte) Blitz während des Weißabgleichs ausgeklappt und aktiviert, wird der Weißabgleich mit Blitzlicht durchgeführt. Dies ist natürlich nur sinnvoll, wenn Sie danach auch mit einem Blitz fotografieren möchten, da es sonst ebenfalls zu Farbverschiebungen kommen kann.

Farbtemperatur messen und speichern
SCHRITT FÜR SCHRITT

1 Menü aufrufen
Drücken Sie die **MENU**-Taste und navigieren Sie zu Menü 📷 5.

2 Option wählen
Dort wählen Sie die Option **Weißabgleich** und drücken dann die Mitteltaste des Einstellrads.

3 Benutzer-Setup
Nun wählen Sie mit der Taste ▼ des Einstellrads den Menüpunkt **Benutzer-Setup** aus.

4 Stelle für den Weißabgleich wählen
Nach dem Drücken der Mitteltaste des Einstellrads erscheint die folgende Meldung: ●-Taste drücken, um Daten des mittleren Bildschirmbereichs zu erfassen. Wählen Sie nun mit dem Spotmessfeld (Kreis in der Mitte) die für den Weißabgleich relevante Stelle und drücken die Mitteltaste des Einstellrads. Dabei ist es nicht wichtig, ob die Kamera scharf gestellt hat, da dies keine Auswirkungen auf die Farbtemperaturmessung hat.

5 Werte speichern
Es erscheinen die **Farbtemperatur**, der **A-B**-(Amber/Gelb-Blau) und der **G-M-Wert** (Grün-Magenta) auf dem Monitor beziehungsweise im Sucher. Die Werte können Sie nun durch Drücken der Mitteltaste des Einstellrads abspeichern. Sie werden dann als Weißabgleich genutzt und auf dem Monitor angezeigt.

6 Werte einem Speicherplatz zuweisen
Sie können einen der insgesamt drei Speicherplätze **Anpassung 1** bis **3** für den Weißabgleich wählen. Dazu drücken Sie die Tasten ◄ ►, bevor Sie die Werte per Mitteltaste speichern.

Auf dem Monitor erkennen Sie an der markierten Stelle, dass Sie mit dem benutzerdefinierten Weißabgleich arbeiten. Es werden die **Farbtemperatur** und gegebenenfalls der **G-M**-Wert angezeigt, falls hier Änderungen vorgenommen wurden. Außerdem wird der gewählte Speicherplatz angezeigt.

Konnte keine korrekte Farbtemperaturmessung durchgeführt werden, erscheint auf dem Monitor **Benutzerdef. Weißabgleich fehlgeschlagen** und die Farbtemperatur wird gelb dargestellt. Es kann dann zu Farbstichen kommen.

> ### Automatik- und Szenenwahlprogramme
> Bei den Vollautomatiken und den Szenenwahlprogrammen können Sie nur auf den automatischen Weißabgleich zurückgreifen. Den benutzerdefinierten Weißabgleich können Sie nicht verwenden.

Farbstiche vermeiden

Die Kamera sucht beim automatischen Weißabgleich nach einer weiß (beziehungsweise grau) erscheinenden Fläche im Motiv. Diese wird als Weiß definiert, und alle anderen Farben werden entsprechend angepasst. Ist nun kein reines Weiß im Motiv enthalten, ist es für die Kamera schwer, den richtigen Weißabgleich zu finden. Es kommt unter Umständen zum Farbstich in der Aufnahme. Ein Hilfsmittel, um Farbstiche zu vermeiden, ist die Graukarte. Diese reflektiert 18 % des Umgebungslichts, was dem Wert entspricht, auf den der Belichtungsmesser der Kamera eingestellt ist. Mit Hilfe der Graukarte können Sie also die Belichtung kalibrieren und den Weißabgleich sehr genau durchführen. In diesen Fällen müssen Sie den Weißabgleich manuell vornehmen.

∧ Abbildung 6.8
Eine Graukarte kann sehr gut für den Weißabgleich verwendet werden.

Graukarte für den Weißabgleich verwenden
SCHRITT FÜR SCHRITT

1 Graukarte platzieren
Die Graukarte dient hier als Referenz für die Kamera. Platzieren Sie die Graukarte möglichst dicht am Motiv, so dass diese vom gleichen Licht beschienen wird wie das Motiv.

2 Kamera ausrichten
Nun führen Sie eine Messung an der Graukarte durch. Richten Sie die Kamera am besten so aus, dass die Karte vollflächig im Sucher beziehungsweise auf dem Display zu sehen ist. Zumindest aber muss das eingeblendete Spotmessfeld von der Karte abgedeckt werden.

3 Weißabgleich durchführen
Führen Sie, wie in der Schritt-für-Schritt-Anleitung »Farbtemperatur messen und speichern« auf Seite 173 beschrieben, den benutzerdefinierten Weißabgleich durch und speichern Sie die gemessenen Werte für die Farbtemperatur und den Farbfilter.

4 Motiv fotografieren
Entfernen Sie die Graukarte vom Motiv. Sie können nun mit den zuvor gespeicherten Werten für den Weißabgleich wie gewohnt fotografieren. Der Weißabgleich sollte nun stimmen. Beachten Sie, dass Sie den Vorgang wiederholen müssen, sobald sich die Lichtverhältnisse ändern.

> **Haut als Graukarte nutzen**
> Unsere Haut (durchschnittlicher Mitteleuropäer) reflektiert ähnlich einer Graukarte. Das heißt: Sind Personen das Aufnahmeobjekt, kann man auch näherungsweise mittels Spotmessung auf Hautpartien den Abgleich durchführen. Meist müssen Sie dann eine Belichtungskorrektur um +1 EV einstellen.

∧ **Abbildung 6.9**
Mit einer Graukarte können Sie den Weißabgleich schnell ermitteln. Platzieren Sie die Graukarte so, dass diese vom gleichen Licht beschienen wird wie das Motiv.

Die gängigen Bildbearbeitungsprogramme bieten die Möglichkeit, den Weißabgleich nachträglich zu korrigieren. Sie werden so aber nicht immer zum gewünschten Ergebnis gelangen, da zum Beispiel Mischlichtaufnahmen schwer zu korrigieren sind. Farbstiche hingegen sollten in der Regel leicht zu beheben sein. Im RAW-Format aufgenommene Motive lassen sich ohnehin sehr gut im RAW-Konverter anpassen.

Nachträgliche Korrektur des Weißabgleichs
SCHRITT FÜR SCHRITT

1 Öffnen der Bilddatei
Öffnen Sie mit dem Image Data Converter die Bilddatei. Wählen Sie aus der Palette die Option **Weißabgleich** ❶ aus (eventuell müssen Sie die **TAB**-Taste drücken, falls die Palette ausgeblendet ist).

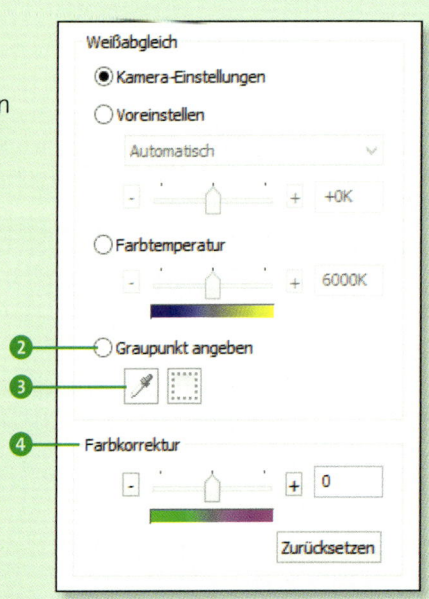

2 Graupunkt wählen
Nun wählen Sie **Graupunkt angeben** ❷ aus und klicken auf die Pipette ❸. Der Mauszeiger wird so zur Pipette, mit der Sie nun auf eine Stelle im Bild klicken können, die idealerweise weiß oder auch grau sein sollte.

3 Weißabgleich anpassen
Das Programm berechnet nun die Farbwiedergabe für das gesamte Bild auf dieser Grundlage. Ist trotzdem noch ein Farbstich vorhanden, ist eine weitere Anpassung im Bereich **Farbkorrektur** ❹ möglich. Hier können Sie zusätzlich Verschiebungen im grünen und magentafarbenen Bereich vornehmen.

Dennoch kann es sich auch im RAW-Format lohnen, ein paar Referenzaufnahmen vom Motiv mit der Graukarte anzufertigen. Später im RAW-Konverter können Sie dann mit der Pipette auf die Graukarte tippen und so den Weißabgleich einstellen oder auch nach Belieben variieren.

Weißabgleich übertragen

Möchten Sie den zuvor durchgeführten Weißabgleich auch für andere Aufnahmen nutzen, bietet sich hierfür die Funktion zum Kopieren der Bildverarbeitungseinstellungen an, die Sie über **Bearbeiten • Bildverarbeitungseinstellungen • Kopieren** oder die Tastenkombination `Strg`+`C` anwählen können. Die Einstellungen übertragen Sie dann auf das nächste Bild mit **Bearbeiten • Bildverarbeitungseinstellungen • Einfügen** oder der Tastenkombination `Strg`+`V`. Zusätzlich können die aktuellen Einstellungen auch gespeichert werden. Hierzu wählen Sie im Menüpunkt **Bearbeiten** die Option **Bildverarbeitungseinstellungen speichern** aus. Durch **Laden und Anwenden** werden die Einstellungen auf ein anderes Bild übertragen.

[24 mm | f8 | 3,2 s | ISO 1600]

[24 mm | f8 | 3,2 s | ISO 1600]

^ Abbildung 6.10
Der Weißabgleich ist hier misslungen, das Bild erscheint insgesamt zu gelb. Der Gelbstich wurde nachträglich durch den manuellen Weißabgleich entfernt.

Für sehr kritische Situationen bietet die RX100 IV zusätzlich noch die Möglichkeit an, eine Weißabgleichreihe mit drei Aufnahmen mit unterschiedlicher Farbtemperatur zu erzeugen. Dabei wird der aktuell eingestellte Weißabgleich als Grundlage benutzt. Sie können aus zwei Modi wählen: Zum einen **Weißabgleichreihe: Lo** mit einer Verschiebung um 10 Mired (Maßeinheit für Farbtemperatur) und **Weißabgleichreihe: Hi** mit 20 Mired. Diese Verschiebung erfolgt jeweils in Richtung Minus (kälter) und Plus (wärmer). Man löst hierfür nur einmal aus und die Kamera erzeugt automatisch die drei Aufnahmen, aus der man sich dann die passende aussuchen kann.

Abbildung 6.11 >
*Mit der **Weißabgleichreihe: Lo** erstellen Sie drei Aufnahmen mit einem Abstand von jeweils 10 Mired.*

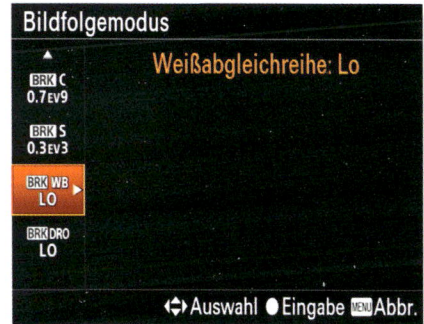

Mit den Farbkreativmodi die Bildausgabe anpassen

Die Option **Kreativmodus** erreichen Sie über das Menü ◉ 5. Unter **Standard** finden Sie Einstellungsmöglichkeiten für den Kontrast ◐, die Farbsättigung ⊛ und die Schärfe ⊞. Diese können jeweils in Einerschritten von −3 bis +3 eingestellt werden. Im Folgenden wird dann auf die zur Verfügung stehenden Bildstile eingegangen, die ebenfalls über dieses Menü erreichbar sind. Beachten Sie, dass alle Änderungen, die Sie im **Kreativmodus** vornehmen, nur Auswirkungen auf Bilder im **JPEG**-Modus haben.

 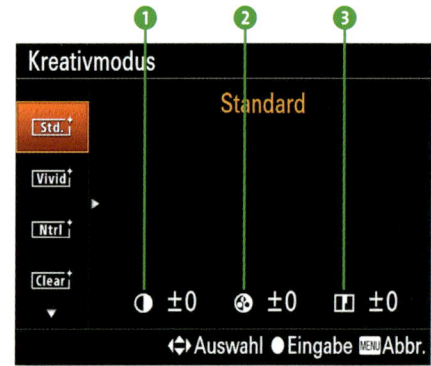

Abbildung 6.12 >
Im Menü **Kreativmodus** finden Sie die Einstellungen für den Kontrast, die Sättigung sowie die Bildschärfe mehrerer Bildstile.

Ein paar Ausnahmen sind hierbei zu beachten: Ist **Schwarz/Weiß** oder **Sepia** gewählt worden, ist die Veränderung der Farbsättigung nicht möglich. Die Schärfe und den Kontrast können Sie natürlich verändern. Setzen Sie ein Szenenwahlprogramm ein oder verwenden Sie die Kamera in einem Vollautomatik-Modus, stehen Ihnen die Einstellungsmöglichkeiten im Menüpunkt **Kreativmodus** generell nicht zur Verfügung. Es stehen Ihnen zusätzlich sechs Stilkästen zur Verfügung, um Ihre bevorzugten Einstellungen zu speichern. Diese erkennen Sie an einer Ziffer von 1 bis 6 vor dem jeweiligen Icon.

Kontrasteinstellung

Mit dem Parameter **Kontrast** ist es möglich, eine Kontrasteinstellung in jedem Bildstil vorzunehmen. Eine Verringerung des Kontrasts kann sinnvoll sein, wenn Über- beziehungsweise Unterbelichtungen auftreten. Auf diese Weise können Sie verhindern, dass Informationen in hellen beziehungsweise dunklen Bildbereichen verlorengehen. Eine Erhöhung des Kontrasts kann notwendig werden, wenn es sich um kontrastarme Motive handelt.

˄ **Abbildung 6.13**
Ein Motiv mit verändertem Kontrast: links −3, Mitte Standard, rechts +3

Einstellung der Farbsättigung

Die Farbintensität lässt sich ebenfalls im jeweiligen Bildstil-Menü wählen. Negative Werte ergeben abgeschwächte und gedämpft wirkende Farben. Im positiven Bereich erhalten Sie dagegen eine Verstärkung der Farben. Sinnvoll ist hier eine Veränderung meist nur, wenn man die Bilder ohne weitere Bildbearbeitung verwenden möchte.

˄ **Abbildung 6.14**
Ein Motiv bei veränderter Farbsättigung: links −3, Mitte Standard, rechts +3

Einstellung der Schärfe

Die ohnehin intern durchgeführte Schärfung kann mit dem dritten Schieberegler **Schärfe** beeinflusst werden. Die Schärfung wird dabei durch Minderung oder Verstärkung der Tonwerte an den Kanten durchgeführt.

^ Abbildung 6.15
Ein Motiv mit veränderter Schärfe: links −3, Mitte Standard, rechts +3

Bildbeeinflussung nur im JPEG-Format
Sämtliche Einstellungen des Kontrasts, der Schärfe und der Sättigung wirken sich natürlich nur auf das JPEG-Format aus. Das Rohdatenformat RAW wird von den Änderungen nicht betroffen. Im Gegensatz zum JPEG-Format können diese Einstellungen hier noch nachträglich im Image Data Converter oder einem anderen RAW-Konverter verändert werden.

Bedenken Sie vor allem, dass die Farbinformationen eines einmal im JPEG-Format im Bildstil **Schwarz/Weiß** aufgenommenen Bildes nicht mehr zurückzuerlangen sind.

Möchten Sie die Bildstile einsetzen, um möglichst ab Speicherkarte schnell Bildergebnisse präsentieren zu können, bietet es sich an, die Option **RAW & JPEG (Fein)** zu wählen. So steht Ihnen später neben dem fertigen JPEG-Bild noch das »digitale Negativ« im RAW-Format für eventuelle weitere Bearbeitungen zur Verfügung.

Mit Bildstilen schnell zu guten Bildern

Im Menü **Kreativmodus** sind 13 Bildstile verfügbar. Diese Bildstile werden auch automatisch in den Szenenwahlprogrammen verwendet. Einstellungen für Kontrast, Farbsättigung (mit Ausnahme von **Schwarz/Weiß** und **Sepia**) und Schärfe können zudem jeweils angepasst werden. Durch Drücken der Tasten ▼ ▲ des Einstellrads können folgende Stile gewählt werden:

Std. : Standard	Light : Hell	Autm : Herbstlaub
Vivid : Lebhaft	Port. : Porträt	B/W : Schwarz/Weiß
Ntrl : Neutral	Land. : Landschaft	Sepia : Sepia
Clear : Klar	Sunset : Sonnenuntergang	
Deep : Tief	Night : Nachtszene	

[26 mm | f4,5 | 1/80 s | ISO 160]

[26 mm | f4,5 | 1/80 s | ISO 160]

⌃ **Abbildung 6.16**
*Bildstile im Vergleich: **Standard** (links) und **Lebhaft** (rechts). Die Farben sind im Bildstil **Lebhaft** etwas kräftiger.*

Der Bildstil **Standard** mit mittlerer Schärfe und gemäßigtem Kontrast sowie lebendigen, aber nicht zu übertriebenen Farben kann als Grundeinstellung angesehen werden.

Hinter dem Bildstil **Lebhaft** verbirgt sich ein Bildstil, der die Farben verstärkt. Die Bildwirkung kommt dem in analoger Technik eingesetzten Fuji Velvia beziehungsweise dem Kodak E100VS nahe. Diese beiden Filmsorten sind für lebendige und satte Farben bekannt. Wenn Sie Ihre Bilder später lieber selbst am Computer bearbeiten wollen, verwenden Sie den Bildstil **Neutral**. Er schärft das Bild kaum nach, und auch die Sättigung der Farben ist hier zurückhaltend.

Die Bildstile **Klar**, **Tief** und **Hell** verändern die Bilder in stärkerem Maße als zum Beispiel der Bildstil **Neutral**. **Klar** ist vor allem geeignet für Gegenlichtaufnahmen, während **Tief** hauptsächlich für Motive mit dunklen und **Hell** für Motive mit hellen Farben geeignet ist.

Der Bildstil **Porträt** ist abgestimmt auf angenehme Hauttöne, der Bildstil **Landschaft** erhöht die Sättigung für die Farbkanäle Grün und Blau, und **Sonnenuntergang** steht für eine sehr warme Farbwiedergabe.

⌃ Abbildung 6.17
Bildstile im Vergleich: **Standard** *(links),* **Landschaft** *(rechts). Sättigung, Kontrast und Schärfe sind im Bildstil* **Landschaft** *angehoben und sorgen so für intensivere Farben.*

Besondere Bildstile: Graustufenbilder und Bilder in Sepia-Tonung

Sind Sie sicher, dass Sie Ihre Bilder ausschließlich in Schwarzweiß aufnehmen möchten, können Sie den Bildstil **Schwarz/Weiß** benutzen. Sie sollten sich aber dessen bewusst sein, dass die fehlenden Farbinformationen nicht mehr zurückgewonnen werden können. Eine Aufnahme eines JPEG- oder besser eines RAW-Bildes in Farbe mit nachträglicher Schwarzweißumwandlung bietet Ihnen noch mehr Möglichkeiten als der Bildstil **Schwarz/Weiß**, denn hier können Sie die Graustufen gezielter steuern und die Intensität des Schwarzweißlooks beeinflussen. Auch den Bildstil **Sepia** sollten Sie nur mit Vorsicht anwenden, da auch hier die Farbinformationen verlorengehen. Mit seiner bräunlichen Tönung verleiht dieser Bildstil Ihrem Bild ein historisches Aussehen.

⌄ Abbildung 6.18
Links: Bildstil **Sepia***, rechts: Bildstil* **Schwarz/Weiß**

Bildstile im Image Data Converter anwenden

Verwenden Sie das RAW-Format, dann ist neben der Einstellung der Bildstile an der Kamera, auch die nachträgliche Veränderung in Sonys RAW-Konverter Image Data Converter möglich. Dieser Konverter bietet alle Einstellungsmöglichkeiten, wie Sättigung, Kontrast und Schärfe, sowie die Bildstile, die auch an Ihrer RX100 IV verfügbar sind. Im Abschnitt »Sonys RAW-Entwickler im Einsatz« ab Seite 263 wird auf die Funktionen des RAW-Konverters noch genauer eingegangen.

△ Abbildung 6.19
Im RAW-Konverter, wie hier im Image Data Converter, können auch nachträglich Bildstile ausgewählt und auf das Bild übertragen werden.

Farbraumeinstellungen richtig wählen

Die Farbwiedergabe des Sensors der RX100 IV ist sehr zuverlässig. An unser menschliches Auge reicht sie in Bezug auf die Farbwiedergabe dennoch bei Weitem nicht heran. Letztendlich ist es die kamerainterne Software, die die einzelnen Farbtöne interpretieren muss. Dahinter verbirgt sich eine komplexe Aufgabe, und es ist wichtig, die richtigen Einstellungen festzulegen, um Farbabweichungen auszuschließen. In diesem Zusammenhang kommen die Farbräume ins Spiel. Farbräume definieren alle darstellbaren Farben innerhalb eines Farbmodells. In der digitalen Fotografie kommen hauptsächlich zwei davon zum Einsatz: AdobeRGB und sRGB.

 Die Farbräume

Unter Arbeiten mit Farbräumen versteht man die Möglichkeit, Farben in einem bestimmten Rahmen zu erkennen beziehungsweise auszugeben. Dabei durchläuft ein Foto von der Kamera über den Bildschirm bis zum Drucker meist mehrere Farbräume. Sind diese nicht aufeinander abgestimmt, sieht zum Beispiel das Bildschirmbild wesentlich anders aus als das ausgedruckte Ergebnis.

sRGB und AdobeRGB – wann sollten Sie welchen Farbraum nutzen?

Die RX100 IV bietet den **sRGB**- und den **AdobeRGB**-Farbraum an. Die Wahlmöglichkeit zwischen beiden Farbräumen finden Sie im Menü 📷 8 unter **Farbraum**. Standardmäßig ist **sRGB** eingestellt.

Abbildung 6.20 >
Menü zur Wahl des sRGB- beziehungsweise des AdobeRGB-Farbraums.

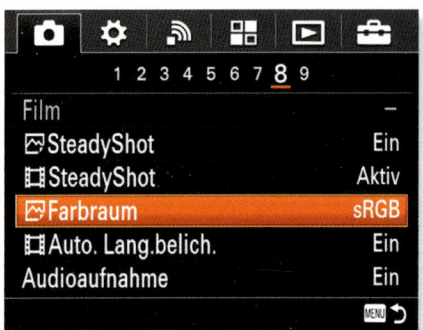

Aber welchen dieser Farbräume sollten Sie sinnvollerweise einsetzen? Damit Sie diese Entscheidung nicht im Blindflug treffen müssen, folgt zunächst ein Blick auf das RGB-Farbsystem. RGB steht für die drei Grundfarben Rot, Grün und Blau. Die Farbtiefe beträgt 8 Bit pro Grundfarbe, womit dann insgesamt 16,8 Millionen Farben dargestellt werden können. Die Farbe eines einzelnen Pixels wird dabei mit je einem Wert für die drei Grundfarben beschrieben. Zum Beispiel hat Schwarz den Wert 0/0/0 und Weiß den Wert 255/255/255. Rot ist mit 255/0/0, Grün mit 0/255/0 und Blau mit 0/0/255 definiert. Alle Mischfarben des Systems entstehen durch unterschiedliche Anteile der einzelnen Grundfarben.

Die RGB-Werte stellen nun aber keine absoluten Farbwerte dar. Das bedeutet, dass weitere Farbraumdefinitionen erforderlich sind, um zum Beispiel ein bestimmtes Rot mit dem Drucker ausgeben zu können.

Der Farbraum sRGB wurde speziell für die Wiedergabe auf üblichen Monitoren entwickelt. Einige Farbdrucker unterstützen ebenfalls den sRGB-Farbraum. Die meisten »besseren« Drucker unterstützen aber ein Farbspektrum, das über das des sRGB-Farbraums hinausgeht. Diese Drucker werden nicht optimal mit sRGB genutzt. Der AdobeRGB-Farbraum ist etwas größer als der sRGB-Farbraum und deckt den größten Teil der druckbaren Farben ab. Er ist quasi auch der Standardfarbraum der Druckindustrie. Die üblichen Offsetdruckverfahren werden gut mit dem AdobeRGB-Farbraum abgedeckt.

Den Unterschied im Farbumfang erkennen Sie am besten in einer dreidimensionalen Grafik. In der Abbildung 6.22 sehen Sie, dass die Farben, die mit sRGB dargestellt werden können, komplett in AdobeRGB enthalten sind. Im rotblauen Bereich sind beide Farbräume dann auch fast identisch, während AdobeRGB die Farben im blaugrünen Bereich weitaus differenzierter wiedergeben kann.

Darüber hinaus gehen Details verloren, wenn Sie nachträglich den AdobeRGB-Farbraum in sRGB konvertieren, da Farben, die nicht in sRGB existieren, einfach der nächstmöglichen Farbe zugeordnet werden. Das kann bei der Umwandlung von sRGB in AdobeRGB natürlich nicht passieren, da AdobeRGB sämtliche Farben von sRGB darstellen kann.

Jetzt könnte man zu dem Schluss kommen, AdobeRGB den Vorrang vor sRGB zu geben, denn der Farbraum ist schließlich deutlich größer. Ein größerer Farbraum hat allerdings auch Nachteile. Sollte ein Farbraum nur zum Teil genutzt werden, verschenkt man Platz, denn ein größerer Farbraum bedeutet dann auch zwangsläufig gröbere Farbabstufungen. Die Informationsmenge im RGB-Farbmodell ist ja immer gleich (16,8 Mio. Farbabstufungen). Tatsächlich sichtbar werden Unterschiede zwischen sRGB und AdobeRGB ohnehin nur dann, wenn es sich um Motive mit großflächigen Bereichen und intensiven Farben aus dem AdobeRGB-Farbraum handelt, die in sRGB gar nicht vorhanden sind.

^ Abbildung 6.21
Modell zur Farbmischung (links) sowie die Farbraummodelle AdobeRGB und sRGB im Vergleich (rechts)

< Abbildung 6.22
*Links wurde **Adobe-RGB** und rechts **sRGB** als Farbraum gewählt. Unterschiede treten im Normalfall nur bei stark gesättigten Farben auf.*

Ein optimales Ergebnis erreichen Sie, wenn Sie mit dem Ausgangsfarbraum dem Ausgabefarbraum am nächsten kommen, also zum Beispiel dem Farbraum des Monitors oder des Druckers. Für Ihre alltäglichen Fotos kann also uneingeschränkt der sRGB-Farbraum verwendet werden. Monitore, Heimdrucker und Laborprinter können diesen Farbraum sehr gut darstellen beziehungsweise ausgeben. Im professionellen Bereich dominiert der AdobeRGB-Farbraum. Hier ist ein durchgängiges Farbmanagement notwendig. Wenn Sie im RAW-Modus fotografieren, spielt die Einstellung an der RX100 IV hier keine Rolle. Aus RAW-Dateien lassen sich später beim digitalen Entwickeln beide Farbräume auswählen.

Kapitel 7
Mit Bildgestaltung zum gelungenen Foto

Den Horizont gerade ausrichten	188
Mit der Schärfentiefe das Motiv betonen	191
Farbe und Farbkontrast	196
Linienführung in der Fotografie	197

Den Horizont gerade ausrichten

Diese Situation kennen Sie vielleicht bereits: Sie konzentrieren sich so sehr auf das Motiv und versuchen, es so perfekt wie möglich aufzunehmen, dass Sie dabei den Horizont außer Acht lassen. Und dann ist er meistens nicht perfekt gerade abgebildet. Doch keine Sorge, das kommt bei Profis genauso wie bei Hobbyfotografen vor. Sie können den Horizont natürlich auch später am PC korrigieren, das kostet allerdings Zeit und Sie verlieren immer einen gewissen Bildanteil durch das notwendige Beschneiden. Nehmen Sie sich daher die Zeit, den Horizont gleich in der Aufnahmesituation gerade auszurichten. Wenn es einmal ganz schnell gehen muss oder Sie ein sich rasch bewegendes Objekt fotografieren wollen, können Sie das Ausrichten des Horizonts auch vernachlässigen und in der späteren Bildbearbeitung nachholen.

[30 mm | f4,5 | 1/1000 s | ISO 200]

Die RX100 IV unterstützt Sie beim Ausrichten mit drei unterschiedlichen Hilfslinienmustern (**Gitterlinie**). Sie können hier zwischen einem **3×3 Raster**, einem **6×4 Raster** oder einem **4×4 Raster + Diag.** wählen. Je kleiner das Raster, desto leichter ist es, auch kleinteilige Motive gerade auszurichten.

[30 mm | f4,5 | 1/1000 s | ISO 200]

◁ Abbildung 7.1
Erst mit Hilfe der eingeblendeten Gitterlinien ließ sich das Bild wirklich gerade ausrichten.

Gitterlinien für einen geraden Horizont
SCHRITT FÜR SCHRITT

1 Gitter wählen

Um die Gitterlinien im Sucher oder auf dem Monitor einzublenden, drücken Sie die **MENU**-Taste und wechseln Sie ins Menü ✿ **1**. Navigieren Sie zum Menüpunkt **Gitterlinie** und wählen Sie hier einen Gitterlinientyp aus.

^ Abbildung 7.2
*Für die meisten Motive ist das **3×3 Raster** der Funktion **Gitterlinie** gut geeignet.*

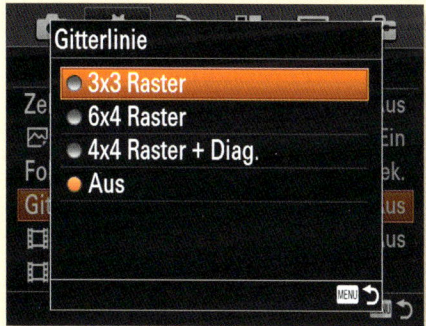

2 Gitter verwenden

Nun wird das gewählte Gitter im Sucher beziehungsweise auf dem Monitor eingeblendet. Je nach gewähltem Gitter wird das Bild in 9, 16 oder 24 Teilbereiche aufgeteilt. Mit der Option **4×4 Raster + Diag.** werden zusätzlich zum Gitter noch zwei Diagonalen eingeblendet.

^ Abbildung 7.3
*Das **6×4 Raster** eignet sich vor allem für Motive, die aus mehreren Elementen bestehen.*

Alternativ können Sie natürlich auch die einblendbare Wasserwaage zur horizontalen Ausrichtung verwenden. Diese erreichen Sie per **DISP**-Taste. Drücken Sie diese Taste einfach so oft, bis die Wasserwaage eingeblendet wird. Gegenüber der **Gitterlinie** hat die Wasserwaage den entscheidenden Vorteil, dass Sie die Kamera nicht nur horizontal, sondern auch vertikal ausrichten können. Übrigens sollte der Horizont auch nicht genau in der Bildmitte verlaufen. Wir können uns dann schwer entscheiden, welcher Bildteil denn nun der wichtigere ist. Meist wirken solche Bilder uninteressant. Am besten verwenden Sie auch hier die Drittel-Regel und geben dem bildwichtigen Teil zwei Drittel der Bildfläche.

∧ Abbildung 7.4
Mit Hilfe der Gitterlinien ließ sich hier das Motiv sehr gut nach der Drittel-Regel positionieren. Gleichzeitig konnte der Horizont gerade ausgerichtet werden.

Aktivieren Sie die **Gitterlinie**, können Sie nicht nur den Horizont gerade ausrichten, sondern Ihr Motiv auch nach den klassischen Regeln des Goldenen Schnitts oder der Drittel-Regel anordnen. Bereits in der Antike wusste man um die harmonische Anordnung von Bildelementen. Die bewusste Verwendung des Goldenen Schnitts (Seitenverhältnis des Goldenen Schnitts: 1:1,618...) zum Beispiel in der Malerei ließ die Gemälde ansprechend und harmonisch wirken. Dieses Wissen können Sie sich auch in der Fotografie zunutze machen. Der Sensor der RX100 IV entspricht in seinen Proportionen allerdings nicht ganz den Gesetzen des Goldenen Schnitts. Sie können sich aber damit behelfen, indem Sie die Drittel-Regel anwenden. Diese ähnelt dem Goldenen Schnitt. Hier wird die Bildfläche mit Hilfe von zwei horizontalen und zwei vertikalen Linien in neun gleich große Bereiche geteilt. Die bildwichtigen Elemente werden dann auf die »Drittel-Schnittpunkte« des Bildausschnitts gelegt. Viele Bilder wirken dann ausgeglichen, und die Aufmerksamkeit des Betrachters wird auf diese Elemente des Bildes gelenkt. Bilder, bei denen sich das Motiv genau in der Bildmitte befindet, sind meist weniger spannend und langweilen den Betrachter schnell.

 Den Autofokus überlisten

Wenn der Autofokus auf das außermittige Motiv nicht scharfstellen kann, weil die Fläche zum Beispiel zu kontrastlos ist, dann können Sie ersatzweise ein kontrastreiches Objekt in derselben Schärfeebene (Entfernung) anmessen und danach zum eigentlichen Motiv zurückschwenken. Welches Fokusfeld sich dafür eignet erfahren Sie im Abschnitt »Automatische oder manuelle Messfeldauswahl« ab Seite 59.

Wenn Sie sich an die Regeln des Goldenen Schnitts oder der Drittel-Regel halten, haben Sie bereits gute Voraussetzungen für gelungene Fotos. Allerdings bedeutet dies nicht, dass Fotos automatisch schlecht sind, wenn die Regeln nicht befolgt werden. Schließlich macht es auch den Reiz der Fotografie aus, dass besondere Bilder auch durch den Bruch von Regeln entstehen können. Ihrer Kreativität sind hierbei keine Grenzen gesetzt.

 Gitterlinien im Film-Modus
Im Film-Modus können Sie sich ebenfalls die verschiedenen Raster der Funktion **Gitterlinie** einblenden lassen. Auch die Wasserwaage können Sie beim Filmen nutzen.

∧ **Abbildung 7.5**
Stürzende Linien, mit einer absichtlich schräg ausgerichteten Kamera, können Architekturaufnahmen spannender wirken lassen, als dokumentarische Bilder.

Mit der Schärfentiefe das Motiv betonen

Das Spiel mit der Schärfe kann viel zur Bildaussage beitragen. Zum Beispiel können Sie mit wenig Schärfentiefe die Blicke des Betrachters auf die noch scharf dargestellten Bildelemente locken. Dieses Stilelement wird meistens bei Porträtbildern verwendet, da hier der Blick des Betrachters auf die abgebildete Person gelenkt werden soll. Dies kann so weit gehen, dass bei einem sehr nahen Porträt nur noch die Augen scharfgestellt werden und schon die Ohren in einer deutlichen Unschärfe verschwimmen. Mit der Schärfentiefe können Sie aber auch räumliche Tiefe erzeugen, beispielsweise wenn Sie ein Bild über Ebenen staffeln.

Abbildung 7.6 >
Eine geringe Schärfentiefe kann wie hier räumliche Tiefe erzeugen.

Durchgängige Schärfe von vorn bis hinten kann natürlich ebenso die Bildaussage stützen. Bei einer Landschaftsaufnahme möchte man meist die gesamte Landschaft genau betrachten können, und somit sollte beispielsweise bei einem Bergpanorama alles scharf abgebildet werden.

Die Schärfentiefe, wie Sie bereits aus vorangegangenen Kapiteln wissen, beeinflusst also jedes Bild, welches Sie aufnehmen. Von daher ist es sehr wichtig, sich mit ihr auseinanderzusetzen, wenn Sie Ihren Bildern durch eine gezielte Schärfentiefe noch mehr Ausdruck verleihen möchten.

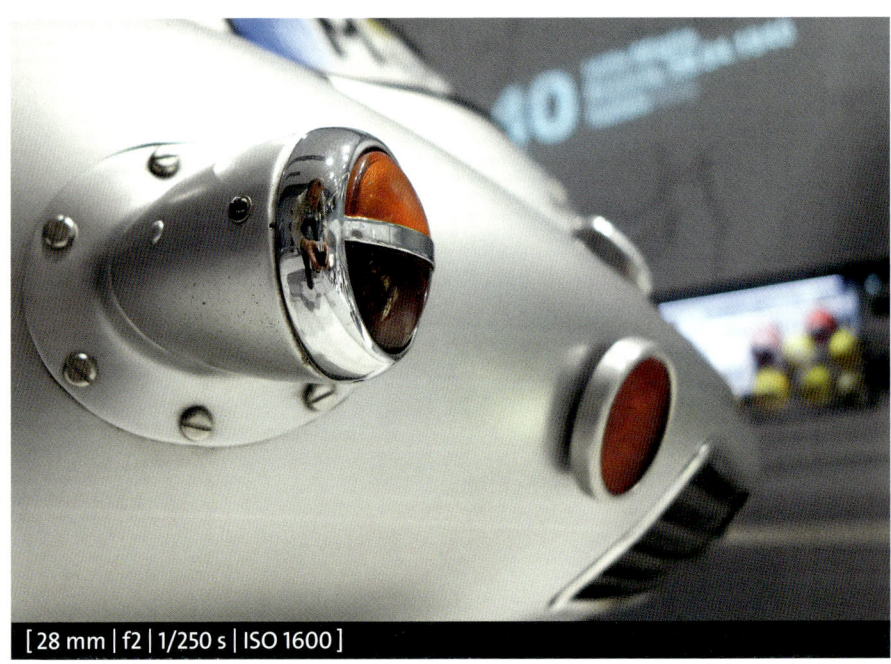

Abbildung 7.7 >
Öffnen Sie die Blende sehr weit, und fokussieren Sie auf die bildwichtigen Elemente, wie hier das Rücklicht des Autos, dann wird auch nur dieses scharf abgebildet. Alles im Hinter- beziehungsweise Vordergrund verläuft dann in Unschärfe.

[28 mm | f2 | 1/250 s | ISO 1600]

Die Wirkung der Schärfentiefe

Theoretisch ist nur genau die Ebene im Bild scharf, in der auch der Fokus liegt. Praktisch ergibt sich aber eine Schärfentiefe. Sie gibt den Bereich im Bild an, der von uns, um den scharfgestellten Bereich herum, noch als scharf wahrgenommen wird.

Bei einer geringen Schärfentiefe ist also fast nur die Ebene scharf, auf die Sie scharfgestellt haben. Alles davor und dahinter verläuft in Unschärfe. Umgekehrt bedeutet eine hohe Schärfentiefe, dass ein weiter Bereich vor und nach dem scharfgestellten Objekt scharf erscheint. Das heißt, möchten Sie zum Beispiel Personen auf Porträts vom Hintergrund abheben, dann benötigen Sie eine geringe Schärfentiefe. Das trifft also auf alle Bereiche der Fotografie zu, in denen Details vom Umfeld herausgelöst werden sollen. Voraussetzung für eine geringe Schärfentiefe ist eine möglichst große Blendenöffnung, also ein kleiner Blendenwert (wie Blende f2,8 oder geringer, je nach Zoomstellung). Eine größere Schärfentiefe erhalten Sie, wenn Sie abblenden, zum Beispiel auf Werte wie Blende f8 oder Blende f11. Damit Sie die Blende auch selbst bestimmen können, müssen Sie in den Kreativprogrammen **A** und **M** fotografieren. Details dazu finden Sie im Abschnitt »Die Auswirkungen der Blende auf das Bild« ab Seite 89.

[60 mm | f8 | 1/160 s | ISO 200]

∧ **Abbildung 7.8**
Um alles von vorn bis hinten scharf aufzunehmen, wurde hier ein Blendenwert von f8 gewählt. Die notwendige Schärfentiefe wird so erreicht.

[70 mm | f2,8 | 1/100 s | ISO 125]

[70 mm | f9 | 1/100 s | ISO 125]

∧ **Abbildung 7.9**
Links wurde mit offener Blende (f2,8) fotografiert. Die Schärfentiefe ist dadurch begrenzt. Rechts hingegen wird durch die stark geschlossene Blende (f9) eine größere Schärfentiefe erreicht.

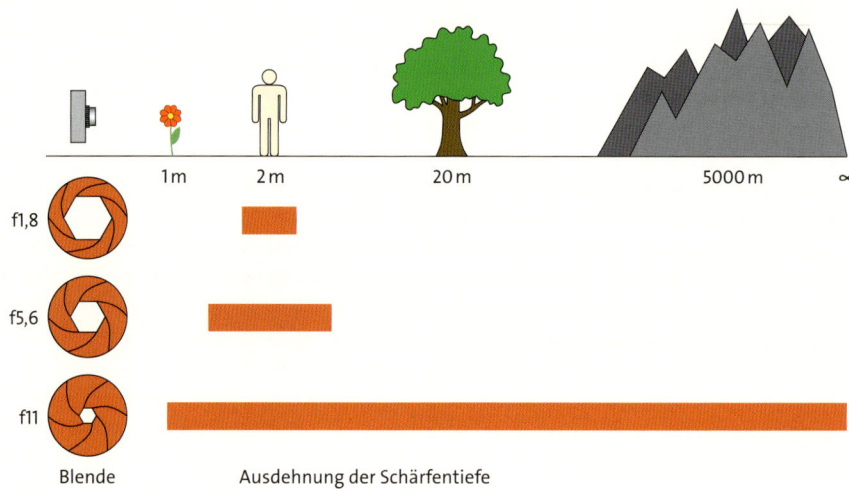

Abbildung 7.10 >
Die Balken verdeutlichen die unterschiedliche Schärfentiefe in Abhängigkeit von der gewählten Blende.

Der Einfluss der Brennweite auf die Schärfentiefe

Obwohl sicherlich die Blende den größten Einfluss auf die Schärfentiefe hat, darf man hier die Brennweite nicht außen vor lassen. Denn auch diese hat einen gewissen Einfluss auf die Schärfedarstellung des Hinter- beziehungsweise Vordergrundes. So ergibt sich bei gleicher Abbildungsgröße und gleicher Blende mit größer werdender Brennweite ein immer unschärfer erscheinender Hintergrund. Allerdings ist der Effekt nicht so stark, wie weitläufig angenommen. Bei einem Abbildungsmaßstab von 1:1 und größer macht es zum Beispiel überhaupt keinen Unterschied, welche Brennweite man wählt. Diesen Zusammenhang können Sie sehr gut mit Hilfe des Zoomobjektivs Ihrer RX100 IV nachvollziehen. Fokussieren Sie dazu mit unterschiedlichen Brennweiten auf einen Gegenstand, den Sie immer gleich groß abbilden, und stellen Sie zudem immer die gleiche Blende ein. Wenn Sie die Bildergebnisse vergleichen, werden Sie feststellen, dass die Hintergrundschärfe der Bilder variiert (siehe Abbildung 7.11).

Generell ist es schwerer beziehungsweise kaum möglich, im Weitwinkelbereich Ihrer RX100 IV Objekte freizustellen, da hier die Schärfentiefe bereits bei offener Blende schon sehr groß ausfällt. Bei Landschaftaufnahmen ist das wiederum von Vorteil, da hier eine große Schärfentiefe meist gewünscht ist. Dagegen ist der Telebereich sehr gut geeignet, um Bilder mit geringer Schärfentiefe aufzunehmen. Hier können Sie schon etwa ab Blende f3,2 das Objekt vom Hintergrund freistellen.

Auch im Beispielbild (Abbildung 7.11) ist der Unterschied in der Schärfentiefe sehr gut zu erkennen. Möchten Sie also zum Beispiel Porträtaufnahmen anfertigen, stellen Sie an Ihrem Objektiv mindestens 50 mm Brennweite ein. So können Sie die Person bei offener Blende recht gut vom Hintergrund abheben. Soll die Schärfentiefe möglichst groß sein und möchten Sie zum Beispiel Landschaften und Architektur fotografieren, dann wählen Sie eine Brennweite zwischen 24 und 28 mm.

▲ Abbildung 7.11
Die Aufnahme links entstand mit 70 mm Brennweite. Der Hintergrund verschmilzt recht gut in Unschärfe, und das Hauptobjekt wird herausgestellt. Der Hintergrund der Aufnahme rechts, die mit 24 mm Brennweite aufgenommen wurde, wirkt viel unruhiger. Bei gleicher Blende (f2,8) kommt es also bei verschiedenen Brennweiten, aber gleichem Abbildungsmaßstab, zu einem unterschiedlichen Schärfentiefeeindruck.

 Schärfentiefe in der Makrofotografie

Im Nah- und Makrobereich ist die Schärfentiefe von besonderer Bedeutung. Da hier Objekte in einem sehr großen Abbildungsmaßstab fotografiert werden, fällt die Schärfentiefe in den meisten Fällen äußerst gering aus. Im Abschnitt »Optimale Kameraeinstellungen für den Makrobereich« ab Seite 222 wird darauf noch genauer eingegangen.

Farbe und Farbkontrast

Natürlich spielen gerade auch Farben und deren Kontraste eine wichtige Rolle in der Fotografie. Farben und deren Kombinationen können unterschiedliche Stimmungen auslösen und damit den Bildinhalt unterstützen. So können zum Beispiel kalte Farben, wie Hellblau, melancholische Bildaussagen unterstützen. Die Farbe Rot zum Beispiel sticht sofort ins Auge und hat eine starke Signalwirkung. Gelb hingegen ist die Farbe der Sonne und wirkt auf uns freundlich und dynamisch. Eine beruhigende Wirkung erreichen Sie zum Beispiel mit der Farbe Grün.

< Abbildung 7.12
Harmonisch wirkt das Bild zum Beispiel wie hier mit Farben, die im Farbkreis direkt nebeneinander liegen. Hier Grün und Gelb.

< Abbildung 7.13
Rot hat eine starke Signalwirkung und springt sofort ins Auge.

Ist Spannung und Dramatik in den Bildern gewünscht, dann können Komplementärfarben diese Bildwirkung unterstützen. Komplementärfarben sind Farben, welche sich im sogenannten *Farbkreis* gegenüberstehen. Also zum Beispiel Rot und Grün oder Blau und Orange. Im Gegensatz dazu wird es harmonisch, wenn die Farben im Farbkreis nebeneinander liegen, wie zum Beispiel Orange und Gelb oder Violett und Blau.

Räumliche Tiefe kann ebenfalls durch Farben unterschützt werden, indem Sie helle und warme Farben eher für den Vordergrund wählen und dunklere und kalte Farben im Hintergrund platzieren.

Linienführung in der Fotografie

Ein wesentlicher Aspekt der Bildgestaltung ist die Linienführung. So können Sie zum Beispiel allein durch die Anordnung von Objekten oder die Haltung von Personen dem Bild bestimmte Eigenschaften oder Botschaften mitgeben. So werden schräge Linien als auf- beziehungsweise absteigend empfunden. Linien von links unten nach rechts oben interpretieren wir als steigend, im umgekehrten Fall als fallend. Das liegt daran, dass wir uns daran gewöhnt haben, von links nach rechts zu lesen. Diagonale Linien aus den Bildecken heraus ins Bild hinein erzeugen eine gewisse Bildtiefe und können so auch den Blick zu einem Objekt leiten.

[24 mm | f4,5 | 1/30 s | ISO 125]

◄ **Abbildung 7.14**
Hier wird durch die Linienführung eine subjektive Perspektive erzeugt. Der Betrachter wird außerdem durch das Bild geleitet.

Horizontale Linien besitzen dagegen meist eine stabile und feste Wirkung. Sie geben dem Bild Halt, wirken also wie ein Fundament. Denken Sie hierbei nur an den Horizont. Achten Sie bei diesem darauf, dass er gerade ist und nicht schief aus dem Bild läuft (siehe dazu auch den Abschnitt »Den Horizont gerade ausrichten« auf Seite 188).

Für vertikale Linien gilt Ähnliches wie für horizontale Linien. Auch sie trennen Bildinhalte voneinander ab. In der Architekturfotografie wirken Sie aufstrebend und standhaft. Auch Aufnahmen von Menschen und Tieren profitieren von senkrechten und diagonalen Linien, was im Bild aus Abbildung 7.16 deutlich wird.

Dreiecke, auch mit unterschiedlichen Seitenlängen, lassen das Bild spannend, elegant und stabil wirken. Runde und ovale Formen bedeuten Geschlossenheit und Kontinuität. Quadrate hingegen wirken im Bild eher kühl und ruhig.

Neben diesen offensichtlichen Linien können Sie auch indirekte Linien effektvoll einsetzen. Denken Sie nur an zwei Personen, die durch Blicke miteinander »reden«, oder zwei Spieler, die sich einen Ball zuwerfen. Hierdurch entstehen gedachte Linien, die Sie wie richtige Linien verwenden können.

 Linien im Bild

Achten Sie bei der Bildgestaltung gezielt auf Linien im Bild. Befinden sich zu viele und scheinbar ohne Ordnung verteilte Linien im Motiv, dann kommt es schnell zu einem unstimmigen Bildeindruck.

◂ ▴ Abbildung 7.15
Die diagonale Linienführung erzeugt hier Tiefe.

Linienführung in der Fotografie

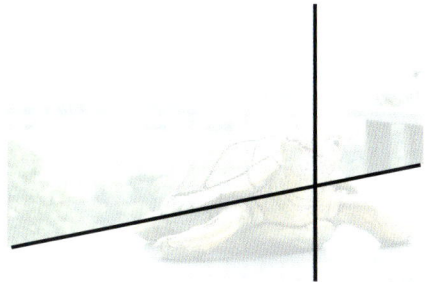

Abbildung 7.16 ∧ >
Linienführung und Platzierung des Kopfes im Goldenen Schnitt bringen gemeinsam Dynamik ins Bild.

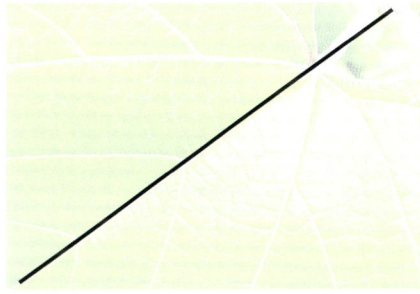

Abbildung 7.17 ∧ >
Eine Diagonale von links unten nach rechts oben vermittelt eine aufstrebende und dynamische Wirkung im Bild.

Abbildung 7.18 ∧ >
Alle Blicke sind auf den Ball gerichtet. Die Verbindungslinien von den Augen zum Ball verlaufen diagonal durch das Bild.

Kapitel 8
Menschen fotografieren

Mit Porträts Erinnerungen festhalten 202

Bessere Bildwirkung erzielen durch Nähe 203

Die Bildmitte meiden 204

Einen schönen weichen Hintergrund erzeugen 205

Lächel- und Gesichtserkennung: schnell und automatisch 206

Mit Porträts Erinnerungen festhalten

Gelegenheiten, Menschen zu fotografieren, gibt es viele: im Urlaub, auf Familienfeiern, Geburtstagsfesten oder auch einfach zu Hause. Mit Porträtaufnahmen halten wir Erinnerungen fest, an denen wir uns Jahre später noch erfreuen. Nicht selten ist der Wunsch, die eigene Familie, Freunde und Bekannte festzuhalten, sogar Anlass für den Kauf einer neuen Kamera. Wenn Sie selbst schon einmal Porträtaufnahmen gemacht haben, werden Sie gemerkt haben, dass es gar nicht so leicht gelingt, einen Menschen gut zu fotografieren. Besonders schwierig ist es, das Typische und Einzigartige der porträtierten Person auf dem Foto festzuhalten. Aber auch der Bildaufbau will gut durchdacht sein. Nicht viele Aufnahmen schaffen es deshalb in einen Rahmen und an die Wand oder in eine Vitrine.

Doch wann gefallen uns eigentlich Bilder, und hier speziell Porträtaufnahmen? Wenn Sie Bildbände studieren oder in Ausstellungen von Künstlern unterwegs sind, werden Sie immer wieder feststellen, dass bestimmte Aufnahmen Sie fesseln. Hier können Sie ansetzen: Überlegen Sie, wie die Aufnahmen entstanden sind und warum gerade diese Bilder es sind, die Sie fesseln. Vielleicht stellen Sie nach einer gewissen Zeit fest, dass sich hinter vielem gewisse Gesetzmäßigkeiten verbergen. Andererseits werden Sie sehen, dass auch Bilder dazuzählen, die gerade keiner dieser Regeln entsprechen und trotzdem in Ihren Augen als »gute« Bilder erscheinen.

Leider gibt es keine allgemein gültigen Regeln, die garantieren, dass Ihnen und vor allem auch dem Porträtierten die Aufnahme gefällt. Nichtsdestotrotz gibt es natürlich ein paar Kniffe, wie Sie Ihre Aufnahmen besser und einfacher gestalten können, und die RX100 IV bietet Ihnen hierzu einige Funktionen.

< Abbildung 8.1
Sehr beliebte Fotoobjekte: Personen. Die hier gewählte Brennweite von 30 mm eignet sich gut, um auch in engen Räumen mehrere Personen auf das Bild zu bekommen.

Bessere Bildwirkung erzielen durch Nähe

Seien Sie mutig und gehen Sie möglichst nah ans Motiv heran. Übersichtsaufnahmen von Porträtierten lassen sie meist wirkungslos erscheinen. Haben Sie also keine Scheu. Wichtig dabei ist aber, dass sich der Porträtierte wohlfühlt und das auch ausstrahlt. Wenn Sie fremde Menschen fotografieren möchten, ist es wichtig, sich angemessen zu nähern. Hat man hier das richtige Fingerspitzengefühl, lassen sie sich meist recht gern fotografieren.

Es ist meist vorteilhafter für den Porträtierten, wenn die Gesichtshaut etwas weicher erscheint. Mit der Funktion **Soft Skin-Effekt** im Menü ◻ 7 können Sie leicht für eine gleichmäßigere Optik der Haut sorgen. Drei Stufen (**Niedrig/Mittel/Hoch**) stehen Ihnen hier zur Auswahl. Als Bildfolgemodus darf nicht **Serienbild** gewählt werden.

[50 mm | f4,5 | 1/200 s | ISO 160]

^ Abbildung 8.2
Gehen Sie nah an Ihr Motiv heran, so wirken die Bilder meist besser als Übersichtsaufnahmen der Porträtierten.

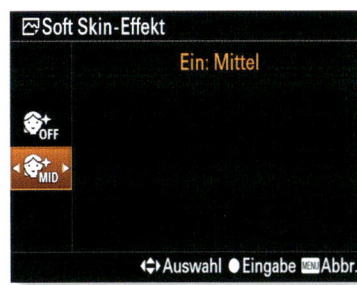

^ Abbildung 8.3
*Oben: Den **Soft Skin-Effekt** können Sie in drei Stufen wählen. Unten: Diese Ausschnitte verdeutlichen die drei Stufen der Funktion **Soft Skin-Effekt**: Niedrig ❶, Mittel ❷, Hoch ❸.*

Die Bildmitte meiden

Nicht selten sieht man Aufnahmen, in denen das Motiv genau in der Bildmitte mit Platz ringsherum platziert wurde. In den allermeisten Fällen wirken diese Bilder langweilig, wie Sie ja bereits aus Kapitel 7, »Mit Bildgestaltung zum gelungenen Foto«, wissen. Es genügt schon, die Kamera leicht zu schwenken (siehe hierzu den Abschnitt »Automatische oder manuelle Messfeldauswahl« auf Seite 59). Lassen Sie dabei immer etwas mehr Platz in Blick- beziehungsweise Bewegungsrichtung des Porträtierten.

⌃ **Abbildung 8.4**
Die Person wurde im Goldenen Schnitt positioniert. Das Bild wirkt dadurch harmonisch. Bei aktiviertem Fokusfeld **Flexible Spot** *(Menü 4) können Sie mit Hilfe der Tasten* ▼▲◄► *des* **Einstellrads** *das Messfeld an die passende Stelle verschieben.*

Nutzen Sie den verbliebenen Raum zum Beispiel, um eine schöne Landschaft oder ein markantes Bauwerk neben dem Porträtierten mit aufs Bild zu bringen.

Sony macht es Ihnen einfach, zum Beispiel die wichtigen Punkte für die Drittel-Regel zu finden. Wenn Sie das Sucherbild in drei horizontale und drei vertikale Flächen einteilen, erhalten Sie an den Schnittstellen die entsprechenden Punkte. Hier sollten die Blickpunkte angeordnet sein. Welchen Schnittpunkt Sie hierbei wählen, hängt von der Szene ab, die dargestellt werden soll. Ein entsprechendes Raster können Sie im Menü ✿1 unter **Gitterlinie** einstellen.

^ Abbildung 8.5
*Positionieren Sie am besten ein flexibles Fokusfeld im Goldenen Schnitt. Dazu wählen Sie im Menü ☐ 4 unter **Fokusfeld** zum Beispiel **Flexible Spot: M**.*

 Das scharfe Auge

Bei Porträts ist es sinnvoll, den Schärfepunkt auf die Augen zu legen. Der Betrachter schaut meist zuerst auf die Augen, da Sie die Aufmerksamkeit auf sich ziehen. Sind die Augen unscharf, wirkt das Bild meist weniger gut. Die RX100 IV kann Sie auch hierbei unterstützen. Die Funktion **Augen-AF** versucht, auf eines der Augen des Porträtierten scharfzustellen. Diese Funktion müssen Sie einer Taste der RX100 IV zuordnen. Dies erfolgt im Menü ✿ 5 mit Hilfe der Option **Key-Benutzereinstlg.**. Hier wählen Sie die gewünschte zu programmierende Taste mit den Tasten ▼ und ▲ des Einstellrads aus und drücken die Mitteltaste des Einstellrads. Mit den Tasten ▼ und ▲ des Einstellrads navigieren Sie zu **Augen-AF** und bestätigen die Wahl mit der Mitteltaste des Einstellrads.

Einen schönen weichen Hintergrund erzeugen

Besonders wirkungsvoll werden Porträts, wenn die Person vom Hintergrund herausgelöst wirkt. Dieser lenkt dann weit weniger vom eigentlichen Bildinhalt, dem Porträtierten, ab. Diese Wirkung erreichen Sie, wenn Sie mit einer möglichst weit geöffneten Blende arbeiten und zudem in den Brennweitenbereich zwischen 50 und 70 mm zoomen. Dies sorgt dann für eine geringe Schärfentiefe. Die Person wird so recht gut vor dem Hintergrund freigestellt.

Verwenden Sie hier das Szenenwahlprogramm **Porträt** oder noch besser: die **Blendenpriorität (A)**. Damit behalten Sie die komplette Kontrolle über die Einstellwerte. Wählen Sie dann am Einstellrad einen möglichst kleinen Blendenwert, zum Beispiel Blende f2,8. Der interne Blitz kann als Aufheller dienen und sorgt für interessante Spitzlichter in den Augen. Da das Blitzlicht in den meisten Fällen aber nicht zu dominant sein sollte, nehmen Sie bei Bedarf eine Blitzlichtbelichtungskorrektur (siehe den Abschnitt »Richtig belichten mit der Blitzbelichtungskorrektur« auf Seite 157) vor.

▲ Abbildung 8.6
Was für Porträts mit Menschen gilt, kann man natürlich auch auf Tierporträts übertragen. Der Hund wurde – jeweils mit 70 mm Brennweite – mit Blende f8 (links) sowie mit Blende f2,8 fotografiert (rechts). Bei Blende f2,8 verschwimmt der Hintergrund recht gut.

Lächel- und Gesichtserkennung: schnell und automatisch

Wollen Sie zum Beispiel im Getümmel einer Feier Personen aufnehmen, ist das schon eine kleine Herausforderung. Die Belichtung des Gesichts soll stimmen, der Fokus passen, und wenn dann der oder die Porträtierte auch noch lächelt, ist der Fotograf meist zufrieden.

Mit der **Lächel- und Gesichtserkennung** unterstützt Ihre RX100 IV Sie bei dieser Aufgabe. Navigieren Sie dazu in das Menü 📷 6 und stellen Sie die **Lächel-/Ges.-Erk.** mit Hilfe der Tasten ▼▲◄► des Einstellrads auf **Ein**. Bis zu acht Gesichter können durch die Kamera erkannt werden, so dass die Funktion auch für Gruppenaufnahmen geeignet ist. Allerdings bietet es sich an, auf einige Details zu achten, um ein Maximum an gelungenen Aufnahmen zu erhalten.

 Selfies aufnehmen

Wenn Sie sich einmal selbst aufnehmen oder mit auf dem Familienbild sein möchten, ist der Selbstauslöser sehr praktisch. Drücken Sie dazu die **Bildfolge** auf dem Einstellrad, und wählen Sie zwischen dem **Selbstauslöser: 10 Sek**, **Selbstauslöser: 5 Sek** beziehungsweise **Selbstauslöser: 2 Sek** (siehe dazu auch Abschnitt »Auf sich selbst scharfstellen« auf Seite 71).

Das Scharfstellen übernehmen weiterhin die Autofokus-Sensoren. Schalten Sie also möglichst im Menü 4 unter **Fokusfeld** die Option **Breit** ein, um die gesamte Sensorenfläche zu aktivieren. Gesichter außerhalb eines Fokusfeldes erkennt die RX100 IV nicht und wird diese dann auch nicht richtig scharfstellen können. Achten Sie also darauf (falls Sie nicht **Breit** verwenden), dass im Gesichtsrahmen des erkannten Gesichts auch ein Fokusfeld vorhanden ist. Hierzu müssen Sie gegebenenfalls die Kamera etwas schwenken. Erkennt die RX100 IV ein Gesicht, wird der Rahmen grau und, falls sie darauf scharfstellen kann, weiß. Aus dem weißen Rahmen wird, bei halb gedrücktem Auslöser, ein grüner Rahmen, sobald die Fokussierung erfolgreich war.

Beachten Sie, dass die Gesichtserkennung nicht funktioniert, wenn Sie **Digitalzoom**, **Klarbild-Zoom**, **Schwenk-Panorama** 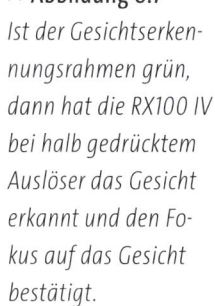 oder den Bildeffekt **Posterisation** verwenden.

▲ *Abbildung 8.7*
Ist der Gesichtserkennungsrahmen grün, dann hat die RX100 IV bei halb gedrücktem Auslöser das Gesicht erkannt und den Fokus auf das Gesicht bestätigt.

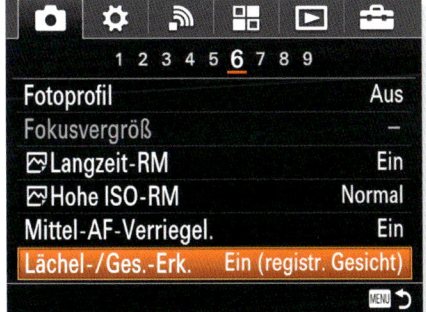 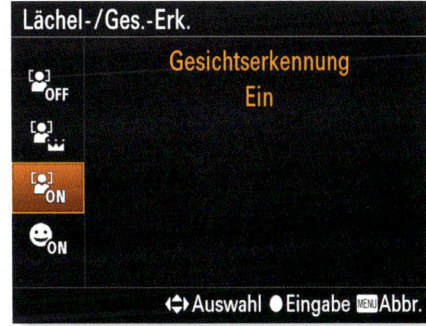

◀ *Abbildung 8.8*
Im Menü 6 können Sie die Funktion Lächel-/Ges.-Erk. aktivieren.

Das stört die Gesichtserkennung

Die Gesichtserkennung sucht im Bild nach einem typischen aufrechten menschlichen Gesicht, welches frontal in die Kamera sieht. Probleme bekommt die Funktion sobald zum Beispiel viele Haare im Gesicht hängen, oder man den Kopf mit der Hand abstützt. In diesen Fällen ist die Erkennung nicht gewährleistet. Zudem werden eventuell Formen, die Gesichtern ähneln, fälschlicher Weise als solche erkannt.

Zusätzlich zur Gesichts- kann die Lächelerkennung **Auslös. bei Lächeln** aktiviert werden. Hier sind drei Schwellenwerte unterschiedlicher Lächelstufen (**Leicht**, **Normal** und **Stark**) wählbar. Die RX100 IV sucht zunächst nach einem Gesicht im Bild. Findet sie dieses, wird der Rahmen um das Gesicht herum orange. Kann sie zudem noch scharfstellen, wird der Rahmen grün. Nun muss nur noch der eingestellte Schwellenwert des Lächelns erreicht werden, und die Kamera löst selbstständig aus.

Ist die Funktion **Auslös. bei Lächeln** aktiviert, verwendet die RX100 IV automatisch das große Autofokusfeld **Breit**. Darüber hinaus wird der Bildfolgemodus **Einzelaufnahme** eingesetzt. Die Kamera kann Ihnen hier sogar noch etwas mehr Arbeit abnehmen. Wenn Sie es möchten, versucht die Kamera, das Foto so zu beschneiden, dass der Porträtierte nach klassischen Gesichtspunkten, wie etwa der Drittel-Regel, ins Bild gesetzt wird. Diese Funktion ist von Vorteil, wenn Sie sich eine nachträgliche Bearbeitung am Computer ersparen wollen. Allerdings sind die Ergebnisse nicht immer ideal. Sie haben aber die Möglichkeit, nachträglich selbst auf den Bildausschnitt Einfluss zu nehmen, da das Originalbild mitgespeichert wird. Navigieren Sie zu Menü 📷 7 und stellen Sie die Funktion 🖼 **Auto. Objektrahm.** auf **Auto**.

Abbildung 8.9 >
*Sie können bei der Funktion **Auslös. bei Lächeln** aus drei Stufen wählen, um die Auslöseempfindlichkeit zu steuern.*

Abbildung 8.10 >
*Mit Hilfe der Funktion 🖼 **Auto. Objektrahm.** können Sie ein Bild automatisch beschneiden lassen.*

Möchten Sie, dass bestimmte Personen bei der Gesichtserkennung bevorzugt werden, können Sie diese von der Kamera mit **Gesichtsregistr.** registrieren lassen. Über diese Funktion können Sie dann bis zu acht Gesichter in der Kamera abspeichern. Wenn sich mehrere Gesichter auf dem Bild befinden, stellt die RX100 IV dann auf diese Gesichter mit einer höheren Priorität scharf, als auf nicht registrierte. Das bedeutet auch, dass die Kamera den Fokus und die Belichtungseinstellung am registrierten Gesicht ausrichtet. Fotografieren Sie zur gleichen Zeit mehrere registrierte Gesichter, dann richtet sich die Priorität nach der Reihenfolge der Registrierung in der Kamera.

Ein Gesicht registrieren
SCHRITT FÜR SCHRITT

1 Menü wählen
Wechseln Sie per **MENU**-Taste ins Menü ✿ 4. Im Menüpunkt **Gesichtsregistr.** wählen Sie **Neuregistrierung**.

2 Kamera ausrichten
Halten Sie die Kamera so, dass die zu registrierende Person vor der Kamera steht und sich das Gesicht im Orientierungsrahmen befindet.

3 Scharfstellen und Auslösen
Drücken Sie nun den Auslöser halb, um scharfzustellen. Ist dies erfolgt, drücken Sie den Auslöser ganz durch.

4 Vorgang abschließen
Kann die Kamera das Gesicht als solches erkennen, fragt sie nun »**Gesicht registrieren?**«.

Drücken Sie in diesem Fall die Mitteltaste am Einstellrad zur Bestätigung. Anderenfalls war keine Registrierung möglich. Versuchen Sie es in diesem Fall erneut. Eventuell war das Gesicht verdeckt, nicht richtig scharfgestellt oder das Umgebungslicht reichte nicht aus.

5 Registrierte Gesichter mit höherer Priorität
Wählen Sie **Gesichtserkennung Ein (registr. Gesicht)** aus, um den registrierten Gesichtern bei Aufnahmen mit **Gesichtserkennung** eine höhere Priorität zu geben.

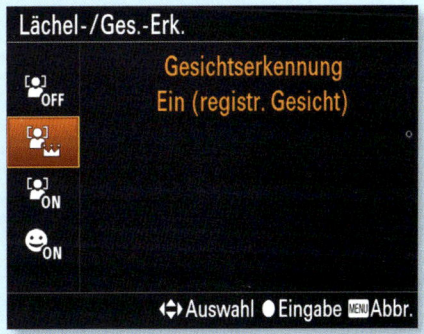

Kapitel 9
Natur- und Landschaftsfotografie mit der RX100 IV

Sinnvolle Einstellungen und hilfreiches Zubehör 212

Die Perspektive im Weitwinkelbereich 213

Die Perspektive straffen mit langer Brennweite 214

Panorama: das besondere Bildformat 215

Panorama ohne Umweg, direkt aus der Kamera 216

EXKURS: Panoramabild mit Photoshop Elements erstellen 218

Sinnvolle Einstellungen und hilfreiches Zubehör

Nicht nur in Landschaften ferner Länder, sondern auch in der heimischen Gegend finden sich interessante und lohnenswerte Motive. In der Natur- und Landschaftsfotografie überwiegen die statischen Motive (die Tierfotografie mal ausgenommen). Sie als Fotograf haben in der Regel also viel Zeit, sich mit dem Motiv zu beschäftigen, den richtigen Bildausschnitt zu wählen oder eine besondere Lichtstimmung abzuwarten.

Für perfekt komponierte Bilder und wenn die Belichtungszeiten länger werden und ein Verwackeln vermieden werden soll, ist ein Stativ sicherlich von Vorteil. Auch ein Fernauslöser oder alternativ der 2-Sekunden-Selbstauslöser (Menü ◉ 3 • **Bildfolgemodus**) können hier gute Dienste leisten. Für leuchtende Farben, vor allem für ein schönes Himmelblau, sorgt oft ein Polfilter. Auch hilft er, Spiegelungen zum Beispiel im Wasser zu vermeiden. Ein Grauverlaufsfilter mindert die Kontraste zwischen Vorder- und Hintergrund, da er einen hellen und einen abgedunkelten Bereich besitzt. Der Übergang ist dabei fließend. Ein reiner Graufilter wird für effektvolle Langzeitbelichtungen benötigt. Dieser mildert die Gesamthelligkeit und verlängert somit die Belichtungszeit. Wie Sie an der RX100 IV Filter verwenden können, erfahren Sie im Abschnitt »Motive vergrößern mit Nahlinsen« auf Seite 224. Die RX100 IV hat allerdings auch einen elektronischen **ND-Filter** (Menü ◉ 5) eingebaut, den Sie sofort ohne weitere Hardware nutzen können.

Abbildung 9.1 >
Beziehen Sie ruhig den Vordergrund, wie hier die Heuballen, in die Bildkomposition mit ein. Das Bild erhält so eine größere Tiefenwirkung.

Die Perspektive im Weitwinkelbereich

Das Objektiv der RX100 IV erlaubt in Weitwinkelstellung Aufnahmen von Landschaften, in denen sowohl der Vordergrund als auch der Hintergrund scharf dargestellt sind. Die Distanz zum Objekt im Vordergrund sollte möglichst gering sein, um die Relationen zwischen nah und fern zu verstärken.

Für eine möglichst große Schärfentiefe sollte die Blende soweit wie möglich geschlossen sein, ohne allerdings ein Verwackeln durch eine zu lange Belichtungszeit zu riskieren. Mit dem Einsatz eines Stativs können Sie noch weiter abblenden. Verwenden Sie am besten die Blendenpriorität **A**. Bei der Einstellung auf 24 mm Brennweite können Sie mit dem Objektiv bis auf etwa 5 cm (gemessen vom Bildsensor) an das Objekt im Vordergrund heran. Hier ist die Naheinstellgrenze erreicht. Bei geringeren Abständen ist ein Scharfstellen nicht mehr möglich.

▽ **Abbildung 9.2**
Eine tiefe Kamerahaltung sorgt für einen räumlichen Bildeindruck.

[24 mm | f3,5 | 1/40 s | ISO 125]

Möchten Sie eine schöne Tiefenwirkung in Ihren Bildern erzeugen, dann ist der Weitwinkelbereich erste Wahl. Fahren Sie das Objektiv ruhig bis an den Anschlag, also bis auf 24 mm. Nutzen Sie Linien im Bild und lassen Sie diese diagonal im Bild verlaufen. Mehr zur Linienführung haben Sie bereits in Abschnitt »Linienführung in der Fotografie« ab Seite 197 erfahren. Wenn möglich, beziehen Sie auch den Vordergrund mit ein. Auch hierdurch wird Tiefenwirkung erzielt. Bäume, Sträucher usw. bieten sich hierfür an. Auch können Sie so einen natürlichen Rahmen im Bild schaffen, was ebenfalls sehr gut wirkt.

[24 mm | f8 | 1/500 s | ISO 200]

Stellen Sie am besten die Mehrfeldmessung **Multi** ein, wenn Sie im Weitwinkelbereich arbeiten. Niedrige ISO-Werte sind von Vorteil, da ein Bildrauschen meist auch im Himmel schnell sichtbar wird.

Wenn Sie auf die Einstellmöglichkeiten verzichten können, die Sie im Blendenprioritätsmodus **A** haben, können Sie auch alternativ das Szenenwahlprogramm **Landschaft** ▲ wählen. Einfluss auf die Schärfentiefe haben Sie hier allerdings dann nicht mehr. Die RX100 IV versucht in diesem Programm, die Schärfentiefe zu maximieren.

△ **Abbildung 9.3**
Die Diagonalen des Treppenabgangs im Vordergrund ziehen den Betrachter förmlich ins Bild hinein.

[24 mm | f10 | 1/100 s | ISO 200]

⌃ **Abbildung 9.4**
Satte Farben und vor allem einen schönen blauen Himmel erhalten Sie, wenn Sie einen Polfilter vor Ihr Objektiv schrauben.

[24 mm | f9 | 1/500 s | ISO 200]

⌃ **Abbildung 9.5**
Durch die Äste im Vordergrund wird eine schöne Tiefenwirkung erzielt.

Die Perspektive straffen mit langer Brennweite

⌄ **Abbildung 9.6**
Die 70-mm-Brennweite der RX100 IV reichte bereits aus, um die einzelnen Blüten einander optisch anzunähern und die Bildwirkung zu intensivieren.

[70 mm | f5 | 1/500 s | ISO 125]

Wollen Sie einzelne Objekte von der restlichen Umgebung lösen, also herausstellen, bietet sich der Telebereich an. Die RX100 IV ist mit ihren 70 mm Brennweite hier sicherlich etwas schwach ausgestattet, aber möglich ist es dennoch. Die Blende sollte weit geöffnet sein, um dem Vorder- und Hintergrund die Schärfe zu nehmen. Hierdurch wird das Herausstellen des Hauptobjekts möglich. Des Weiteren eignet sich der Telebereich dazu, die Perspektive zu verdichten. Damit ist gemeint, dass Vorder- und Hintergrund scheinbar näher aneinander heranrücken. Zum Beispiel Bergketten oder Blumenwiesen können so vorteilhaft verdichtet werden. Die Wirkung der Szene nimmt zu. Die Illusion der enger gestaffelten Motive, wie zum Beispiel der Bergketten, wirkt wesentlich gewaltiger und imposanter. Die Blumenwiese kann ebenfalls interessanter werden, da die vorhandenen Blumen scheinbar zusammenrücken und so wie ein sehr dichtes Blumenmeer wirken.

Die Empfehlung lautet auch hier, ein Stativ einzusetzen. An der RX100 IV stellen Sie die Mehrfeldmessung **Multi** oder, wenn es das Motiv erfordert, also das Hauptmotiv relativ klein ist, die **Spot**- oder mittenbetonte Messung **Mitte** ein. Sinnvoll ist auch hier wieder die Blendenpriorität **A**, um selbst die Blende nach Wunsch einstellen zu können. Möchten Sie ein Objekt freistellen, wählen Sie möglichst die Offenblende f2,8. Soll hingegen die Schärfentiefe größer sein, dann blenden Sie ab.

[70 mm | f2,8 | 1/500 s | ISO 125]

∧ Abbildung 9.7
Die offene Blende verdichtete den Vordergrund und sorgte zugleich für eine schöne Freistellung der vorderen Pflanzen.

Panorama: das besondere Bildformat

Für das Bildformat des Panoramas gibt es keine feststehende Definition. Im Allgemeinen spricht man bei einem Bild von einem Panorama, wenn die Seitenverhältnisse bei mindestens 1:2 liegen. Panoramen eignen sich insbesondere für Landschaftsaufnahmen, da sie unserem visuellen Eindruck des Wahrgenommenen entsprechen. Wir erleben eine Landschaftsszene nicht in einem Blick oder Bild, sondern drehen unseren Kopf, um die Gesamtheit zu erkennen.

Eine besondere Wirkung erzielen Panoramen, wenn sie ein Seitenverhältnis besitzen, das von unserem Gesichtsfeld nicht sofort erfasst wird (ab 1:4). Die RX100 IV liefert hierfür entsprechende Hilfen, wie den **Schwenk-Panorama**-Modus ▭. Aber auch das nachträgliche Zusammenfügen einzelner Fotos ist möglich.

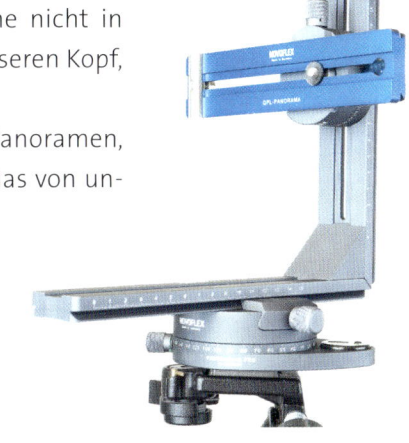

< Abbildung 9.8
Ein Spezialist für Panoramen ist der Panoramakopf Novoflex-System VR. Allerdings muss es für die kleine RX100 IV nicht gleich ein so professioneller Panoramakopf sein. Es gibt am Markt auch deutlich günstigere Geräte, wie etwa von der Firma Roundabout-NP.

Die RX100 IV bietet Panoramen mit einem maximalen Seitenverhältnis von 1:7,8 bei 1856 × 12 416 Pixeln. Panoramen mit Seitenverhältnissen von mehr als 1:7,8 sind nur durch Beschnitt oder das Aneinanderreihen mehrerer Bilder (das sogenannte *Stitchen*) möglich. Auch wenn die RX100 IV mit ihrer hohen Auflösung ein gutes Potenzial bietet, um das Format zu beschneiden, wird man im Normalfall das Stitchen, wie es nachfolgend an einem Beispiel erklärt wird, bevorzugen. Eine optimale Wirkung erzielen Panoramen ohnehin erst im großformatigen Ausdruck. Für qualitativ hochwertige Panoramaabzüge ist eine möglichst hohe Auflösung nötig.

Panorama ohne Umweg, direkt aus der Kamera

Die RX100 IV besitzt selbst auch eine Panoramafunktion, mit der Sie sofort und ohne Arbeit am PC zu guten zusammengesetzten Bildern kommen können. Es stehen Ihnen vier Panoramavarianten zur Verfügung: jeweils zwei in unterschiedlich starker Auflösung in vertikaler und horizontaler Richtung. Die Einstellungen hierfür können Sie im Menü ■ 2 verändern, sobald Sie den Modus **Schwenk-Panorama** ▭ am Moduswahlknopf gewählt haben.

∧ Abbildung 9.9
Im Programm **Schwenk-Panorama** *können Sie die Größe und die Ausrichtung des Panoramas bestimmen.*

▲ **Abbildung 9.10**
Es ist wichtig, dass Sie die Kamera gleichmäßig schwenken, damit es nicht zu Problemen beim Zusammensetzen der Bilder kommt.

Allerdings erfordert dieser Modus schon etwas Übung. Die Kamera ist möglichst ruhig und gleichmäßig in einem bestimmten Tempo in einem bestimmten Winkel zu schwenken. Dieser ist abhängig von der gewählten Objektiv-Brennweite. Sind Sie beim Schwenken zu schnell, kommt es, wie bei Abbildung 9.10, zu Problemen beim Zusammensetzen der Bilder. Sind Sie dagegen zu langsam, erhalten Sie einen grauen Bereich am Ende des Bildes. Die maximal mögliche Bildgröße wird dann nicht erreicht. Fertigen Sie am besten ein paar Testaufnahmen an, bevor Sie sich an das finale Bild wagen. Überprüfen können Sie das Panoramabild im Wiedergabemodus ▶. Hier wird das komplette Bild in einer Art Videomodus durchfahren. Fehler an Bildübergängen sind so recht gut zu erkennen.

Läuft Ihnen zum Beispiel während der Aufnahme eine Person vor die Kamera, müssen Sie leider die Aufnahme in den meisten Fällen von neuem starten. Motive, die sich bewegen, sind für die **Schwenk-Panorama**-Aufnahmen weniger geeignet, da die Kamera den dadurch entstehenden Versatz nicht ausgleichen kann.

Panoramen können Sie horizontal oder vertikal anfertigen. Allerdings müssen Sie diese Richtung der Kamera mitteilen. Im Menü 📷 2 stehen Ihnen unter **Panorama: Ausricht.** die entsprechenden Auswahlmöglichkeiten (**Rechts**, **Aufwärts**, **Links** und **Abwärts**) zur Verfügung.

▽ **Abbildung 9.11**
Das Panoramaformat erzeugt meist eine starke Wirkung.

Panoramabild mit Photoshop Elements erstellen
EXKURS

1 Kamera einstellen
Zunächst sind einige Einstellungen an der RX100 IV vorzunehmen. Um eine gleichbleibende Belichtung sowie die gleiche Schärfentiefe über das gesamte Panorama zu erhalten, benutzen Sie am besten das Programm **M**. Hier bleibt die einmal vorgenommene Kombination aus **Blende** und **Belichtungszeit** erhalten. Den Autofokus schalten Sie ab (Menü 📷 **4** • **Fokusmodus**) und stellen die Schärfe von Hand ein.

2 Kamera ausrichten
Auch wenn bei Aufnahmen aus der freien Hand gute Panoramen entstehen können, sollten Sie dennoch ein Stativ bevorzugen. Mit Hilfe eines Stativs können Sie die Kamera wesentlich leichter ausrichten und schwenken. Das Schwenken der Kamera muss um das optische Zentrum, den Nodalpunkt, geschehen. Ist das nicht der Fall, kommt es zum Versatz zwischen Vorder- und Hintergrund.

3 Aufnahmen anfertigen
Beginnen Sie nun mit den Aufnahmen im Uhrzeigersinn. Wichtig ist es hierbei, dass sich die einzelnen nebeneinanderliegenden Bilder mit etwa 20 bis 30 % überlappen. Sind die Aufnahmen gelungen, fügen Sie sie mit einem Panoramaprogramm zusammen. Nachfolgend wird dies am Beispiel von Adobe Photoshop Elements beschrieben.

4 Bilder zusammenführen
Im Fotoeditor wählen Sie **Überarbeiten** • **Photomerge** • **Photomerge®-Panorama**. Wählen Sie die einzelnen zusammenzufügenden Bilder aus. Hierfür verwenden Sie den Button **Durchsuchen** oder **Geöffnete Dateien** hinzufügen. Die Fotos sollten nun im Bereich **Quelldateien** erscheinen.

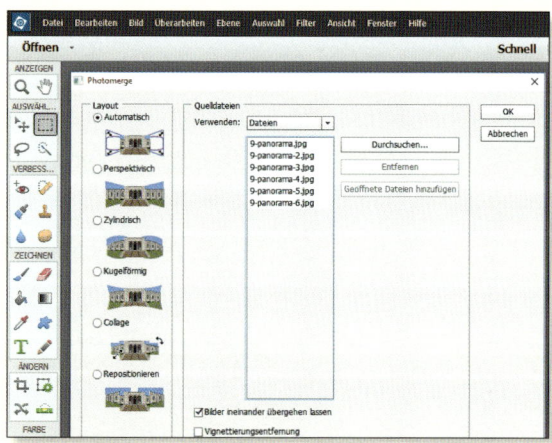

5 Optionen wählen
Nun können noch einige Einstellungsoptionen gewählt werden. Im Bereich **Layout** belassen Sie die Einstellung bei **Automatisch**, oder Sie wählen eine der weiteren Optionen, sofern diese für Sie zutreffender sind. Wurde noch keine Korrektur von eventuellen Randabschattungen im Bild vorgenommen, wählen Sie die Option **Vignettierungsentfernung** aus. Das gleiche trifft für den Punkt **Korrektur der geometrischen Verzerrung** zu. Klicken Sie dann auf **OK**.

EXKURS

6 Berechnung starten

Photoshop Elements beginnt nun mit der Berechnung der Zusammensetzung der Bilder. Dies kann je nach PC-Leistung, Menge der Bilder und Auflösung der einzelnen Bilder einige Minuten dauern.

und weiter bearbeiten. Zum Beschneiden wählen Sie den gewünschten Bereich aus und klicken auf **Bild • Freistellen**.

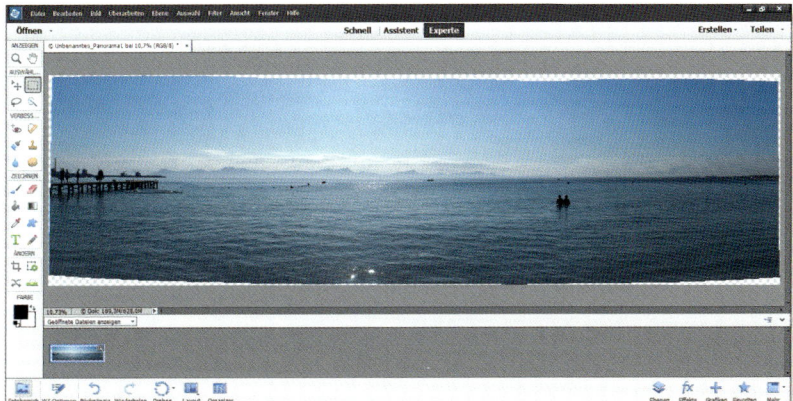

7 Finale Bearbeitung

Liegt das berechnete Panoramabild vor, können Sie das Bild zuschneiden

Nodalpunkt

Der Nodalpunkt wird auch als optisches Zentrum bezeichnet. Dies ist der Knotenpunkt des Objektivs, um den die Kamera gedreht werden muss. Bewegt man die Kamera nicht um diesen Punkt, kommt es zu sogenannten *Parallaxenfehlern*. Diese erschweren das spätere Zusammensetzen der Bilder zu einem Panoramabild. Um ein exaktes Ausrichten der Kamera zu gewährleisten, werden spezielle Panoramastativköpfe angeboten. Mit ihnen ist es möglich, die Kamera nach vorn, nach hinten hinten, nach rechts und nach links und in der Höhe zu verschieben.

So bestimmen Sie den Nodalpunkt:

1. Suchen Sie sich hierzu im Freien eine vertikale Linie im Nahbereich und eine weiter entfernte. Diese beiden Linien werden später zur Deckung gebracht. Nun richten Sie Ihr Stativ horizontal mittels einer Wasserwaage oder Libelle aus.
2. Nach der Befestigung der Kamera am Panoramakopf wählen Sie die gewünschte Brennweite.
3. Die Drehachse der Kamera muss exakt der Drehachse des Panoramakopfes entsprechen. Nehmen Sie die entsprechende Einstellung am Panoramakopf vor.
4. Schauen Sie durch den Sucher oder auf den Monitor der Kamera und visieren Sie beide vertikalen Linien aus Schritt 1 an. Diese Linien sollten außerhalb der Bildmitte, zum Beispiel rechts im Sucher, dicht nebeneinanderliegen. Drehen Sie nun die Kamera weiter nach rechts, so dass die beiden Linien auf der linken Seite im Sucher erscheinen. Der Abstand beider Linien muss rechts und links identisch sein. Wenn Sie Glück haben, stimmt die Einstellung jetzt. Im Normalfall muss aber am Panoramastativkopf noch nachjustiert werden.
5. Für weitere Panoramabilder mit der gleichen Konfiguration ist es sinnvoll, die Werte festzuhalten. So erspart man sich die vorhergehenden Schritte und kann sofort mit dem Fotografieren beginnen.

Kapitel 10
Nah- und Makrofotografie

Optimale Kameraeinstellungen für den Makrobereich 222

Motive vergrößern mit Nahlinsen 224

Optimale Kameraeinstellungen für den Makrobereich

In der Makrofotografie erhalten Sie mit relativ wenig Aufwand Einblicke in die Welt der kleinen Dinge – etwa Insekten, Blüten oder Strukturen –, die aufgrund ihrer geringen Größe normalerweise leicht übersehen werden oder mit bloßem Auge gar nicht erst zu erkennen sind. Auch das Zoomobjektiv Ihrer RX100 IV besitzt leichte Makrofähigkeiten, so dass Sie erste Schritte im Makrobereich wagen können. Mit dem Objektiv ist ein Abbildungsmaßstab bis etwa 1:7 möglich, das heißt, das Motiv wird auf dem Bildsensor mit einem Siebtel der Originalgröße dargestellt. Speziell für den Makrobereich berechnete Objektive erreichen hingegen meist einen Abbildungsmaßstab von 1:2 beziehungsweise 1:1. Aber auch mit der RX100 IV können Sie spannende Makrofotos aufnehmen.

v Abbildung 10.1
Der Kopf der Libelle konnte bei Blende f3,5 noch scharf abgelichtet werden, während alles, was nicht in derselben Schärfeebene liegt, unscharf erscheint.

[70 mm | f3,5 | 1/160 s | ISO 400]

☑ Der Abbildungsmaßstab

Der Abbildungsmaßstab ist das Verhältnis zwischen dem zu fotografierenden Objekt und der Größe, wie es auf dem Bildsensor erscheint. Bei einem Abbildungsmaßstab von 1:1 wird das Objekt auf dem Bildsensor genauso groß dargestellt wie in der Realität. Ein 1 cm langer Käfer wird also auf dem Bildsensor auch eine Länge von 1 cm besitzen, auf einem Bildabzug von üblichen 10 × 15 cm immerhin schon 6,3 cm. Fotografiert man den Käfer mit einem Makroobjektiv mit einem maximalen Abbildungsmaßstab von 1:2, wäre sie auf dem Bildabzug halb so groß, also 3,15 cm. Der Abbildungsmaßstab des Objektivs bleibt natürlich, trotz des Formatfaktors (Cropfaktor) der RX100 IV von 2,72, konstant.

Ziel der Nah- und Makrofotografie ist es, das Motiv möglichst stark zu vergrößern. Sie gehen also im Idealfall, soweit es geht, an das Objekt heran. Die Grenze stellt hier die Naheinstellgrenze des Objektivs der RX100 IV dar: Bei 24 mm Brennweite sind das 5 cm, bei 70 mm Brennweite 30 cm. Nähern Sie sich noch weiter, so ist keine Schärfe mehr zu erreichen. Bei Tieren müssen Sie außerdem unterschiedliche Fluchtdistanzen beachten.

Kurze Motivabstände fordern zudem mehr Licht, was sich in einer längeren Belichtungszeit niederschlägt. Um Verwacklungen zu vermeiden, ist der Einsatz eines Stativs zu empfehlen. Auch die Erhöhung des ISO-Wertes kann in zu dunklen Situationen für die notwendige kurze Belichtungszeit sorgen. Hierbei sollten Sie aber immer auf das stärker werdende Rauschen achten.

Ein nicht unerhebliches Problem in der Nah- und Makrofotografie ist die geringe Schärfentiefe. Um hier schnell die Blendenwerte für einen ausgewogenen Kompromiss aus Schärfentiefe und möglichst kurzer Belichtungszeit zu erhalten, wählen Sie am besten das Programm **A** an Ihrer RX100 IV aus. Ihnen steht alternativ auch das Szenenwahlprogramm **Makro** ✿ zur Verfügung. Hier haben Sie aber keinen Einfluss auf die Schärfentiefe. Aufgrund des kleinen Sensors der RX100 IV ist die Schärfentiefe bereits bei Blende f4 bis f5 recht groß. Experimentieren Sie für den Anfang ruhig in diesem Bereich. Reicht die Schärfentiefe nicht aus, blenden Sie weiter ab.

Bei sich bewegenden Objekten verwenden Sie am besten den Nachführmodus (**AF-C**). Allerdings ist der Autofokus der RX100 IV im Makrobereich in

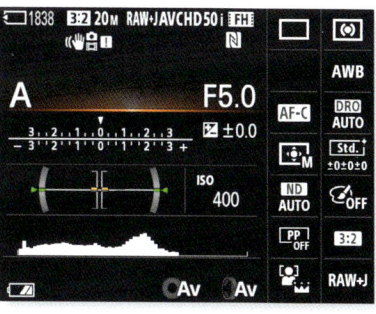

∧ **Abbildung 10.2**
*In der Blendenpriorität **A** können Sie auf die Schärfentiefe Einfluss nehmen – ein wichtiger Faktor für ein gelungenes Makrobild.*

vielen Fällen nicht ideal. Kommen Sie also mit dem Autofokus nicht zu den gewünschten Ergebnissen, dann stellen Sie im Menü ◌ 4 unter **Fokusmodus** ruhig einmal **Manuellfokus** (**MF**) ein. Sie verhindern so, dass der Autofokus von einer Schärfeebene zur anderen springt oder eventuell den Fokus erst gar nicht findet. Mit dem manuellen Fokus können Sie die Schärfe auch ganz gezielt auf bestimmte Motivbereiche legen, wie zum Beispiel auf die Augen von Insekten oder anderen Tieren. Im selben Menü können Sie auch den Fokusmodus **DMF** (**Direkt. Manuelf.**) wählen. Auch dieser Modus kann hier von Vorteil sein. Die RX100 IV fokussiert nun zunächst automatisch, bis sie den Schärfepunkt gefunden hat, und schaltet dann um auf den manuellen Fokus.

Sie haben nun die Möglichkeit, den Feinschliff bei der Schärfeeinstellung selbst vorzunehmen.

[70 mm | f2,8 | 1/320 s | ISO 400]

< Abbildung 10.3
*Im Nachführmodus **AF-C** wurde hier auf die Biene scharfgestellt.*

Motive vergrößern mit Nahlinsen

Mit dem maximal möglichen Abbildungsmaßstab der RX100 IV kommt man sicher recht schnell an die Grenzen. Oft möchte man die kleine Welt noch dichter heranholen. Das Objektiv können Sie aber nicht wechseln. Auch Zwischenringe oder Telekonverter können Sie nicht an die RX100 IV montieren. Es bleibt eigentlich nur die Möglichkeit, Nahlinsen einzusetzen, und das auch nur mit einem passenden Adapter.

Nahlinsen funktionieren wie Lesebrillen für das Objektiv und vergrößern den Abbildungsmaßstab. Sie werden auf das Filtergewinde geschraubt. Mit Hilfe einer Nahlinse können Sie näher an das Motiv herangehen. Dabei gilt: Je stärker die Nahlinse, umso mehr können Sie sich dem Objekt mit Ihrer Kamera nähern. Für bestmögliche Bildergebnisse in Bezug auf Schärfe und Kontrast sollten Sie bei der Verwendung von Nahlinsen etwas abblenden. Sie können so die Schärfeabnahme zu den Bildecken hin reduzieren. Ein wesentlicher Vorteil von Nahlinsen besteht darin, dass sie keinen Lichtverlust verursachen. Auch der Autofokus arbeitet einwandfrei, und auf die Belichtungsmessung können Sie mit Nahlinsen ebenso zurückgreifen.

[70 mm | f3,2 | 1/200 s | ISO 125]

^ Abbildung 10.4
Selbst bei fast völlig geöffneter Blende lässt sich mit der RX100 IV der Hintergrund nicht komplett weichzeichnen und so der Schmetterling nicht ganz freistellen.

Die Stärke, oder besser gesagt: die Brechkraft, einer Nahlinse wird in Dioptrien angegeben. Die Brechkraft ist das Maß dafür, wie stark Lichtstrahlen durch eine optische Struktur, in diesem Fall eine Linse, gebrochen werden. Es gibt verschiedene Hersteller, die Nahlinsen mit unterschiedlichen Stärken von +1 bis +5 anbieten und die Sie an der RX100 IV anbringen können.

^ Abbildung 10.5
Nahlinse NL 3 von B&W ❸ zum Aufschrauben auf das Filtergewinde des Adapters ❷. Ein magnetischer Ring ❶ wird als Halter für den Adapter an das Objektiv geklebt. Hier ist ein Filter mit 55 mm Durchmesser abgebildet, der zum Beispiel auf den MAGFILTER-Adapter mit 55 mm Durchmesser passt.

^ Abbildung 10.6
Fertig adaptierte Kombination aus Haltering, Adapter und Nahlinse an der RX100 IV

[70 mm | f5 | 1/400 s | ISO 400 | Stativ]   [70 mm | f5 | 1/400 s | ISO 400 | Nahlinse NL 3 | Stativ]

Abbildung 10.7
Links eine Makroaufnahme ohne und rechts mit einer Nahlinse mit der Vergrößerungsstärke von +3 Dioptrien

Maximalen Abstand zum Motiv ermitteln

Um herauszufinden, wie nah Sie an Ihr Motiv mit einer Nahlinse herangehen können, müssen Sie wissen, dass der maximale Abstand einer Nahlinse zum Objekt dem Kehrwert ihrer Brechkraft entspricht. Verständlicher wird das mit Hilfe der folgenden Formel:

1 ÷ Brechkraft in Dioptrien = maximaler Abstand zum Objekt (in Metern)

Wenn Sie mit einer Nahlinse von +1 arbeiten, müssen Sie also (bei eingestellter Schärfe auf »unendlich«) auf einen Meter (1:1) an das Objekt heran, um es scharf abzubilden. Bei einer Nahlinse von +2 müssen Sie sich schon auf 0,5 Meter (1:2) dem Motiv nähern. Je höher die Dioptrienzahl, desto dichter können Sie also an das Objekt heran, da sich die Naheinstellgrenze des Objektivs der RX100 IV durch die Nahlinse immer weiter verkürzt.

Es ist prinzipiell möglich, mehrere Nahlinsen hintereinander zu schrauben. Sie sollten es aber bei der Theorie belassen, denn die Qualität der Aufnahmen leidet meist recht stark.

Hinsichtlich der Abbildungsqualität werden einfache Nahlinsen von speziell korrigierten Nahlinsen, den sogenannten *Achromaten*, weit übertroffen. Allerdings spiegelt sich dies auch im Preis wider. Eine einfache Nahlinse kostet zum Beispiel für 55 mm Filterdurchmesser etwa 30 Euro. Ein Achromat kostet schnell das Doppelte und mehr.

Praxistipps für Makroaufnahmen

1. Verwenden Sie nach Möglichkeit ein Stativ. Beim Einsatz eines Stativs schalten Sie den **SteadyShot** (Menü 📷 8) aus.
2. Für Belichtungszeiten ab einer Sekunde schalten Sie die automatische Rauschunterdrückung (Menü 📷 6) ein, wenn Sie im Einzelbildmodus arbeiten. Im Serienbildmodus können Sie die Rauschunterdrückung nicht nutzen.
3. Um Verwacklungen durch das Drücken des Auslösers zu vermeiden, sollten Sie einen Fern- oder den 2-Sekunden-Selbstauslöser benutzen.
4. Bei eingestelltem RAW-Format (Menü 📷 1) stehen Ihnen alle Möglichkeiten zur Nachbearbeitung offen.

[70 mm | f4 | 1/160 s | ISO 400 | Nahlinse NL 3]

∧ **Abbildung 10.8**
Mit einer Nahlinse mit der Vergrößerungsstärke von +3 Dioptrien (NL 3) reduziert sich die Naheinstellgrenze auf nur noch etwa 15 cm.

Kapitel 11
Architektur fotografieren mit der RX100 IV

Gebäude in Szene setzen 230

Stürzende Linien und Verzeichnungen vermeiden 234

Gebäude in Szene setzen

Sind Sie zum Beispiel auf einer Städtereise unterwegs, dann liegt ein fotografischer Schwerpunkt meist auf der Architektur. Wie Sie hier mit Ihrer RX100 IV zu effektvollen Fotos gelangen, erfahren Sie in diesem Kapitel.

Perspektive schaffen

Bei vielen Außenaufnahmen, aber vor allem im Inneren von Gebäuden bietet sich der Weitwinkelbereich an. Hier ist oft wenig Platz, und doch soll meist möglichst viel aufs Bild. Bedenken Sie, dass es im Randbereich zu umso stärkeren Verzeichnungen kommt, je dichter Sie sich am Motiv befinden (siehe hierzu den Abschnitt »Stürzende Linien und Verzeichnungen vermeiden« auf Seite 234).

⌄ Abbildung 11.1
Diagonale Linien verleihen dem Bild räumliche Tiefe.

[24 mm | f5 | 1/200 s | ISO 125]

∧ Abbildung 11.2
Im Inneren von Gebäuden von Vorteil: der Weitwinkelbereich. Die diagonal verlaufenden Linien der Bänke erzeugen eine schöne Tiefenwirkung.

∧ Abbildung 11.3
Tiefenwirkung erzielen Sie auch, wenn Sie dafür sorgen, dass ein Element im Vordergrund des Bildes zu sehen ist.

Bei dem Bild aus der Abbildung 11.2 vom Inneren der Kirche wurde Tiefenwirkung durch diagonal verlaufende Linien erzeugt. Das ist, neben dem Wunsch das Objekt möglichst großflächig einzufangen, in der Architekturfotografie ein zentraler Aspekt. Stellen Sie an der RX100 IV am besten die Mehrfeldmessung **Multi** und das Programm **A** ein. So haben Sie Einfluss auf die Schärfentiefe. Ein scharfer Bereich von vorn bis hinten wird hier meistens gewünscht, um der realistischen Abbildung nahezukommen. Die Mehrfeldmessung **Multi** sorgt für eine möglichst ausgeglichene Belichtung des ganzen Bildbereichs.

Eine Tiefenwirkung erzielen Sie auch mit Elementen im Vordergrund. Beziehen Sie diese also ruhig mit ins Bild ein. Bei dem Bild in Abbildung 11.3 wurde diese Wirkung mit dem Gebäude im Hintergrund und dem Briefkasten im Vordergrund erreicht.

Aber auch mit dem Telebereich der RX100 IV erzielen Sie schöne Effekte. Der dreidimensionale Raum wird verdichtet wiedergegeben, was spannender wirken kann. Die eng gestaffelten Pfeiler und Seile zum Beispiel im Bild aus Abbildung 11.4 wirken hier doch deutlich imposanter als mit einer Aufnahme bei zum Beispiel 30 mm Brennweite.

Interessant kann es sein, Aufnahmen von einem Motiv sowohl mit dem Weitwinkel- als auch mit dem Telebereich anzufertigen. Es ergeben sich so unterschiedliche Betrachtungsweisen. Der Telebereich eignet sich auch sehr gut, um bemerkenswerte Details herauszustellen, da er das Objekt auf dem

Bild größer darstellt, als in der Wirklichkeit vorgefunden. Mit der Telebrennweite kann es zudem besser freigestellt werden als bei einer Aufnahme im Weitwinkelbereich.

∧ Abbildung 11.4
Links: Der Telebereich der RX100 IV (70 mm Brennweite) führt hier zu einer straffenden Wirkung beziehungsweise Verdichtung des Raumes. Dadurch wirkt das Bild trotz der vielen Elemente sehr ruhig. Rechts: Das Bild der Stahlbrücke mit 30 mm Brennweite aufgenommen wirkt wesentlich unruhiger als das Bild links.

Ein Stativ bietet sich an, um den Bildausschnitt in Ruhe festzulegen. Die RX100 IV kann Sie bei der Bildgestaltung zum Beispiel auch mit den einblendbaren Gitternetzlinien (Menü ✿ 1 • **Gitterlinie**) oder der Wasserwaage unterstützen. Um die Wasserwaage einzublenden, drücken Sie mehrfach die **DISP**-Taste, bis sie erscheint. Sollte die Wasserwaage nicht eingeblendet werden, dann muss die **DISP**-Taste (Menü ✿ 2 • **Taste DISP**) entsprechend programmiert werden. Für den Sucher sowie den Monitor können Sie diese Einstellung auch unterschiedlich voneinander wählen.

Abbildung 11.5 >
Die Gitterlinien helfen Ihnen dabei, die Kamera gerade auszurichten.

 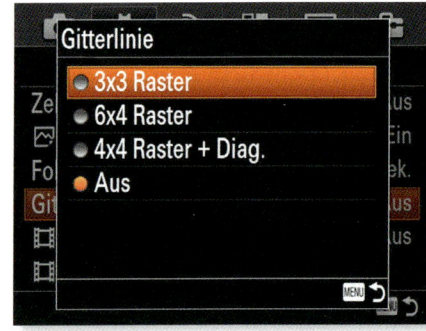

Abwechslung mit der Froschperspektive

Auch die Froschperspektive, also die Perspektive von unten nach oben, ist für besondere Effekte gut. Hier macht sich der klappbare Monitor der RX100 IV sehr positiv bemerkbar, denn Sie können damit recht komfortabel die Froschperspektive mit der RX100 IV einnehmen.

Die Froschperspektive hilft dabei, das Motiv erhabener oder auch majestätischer wirken zu lassen. Auch hier ist wieder eine möglichst große Schärfentiefe von Vorteil, das Programm **A** also erste Wahl. Experimentieren Sie mit Werten ab Blende f4,5. Platzieren Sie ein Fokusfeld (im Modus **Flexible Spot** aus dem Menü ◉ 4) entsprechend und stellen Sie auf das Motiv scharf.

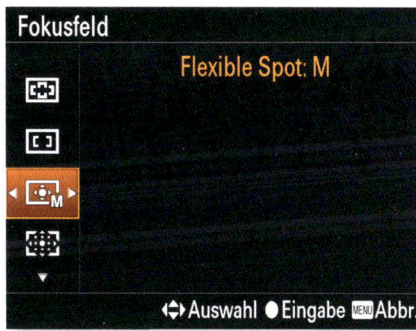

< Abbildung 11.6
Um ein Fokusfeld nach Ihren Wünschen zu platzieren, wählen Sie im Menü ◉ 4 unter **Fokusfeld** die Option **Flexible Spot**.

< Abbildung 11.7
Durch die Froschperspektive wirkt das Gebäude deutlich imposanter als mit einer Frontalaufnahme. Die Grashalme im Vordergrund verdeutlichen zudem die extreme Perspektive von unten. Das Bild wurde nachträglich per Software entzerrt.

Stürzende Linien und Verzeichnungen vermeiden

Wenn Sie mit der Kamera größere Gebäude festhalten wollen, dann werden Sie vorrangig im Weitwinkelbereich fotografieren. Mit Weitwinkelaufnahmen können Sie realistische, aber auch kreative Perspektiven festhalten.

Ein häufiges Problem in der Architekturfotografie stellen stürzende Linien dar. Das heißt, beim Schwenken der Kamera aus der horizontalen Betrachtungsebene nach oben oder nach unten erscheinen Linien im Bild unnatürlich gekippt. Beim Kippen nach unten laufen die Linien auseinander, während sie beim Kippen nach oben aufeinander zulaufen. Möchten Sie die korrekten Proportionen der Gebäude erhalten, dann richten Sie die Kamera möglichst parallel zur Gebäudefront aus.

Die Kirche aus der Abbildung 11.8 stellt ein solches unschönes Beispiel dar. Wäre die Kamera gerade ausgerichtet worden, hätte die Kirche nicht komplett auf das Foto gepasst. Eine Lösungsmöglichkeit wäre hier, sich in ein gegenüberliegendes Gebäude zu begeben und zu versuchen von dort einen höheren Standpunkt zu erreichen, von dem aus eine gerade Ausrichtung der Kamera möglich ist. Nur selten werden Sie jedoch Zugang zu diesem Gebäude haben. Dann bleibt Ihnen nichts weiter übrig, als mit teilweise stürzenden Linien auszukommen. Ein Tipp: Je weiter Sie vom Objekt entfernt sind, umso geringer fallen Verzeichnung später aus.

< Abbildung 11.8
Wenn Sie die Kamera auf das Gebäude richten und die Kamera dabei nach oben kippen, um es komplett auf das Bild zu bekommen, sind häufig stürzende Linien die Folge. Richten Sie die Kamera deshalb immer möglichst frontal auf das Gebäude, um diesen unschönen Effekt zu vermeiden.

Alternativ bleibt noch die spätere Entzerrung in einem Bildbearbeitungsprogramm. Dafür sollten Sie allerdings bei der Aufnahme um das eigentliche Motiv herum ausreichend Freiraum lassen. Diese Platzreserven werden benötigt, da nach der Entzerrung schiefe Ränder entstehen. Schneidet man das Bild nun wieder auf ein rechteckiges Maß zu, geht an den Seiten Bildmaterial verloren. Wenn dadurch wichtige Gebäudeelemente entfernt würden, wäre das natürlich besonders ärgerlich. Die Entzerrung in der Software ist allerdings auch kein Allheilmittel, extreme Verzeichnungen lassen sich auch hier nicht immer komplett beheben. Bei Naturaufnahmen fällt dieser Effekt übrigens weniger auf, da hier ohnehin nichts so winklig und gerade ist, wie es Gebäude in der Regel sind.

˄ Abbildung 11.9
Stehen Sensorebene ❶ *und Objektebene* ❷ *nicht parallel zueinander, kommt es zu Verzeichnungen.*

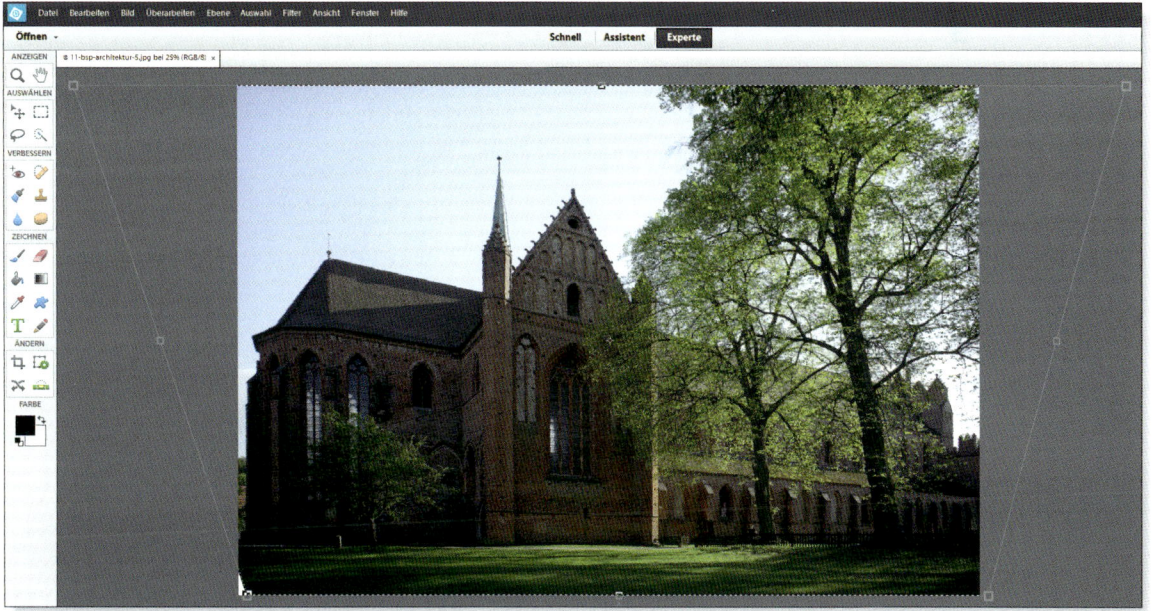

˄ Abbildung 11.10
*Mit Photoshop Elements können Sie Ihr Bild nachträglich entzerren (**Bild • Transformieren • Perspektivisch verzerren**). Um das Motiv herum sollten genügend Platzreserven vorhanden sein, da dieser nach der Entzerrung zum Beschneiden des Bildes benötigt wird.*

Kapitel 12
Perfekte Aufnahmen in der Dämmerung und bei Nacht

Die Stimmung zur Blauen Stunde einfangen 238

Feuerwerk: die RX100 IV richtig einstellen 241

Schöne Nachtaufnahmen 243

Die Stimmung zur Blauen Stunde einfangen

Wenn es dunkel wird, ändern sich die Lichtverhältnisse sehr schnell und stark. Viele Dinge, an die der Fotograf tagsüber nicht weiter denken muss, wie zum Beispiel die Verwendung höherer ISO-Werte, die Wahl des richtigen Weißabgleichs oder Fokusmodus, werden nun wichtig. Dabei ist »dunkel« nicht gleich »dunkel«. Vom Zeitpunkt kurz vor Sonnenuntergang bis hin zur völligen Dunkelheit durchlaufen das Farbspektrum und das verfügbare Licht unterschiedliche Phasen.

Die Zeit kurz vor Sonnenuntergang ist für viele Fotografen die wohl reizvollste Zeit zum Fotografieren – gemeint ist die Blaue Stunde. Bevor alles im nächtlichen Schwarz versinkt, kommt es hier zu einzigartigen und intensiven Farben. Die untergehende Sonne liefert warme Farbtöne, und sobald sie endgültig am Horizont verschwunden ist, wird die Umgebung in einen starken Blauton eingehüllt.

v **Abbildung 12.1**
*Dank **SteadyShot** konnte diese Aufnahme zur Blauen Stunde noch aus der Hand und ohne zu verwackeln aufgenommen werden.*

[35 mm | f2,8 | 1/13 s | ISO 1600]

Da die Helligkeit hier schon deutlich nachgelassen hat, sind ein Stativ und ein Fernauslöser von Vorteil. Kommen Sie in den Bereich von mehreren Sekunden für die Belichtungszeit, dann ist zumindest das Stativ ein Muss, wenn Sie Verwacklungen vermeiden wollen. Mit Hilfe des Stativs können Sie auch im unteren ISO-Bereich arbeiten und so das Bildrauschen in Grenzen halten.

◂ **Abbildung 12.2**
Die Blaue Stunde liefert besonders interessante Farben.

Schon mit dem Szenenwahlprogramm **Sonnenuntergang** erzielen Sie hier gute Ergebnisse. Mehr Einfluss auf das Bildergebnis haben Sie allerdings wie so oft in den Kreativprogrammen. Nutzen Sie am besten das Programm **A** oder **M** mit Blendenwerten zwischen f4 und f8. Für den ISO-Wert stellen Sie **ISO 125** oder **200** ein. Als Messmethode ist die Mehrfeldmessung **Multi** sinnvoll, damit es bei den doch meist starken Kontrasten zu einer möglichst ausgewogenen Belichtung kommt. Wenn Sie sich die Bearbeitung von RAW-Dateien zutrauen, dann wählen Sie dieses Format, um nachträglich den Weißabgleich und die Belichtung optimieren zu können.

Die Tabelle 12.1 soll Ihnen eine weitere Hilfestellung für nächtliche Szenen geben. Die Angaben sind natürlich nur Richtwerte und sollten individuell angepasst werden. Eine kleine Belichtungsreihe mit unterschiedlichen Zeit-Blenden-Kombinationen kann sicher nicht schaden, wenn Sie optimale Ergebnisse mit nach Hause nehmen wollen.

Motiv	Zeit	Blende	ISO-Wert
Dämmerung mit Sonne	1/2000–1/15 s	f4–f11	80–400
Dämmerung ohne Sonne	1/10–10 s	f4–f8	125–400
Landschaft oder Stadt zur Blauen Stunde	1–10 s	f4–f8	125–400
nächtliche Stadtansicht	4–10 s	f4–f8	125–200
beleuchtete Straße	1–2 s	f4–f8	125–200
befahrene Straße (Fahrzeuge als Lichtspur)	10–20 s	f8–f11	125–200

˄ **Tabelle 12.1**
Diese Zeit-Blenden-Kombinationen dienen als Richtlinie für Aufnahmen in der Dämmerung und in der Nacht.

Natürlich wirkt die Blaue Stunde nicht nur in der Architekturfotografie. Genauso gut können Sie die Lichtstimmung zum Beispiel auch für Natur- und Landschaftsaufnahmen wirkungsvoll einsetzen. Für Ihre Planung für Aufnahmen in der Blauen Stunde können Sie sich im Internet unter *http://jekophoto.de/tools/* über den zeitlichen Beginn und das Ende der Blauen Stunde informieren.

[50 mm | f5,6 | 1/6 s | ISO 400]

 Die Abendsonne im Bild

Das direkte Anvisieren der Sonne bei Tage kann zu Schäden am Bildsensor Ihrer RX100 IV führen. Sehen Sie dabei noch durch den Sucher, können Sie auch Ihre Augen gefährden. Nähert sich hingegen die Sonne dem Horizont und wird sie in ihrer Intensität schwächer, dann können Sie sich auch ohne weitere Hilfsmittel an das Ablichten der Sonne oder schöner Sonnenuntergänge wagen.

˄ **Abbildung 12.3**
Blaue Stunde am Strand: Land und Meer nehmen etwa ein Drittel der Bildfläche ein, zwei Drittel der Himmel – so entsteht ein stimmiges Bild.

Feuerwerk: die RX100 IV richtig einstellen

Ob Sie nun ein eigenes Feuerwerk veranstalten oder einem professionellen Feuerwerk beiwohnen, in jedem Fall ist es ein besonderes Ereignis. Die Lichteffekte lassen uns oft staunen, und gern möchte man auch diese Augenblicke mit der eigenen Kamera einfangen. Allerdings fordern die sich ständig ändernden Lichtverhältnisse den Fotografen und das Gerät schon ordentlich heraus. Und natürlich ist auch hier ein Quäntchen Glück erforderlich, um den perfekten Augenblick zu erwischen. Vielleicht ahnen Sie es schon: Die manuelle Steuerung **M** Ihrer RX100 IV ist auch hier das Mittel der Wahl.

[35 mm | f5,6 | 2 s | ISO 125 | Stativ]

∧ Abbildung 12.4
*Auch mit der Automatik der Kamera können Ihnen passable Bilder gelingen, hier mit dem Szenenwahlprogramm **Feuerwerk**. Flexibler ist aber das Programm **M**.*

Feuerwerk perfekt einfangen
SCHRITT FÜR SCHRITT

1 Kamera ausrichten
Suchen Sie sich als Erstes einen erhöhten Standort, das ist vor allem bei größeren Feuerwerken wichtig. Stellen Sie die RX100 IV mit einem Stativ auf und verwenden Sie einen Fernauslöser. Visieren Sie den Himmel dort an, wo mit den Feuerwerkskörpern zu rechnen ist, und wählen Sie den Bildausschnitt. Nach Möglichkeit sollte sich keine stärkere Lichtquelle im Hintergrund befinden, da dies meist zu Überbelichtungen führt.

2 Kamera einstellen
Stellen Sie einen ISO-Wert zwischen **ISO 125** und **ISO 1600** ein. Mit dem Moduswahlknopf wählen Sie das Programm **M**. Für die Blende bieten sich Werte zwischen f3,5 und f8 an. Stellen Sie im manuellen Fokusmodus auf einen Punkt scharf, an dem sich das Hauptmotiv befinden wird. Nutzen Sie als Hilfsmotive Brücken, Gebäude oder Ähnliches in der Nähe, um schon vor dem Feuerwerk scharfstellen zu können. Je nach Brennweite und Entfernung zum Feuerwerk werden Sie in vielen Fällen auf »unendlich« scharfstellen können.

3 Belichtungszeit wählen
Stellen Sie nun die Belichtungszeit ein. Diese ist abhängig von der Helligkeit des Feuerwerks. Hier experimentieren Sie am besten mit Werten von 1/100 bis zu 30 s. Sinnvoll sind auch hier wieder Belichtungsreihen, und auch das RAW-Format ist zu empfehlen.

[38 mm | f2,8 | 1/160 s | ISO 6400]

▲ Abbildung 12.5
Je nach Helligkeit des Feuerwerks können Sie mit unterschiedlichen Belichtungszeiten experimentieren.

[24 mm | f5,6 | 2 s | ISO 125 | Stativ]

▲ Abbildung 12.6
Beziehen Sie das Umfeld mit ein, werden die Dimensionen des Feuerwerks deutlich. Meist sind aber nur Umrisse erkennbar.

Schöne Nachtaufnahmen

Zur Blauen Stunde kann man noch mit dem Restlicht der Sonne arbeiten. Ist diese vorbei, dann steht an natürlichem Licht allenfalls noch das Mondlicht zur Verfügung. Vor allem aber wird Kunstlicht im Vordergrund stehen, wenn Sie nachts in Städten oder Dörfern unterwegs sind. Erscheinen diese tagsüber vielleicht noch trist und langweilig, erwacht nachts hingegen eine farbenfrohe Welt. Wenn Sie nun mit dem internen Blitz arbeiten möchten, helfen Ihnen die Tipps im Abschnitt »Blitzen mit Bordmitteln« ab Seite 150 sicherlich weiter. Nachfolgend soll es allerdings darum gehen, das Nachtgeschehen ohne den Blitz festzuhalten. Auch das hat seinen ganz besonderen Reiz. Das Dreibeinstativ ist hier trotz hoher ISO-Werte aber ein Muss.

^ **Abbildung 12.7**
Auch ohne Stativ können Ihnen gute Nachtaufnahmen gelingen, solange die Belichtungszeiten nicht zu lang werden. Ab etwa 1/10 s Belichtungszeit müssen Sie nach einer stabilen Unterlage suchen oder auf ein Stativ zurückgreifen. Ansonsten kommt es zu Verwacklungen.

Bilder aufnehmen bei Nacht
SCHRITT FÜR SCHRITT

1 Programm wählen
Wählen Sie am Moduswahlknopf das Programm **A**. Stellen Sie einen niedrigen ISO-Wert, also **ISO 125** oder **200**, ein. Lassen Sie den Blitz eingeklappt. Für die Belichtungsmessung stellen Sie im Menü 📷 5 unter **Messmodus** die Mehrfeldmessung **Multi** ein.

2 Manuellen Fokus einstellen
Ist kaum noch Licht im Motiv vorhanden, dann wird Ihre RX100 IV nicht mehr automatisch scharfstellen können. In diesem Fall schalten Sie den Fokusmodus Manuellfokus (Menü 📷 4) ein und stellen Sie per Hand scharf.

3 Selbstauslöser wählen
Da es hier weniger um schnelle Reaktionszeiten beim Auslösen geht, können Sie anstelle eines Fernauslösers auch den 2-Sekunden-Selbstauslöser verwenden. So verhindern Sie ein Verwackeln durch das Drücken des Auslösers. Dafür stellen Sie den **Bildfolgemodus** auf **Selbstauslöser: 2 Sek** (Menü 📷 3).

4 Blende wählen
Stellen Sie nun die gewünschte Blende ein. Wollen Sie den »Sternchen«-Effekt bei den Lichtern, dann wählen Sie Blendenwerte ab Blende f4. Je weiter Sie die Blende schließen, also je höher der Blendenwert wird, desto mehr verstärkt sich dieser schöne Effekt.

5 Belichtungszeit kontrollieren
Errechnet die RX100 IV eine Belichtungszeit von über 30 Sekunden, dann blinkt im Sucher beziehungsweise auf dem Monitor **30"** als Belichtungszeit. In diesem Fall schalten Sie am Moduswahlknopf auf **M** um. Mit dem Einstellrad wählen Sie nun **BULB** für die Belichtungszeit. Im **BULB**-Modus belichtet die Kamera solange, wie Sie den Auslöser gedrückt halten. Mit einem Fernauslöser ist dies natürlich wesentlich komfortabler und zudem verwacklungsfrei. Die beste Lösung ist der elektronische Fernauslöser, da Sie hier die Belichtungszeit direkt einstellen können und die Zeit nicht wie bei anderen Fernauslösern manuell stoppen müssen.

v Abbildung 12.8
Um einen »Sternchen«-Effekt an den Lichtern zu erhalten, wählen Sie eine Blende von mindestens f4.

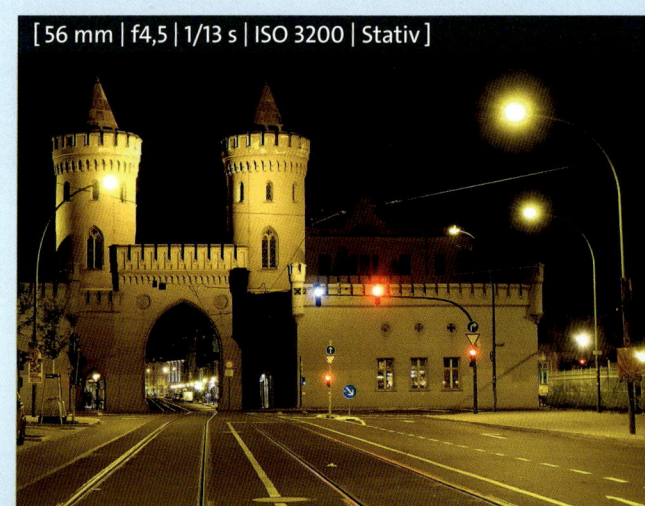
[56 mm | f4,5 | 1/13 s | ISO 3200 | Stativ]

Schöne Nachtaufnahmen

[38 mm | f2,8 | 1/8 s | ISO 3200]

< **Abbildung 12.9**
Bei längeren Belichtungszeiten gelangt auch das Licht der Sterne mit auf die Aufnahme.

Führen Sie ruhig auch Experimente mit den Szenenwahlprogrammen der RX100 IV für die Nacht durch. Dazu zählen **Hohe Empfindlichk.**, **Nachtaufnahme**, **Handgeh. bei Dämm.** und **Nachtszene**. Diese werden im Abschnitt »Mit den Szenenwahlprogrammen schnell zu besseren Fotos« ab Seite 124 erläutert.

Wird der Kontrast zu groß, kommt es zum Beispiel bei leuchtenden Lampen zum »Ausbrennen« der Lichter, so dass keine Zeichnung mehr vorhanden ist, oder sie erhalten komplett schwarze Flächen, welche ebenfalls keine Zeichnung mehr aufweisen. In diesen Fällen kann Ihnen die HDR-Technik der RX100 IV helfen. Die HDR-Funktion rechnet mehrere Bilder zu einem zusammen und reduziert so die Kontraste. Allerdings eignet sich dieses Verfahren nur für statische Motive. Bei bewegten Motiven nutzen Sie besser die DRO-Funktion. Beide Varianten werden im Abschnitt »Hohe Kontraste beherrschen« ab Seite 112 erklärt.

Abbildung 12.10 >
Werden Objekte nachts angestrahlt, dann ergeben sich besonders interessante Aufnahmemöglichkeiten.

[70 mm | f8 | 8 s | ISO 200 | Stativ]

Kapitel 13
Sinnvolles Zubehör für die RX100 IV

Originalzubehör und Alternativen 248

Die richtigen Speicherkarten für Ihre RX100 IV 252

Die digitale Diashow am HD-TV 254

Originalzubehör und Alternativen

Mit Ihrer RX100 IV haben Sie im einfachsten Fall nur die Kamera und eine Speicherkarte erworben und besitzen damit die Minimalausstattung, um zu fotografieren. Wollen Sie Ihre Möglichkeiten erweitern, dann stehen Ihnen kleine und große Helfer von Sony, aber auch von Fremdherstellern zur Verfügung. Das folgende Kapitel soll Ihnen einen Einblick über das Zubehör geben. So können Sie sicher sein, immer das richtige Equipment für die jeweilige Fotosituation dabei zu haben und damit zu beeindruckenden Bildergebnissen zu kommen.

∧ Abbildung 13.1
Griffbefestigung AG-R2 von Sony (Bild: Sony)

Besserer Halt

Da die RX100 IV sehr klein ist, bietet Sony die Griffbefestigung AG-R2 an, mit der Sie die Kamera noch etwas komfortabler halten können. Sie wird an die Kamera geklebt und erleichtert durch die Formgebung die Handhabung der RX100 IV.

Hülle für die RX100 IV

Eine schöne und praktische Hülle für Ihre RX100 IV erhalten Sie mit der LCJ-RXF von Sony. Damit ist Ihre RX100 IV im Fotoalltag gut geschützt und trotzdem schnell einsatzbereit. Die Hülle besitzt ein eigenes Stativgewinde, an das Sie ein Stativ direkt anschrauben können, ohne die Hülle zu entfernen. Der Schutz bleibt also auch mit Stativ vorhanden.

Günstiger können Sie mit Hüllen von Fremdherstellern kommen. Zum Beispiel finden Sie im Handel eine ähnliche Hülle unter der Bezeichnung MegaGear »Ever Ready« zum halben Preis der Sony-Hülle. Allerdings ist die Qualität und Passform nicht so gut wie das Original.

< Abbildung 13.2
Hülle LCJ-RXF von Sony (Bild: Sony)

Für den harten Einsatz empfehlenswert: der Monitorschutz

Sicher möchten Sie gern den hochauflösenden und scharfen Monitor Ihrer RX100 IV vor Kratzern und Schlägen schützen. Haben Sie die Kamera wirklich im härteren Einsatz, können Sie eine transparente Folie (PCK-LM15) von Sony zum Schutz einsetzen. Die Qualität des Monitors wird dadurch nicht eingeschränkt.

Alternativ werden von anderen Herstellern Echtglas-Protektoren für den Monitor angeboten. Diese sind ebenfalls selbstklebend und lassen sich rückstandsfrei entfernen und austauschen, falls sie doch einmal beschädigt werden sollten.

△ Abbildung 13.3
Schutzfolie PCK-LM15 zum Schutz des Monitors

Fernauslöser RM-VPR1 am Multi-Anschluss

Die RX100 IV verfügt über einen Multi-Anschluss ❶. Hier können Sie zum Beispiel den Fernauslöser RM-VPR1 anschließen und damit die Kamera fernauslösen. Mit diesem Fernauslöser können Sie auch Filmaufnahmen starten und stoppen. Ebenso können Sie den Zoom des Objektivs bedienen.

◁ Abbildung 13.4
Der Multi-Anschluss der RX100 IV ❶ und der Fernauslöser RM-VPR1

Stativempfehlungen

Für viele Situationen ist es einfach unerlässlich: das Dreibeinstativ. Vor allem wenn es darum geht, in Ruhe ein Bild zu komponieren, wird man um ein stabiles Dreibeinstativ schwer herumkommen. Die RX100 IV ist eine kleine und leichte Kamera. Entsprechend sind auch die Anforderungen an ein geeignetes

Stativ recht bescheiden. Hier kommt es mehr auf Stabilität, als auf maximale Trageleistung an. Das Rohrmaterial von Stativen besteht meist aus Aluminium oder Carbon (einem sehr leichten und sehr stabilen Kunststoff). Carbon ist deutlich leichter als Aluminium. Allerdings müssen Sie für ein Stativ aus Carbon tiefer in die Tasche greifen.

Sony selbst bietet einige Stative an, welche zum Teil besonders auch das Filmen unterstützen. Die einfachste und günstigste Variante ist hierbei das Stativ VCT-R100. Zum Filmen geeignet sind zum Beispiel die Stative VCT-VPR1 und VCT-VPR10. Hier wurde bereits eine Fernbedienung mit in die Stativkonstruktion integriert, was die Bedienung erleichtert. Diese können Sie über den Multi-Anschluss mit Ihrer RX100 IV verbinden.

Natürlich gibt es jede Menge Fremdhersteller für Stative. Einige empfehlenswerte Marken sind Manfrotto, Giottos, Bilora und Cullmann. Für die RX100 IV bietet sich zum Beispiel das Manfrotto Compact Advanced an. Eine extrem flexible und biegbare Variante eines Stativs ist das GorillaPod, das es in unterschiedlichen Varianten gibt. Es lässt sich zum Beispiel leicht an einem Ast befestigen, in dem man einfach ein Stativbein darum wickelt.

Abbildung 13.5
Links: das Stativ VCT-VPR1 von Sony (Bild Sony). Rechts: das extrem flexibel einsetzbare GorillaPod (Bild: Joby Inc.)

Objektiv schützen

Möchten Sie das hochwertige Zeiss-Objektiv der RX100 IV mit Hilfe eines Schutzfilters schützen, benötigen Sie einen entsprechenden Adapter. Im Abschnitt »Motive vergrößern mit Nahlinsen« auf Seite 224 wurde bereits ein Adapter vorgestellt. Auch Sony bietet einen solchen Adapter an. Diesen finden Sie im Handel unter der Bezeichnung VFA-49R1. Dieser wird ebenfalls mittels Magneten am Objektiv befestigt und stellt ein Filtergewinde mit einem Durchmesser von 49 mm bereit. Außerdem enthält das Set bereits einen

Schutzfilter, den Sie in das Filtergewinde einschrauben können, um das Objektivfrontglas zu schützen. Natürlich lassen sich mit dem Adapter auch andere Filter, von Sony oder auch einem anderen Hersteller, vor das Objektiv schrauben. Interessant ist hierbei sicher auch ein Polfilter (zum Beispiel der VF-49CPAM von Sony), mit dem Sie das Himmelsblau verstärken und Spiegelungen vermeiden können.

∧ Abbildung 13.6
Filteradapter-Set VFA-49R1 von Sony (Bild: Sony)

Die RX100 IV reinigen

Das Gehäuse, den Monitor und die vordere Linse des Objektivs sollten regelmäßig mit einem geeigneten Mikrofasertuch (erhältlich bei einem Optiker oder im Fotofachgeschäft) gereinigt werden. Es dürfen keine Reinigungsmittel mit starken organischen Lösungsmitteln wie zum Beispiel Verdünner, Benzin oder Alkohol verwendet werden. Pralle Sonne, extreme Kälte, Feuchtigkeit und Staub können der RX100 IV zudem schaden. Deshalb sollten Sie diese Umwelteinflüsse unbedingt vermeiden.

Tauchen mit der RX100 IV

Die Firma Nauticam bietet für ambitionierte Fotografen, die Bilder oder Videos unter Wasser aufnehmen wollen, ein geeignetes Gehäuse für die RX100 IV an. Alle Bedienelemente sind von außen zu erreichen. Selbst der interne Blitz kann genutzt werden. Allerdings ist das Gehäuse nicht ganz billig (etwa 1500 €). Weitere Informationen finden Sie unter *http://www.nauticamusa.com/*.

< Abbildung 13.7
Unterwassergehäuse mit Zubehör für die RX100 IV (Bild: Nauticam)

Die richtigen Speicherkarten für Ihre RX100 IV

Speicherkarten gehören notwendigerweise zu jeder Fotoausrüstung dazu. Deshalb ist es unerlässlich, sich mit den wichtigsten Eigenschaften, die eine Speicherkarte besitzen sollte, zu beschäftigen.

Die RX100 IV verwendet einen Dualslot. Sie kann die Bild- und Videodateien also auf zwei verschiedenen Speicherkartentypen abspeichern: zum einen auf dem hauseigenen Sony-Format, dem MemoryStick PRO Duo (und MemoryStick PRO-HG Duo), zum anderen auf SD-Karten (= *Secure Digital*). Auch SDHC- und SDXC-Speicherkarten sind einsetzbar. Es kann aber immer nur einer der beiden einsetzbaren Speicherkartentypen verwendet werden.

Einfache und meist billige SD-Karten erreichen Kapazitätsgrößen von 2 GB. Größere Karten werden mit SDHC gekennzeichnet und bieten einen maximalen Speicherplatz von 32 GB. Für Ihre RX100 IV besorgen Sie sich am besten Speicherkarten mit dieser Kennzeichnung. Denn 2 GB wären sicher zu wenig und die Karte zu schnell voll. Aber auch für die Zukunft mit noch mehr Speicherbedarf ist schon gesorgt. Karten mit der Kennzeichnung SDXC werden später einmal einen Speicherplatz bis zu 2 TB zur Verfügung stellen können. Im Moment gibt es diese Karten mit einem Speicherplatz bis zu 512 GB.

Auf einer 4-GB-Karte können Sie zwischen 350 und 400 Bildern unterbringen, wenn Sie JPEG-Bilder im **Fein**-Modus erstellen. Im **RAW**-Modus reduziert sich die speicherbare Bilderzahl deutlich. Hier bleiben im besten Fall noch 200 Bilder zum Speichern, und das kann an manchen Fototagen schon mal knapp werden, wenn viel fotografiert wird. Eine zweite Karte als Reserve kann in diesem Fall sicher nicht schaden.

< Abbildung 13.8
MemoryStick von Sony und eine SD-Karte mit einer Schreibgeschwindigkeit von 40 MB/s. Für einen schnellen Serienbildmodus sollten Sie Speicherkarten mit mindestens 30 MB/s Schreibgeschwindigkeit verwenden.

 Zwei Speicherkarten sind besser als eine
Zwei Karten haben gegenüber einer großen Speicherkarte übrigens den großen Vorteil, dass nicht gleich alle Bilder verloren sind, wenn es einmal zum Verlust einer Karte kommt oder diese beschädigt wird.

Im Videomodus der RX100 IV passen etwa 20 Minuten auf eine 4-GB-Karte, wenn Sie **AVCHD** (**50i 24M**) verwenden. Mit dem Format MP4 (1920 × 1080 Pixel, **25p 16 M**) sind es immerhin schon 30 Minuten. Sie merken daran allerdings, dass hier relativ viel Speicherplatz benötigt wird. Planen Sie also das Aufnehmen vieler Videosequenzen, dann rüsten Sie sich mit Karten entsprechender Kapazität aus. Mit den Videoformaten **XAVC S 4K** und **XAVC S HD** gelangen Sie gleich in ganz andere Dimensionen. Auf eine 64-GB-Karte (64 GB werden hier mindestens verlangt) passen etwa 1 h und 15 min Film im Format **XAVC S 4K** (bei **25p 100M**), und im Format **XAVC S HD** (bei **50p 50M**) sind es 2 h und 5 min. Eine Besonderheit bilden Aufnahmen in den Formaten **XAVC S 4K** und **XAVC S HD** mit **100p 50M** und **100p 60M**. Hier können Sie maximal 5 Minuten am Stück aufzeichnen und müssen der RX100 IV danach eine Pause gönnen.

Speicherkarten unterscheiden sich nun nicht nur durch Ihre Speicherkapazität. Auch gibt es zum Teil erhebliche Unterschiede bei der Geschwindigkeit, also wie schnell eine Karte beschrieben und ausgelesen werden kann. SDHC-Karten werden so in unterschiedliche Klassen unterteilt.

Geschwindigkeitsklasse	Datenübertragungsrate
Klasse 2	mind. 2 MB/s
Klasse 4	mind. 4 MB/s
Klasse 6	mind. 6 MB/s
Klasse 10	mind. 10 MB/s

˄ Tabelle 13.1
SDHC-Speicherkarten werden in verschiedene Klassen eingeteilt.

Für den Videomodus im Full-HD-Format sollte es mindestens eine Speicherkarte der Klasse 6 sein, um das flüssige Speichern und Abspielen zu gewährleisten. Besser ist eine Karte mit Klasse 10. Spätestens beim Kopieren der Videodateien auf den PC zu Hause werden Sie dankbar sein, wenn die Karte entsprechend schnell ist und lange Wartezeiten vermieden werden.

Wichtiger als im Videomodus ist die Schnelligkeit der Speicherkarte allerdings im Serienbildmodus. Hier verlangt die RX100 IV förmlich nach schnellen Speicherkarten. Klasse-10-Karten sollten es hier schon sein. Schreibgeschwindigkeiten ab 30 MB/s sind zu empfehlen. Möchten Sie die Vorteile schneller

Karten auch am PC nutzen, dann benötigen Sie einen entsprechend schnellen Kartenleser, ansonsten wird die Datenübertragung ausgebremst.

< Abbildung 13.9
Voraussetzung dafür, dass die Daten von der Speicherkarte mit hoher Geschwindigkeit auf den PC gelangen, ist ein schneller Kartenleser. Gute Kartenleser übertragen mindestens 30 MB/s (Bild: Sony).

 Besonderheiten von SDXC-Karten

Verwenden Sie ältere Betriebssysteme auf Ihrem PC, dann kann es zu Problemen mit SDXC-Karten kommen. Diese verwenden das exFAT-Dateisystem, das zum Beispiel von Windows XP standardmäßig nicht unterstützt wird. Mit einem Zusatzprogramm von Microsoft, das Sie unter *http://goo.gl/Yd7G9* herunterladen können, kann jedoch auch Windows XP das Dateisystem exFAT lesen.

Die digitale Diashow am HD-TV

Wenn Sie Ihre Bilder oder Filmaufnahmen präsentieren wollen, ist der Monitor der Kamera weniger geeignet. Auch der PC- oder Laptop-Bildschirm ist oft nicht groß genug. Sehr praktisch ist es daher, dass Sie die RX100 IV auch ganz bequem an ein Fernsehgerät anschließen können. Denn die RX100 IV verfügt über einen Ausgang ❶, den Sie direkt mit Ihrem HDMI-fähigen Fernseher verbinden können.

Abbildung 13.10 >
Über den HDMI-Ausgang der RX100 IV ❶ können Sie die Kamera mit einem HDMI-fähigem Gerät, wie zum Beispiel einem HD-Fernseher, verbinden.

Standardfernsehgeräte besitzen eine Auflösung im VGA-Bereich, also etwa 768 × 576 Pixel. Mit HDMI-Geräten erreichen Sie Auflösungen von 1920 × 1080 Pixel, im 4K-Ultra-HD-Bereich sogar 3480 × 2160 Pixel. Diese Auflösungen sind zwar weitaus höher als die von Standardfernsehgeräten, aber immer noch weitaus geringer als die Auflösung der RX100 IV selbst im niedrigsten Qualitätsmodus. Sie brauchen sich aber keine Gedanken um die Auflösung zu machen. Die Kamera stellt automatisch die richtige Auflösung am Ausgang bereit.

Sie benötigen zur Verbindung Ihrer RX100 IV mit einem HDMI-fähigen Gerät das (nicht mitgelieferte) Kabel DLC-HEU15 (1,5 Meter). Andere Fabrikate sind natürlich auch möglich. Achten Sie aber auf eine hohe Qualität und darauf, dass das Kabel die Anschlüsse Micro-HDMI (Typ D) zu Standard-HDMI (Typ A) besitzt. Besitzen Sie einen Smart-TV mit WLAN, dann können Sie die Bilder auch kabellos an den Fernseher übertragen– mehr dazu im Abschnitt »Drahtlos Bilder übertragen« ab Seite 278.

Besitzen Sie ein Fernsehgerät das **BRAVIA Sync** unterstützt, können Sie zur Bedienung der Kamera im Wiedergabemodus auch die Fernbedienung des Fernsehers verwenden. Dies funktioniert aber nur mit der Verbindung über das HDMI-Kabel. Ansonsten steuern Sie die Präsentation am Fernseher mit der RX100 IV. Dazu verwenden Sie die Wiedergabetaste ▶ und die Tasten ◀ ▶ des Einstellrads.

Aufgrund der Breitbilddarstellung mit einem Seitenverhältnis von 16:9 werden die Standardbilder der RX100 IV nicht optimal angezeigt. Besser ist es in diesem Fall, vor der Aufnahme das Seitenverhältnis 16:9 zu wählen. Die JPEG-Bilder werden nun in diesem Format gespeichert. RAW-Bilder werden weiterhin im Format 3:2 gespeichert. Kompatible Software wie Image Data Converter kann die Information aber auswerten und die Bilder entsprechend darstellen.

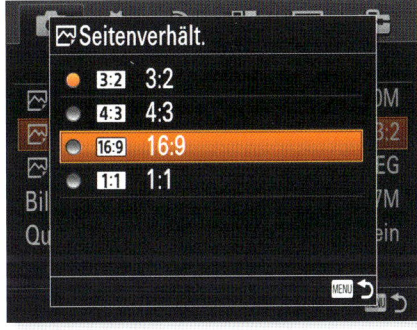

ʌ Abbildung 13.11
*Für die optimale Darstellung sollten Sie die Bilder im Format **16:9** aufnehmen. Stellen Sie dazu im Menü ▢ 1 den Standardwert des Seitenverhältnisses **3:2** auf **16:9**.*

 Begrenzter Aufnahmebereich bei 16:9

Achten Sie, wenn Sie Bilder für eine Präsentation im 16:9-Format aufnehmen wollen, auch auf den begrenzten Aufnahmebereich. Im Sucher sehen Sie die Begrenzung rechts und links oben beziehungsweise unten. Bildbestandteile außerhalb dieser Begrenzung werden später nicht sichtbar sein. (Diese Begrenzungen gelten nicht für das RAW-Format.)

Kapitel 14
Der digitale Arbeitsablauf

Die Sony-Software sinnvoll nutzen	258
Sonys RAW-Entwickler im Einsatz	263
Bilder und Videos online speichern und teilen	272
Die Kamerasoftware auf dem Laufenden halten	275

Die Sony-Software sinnvoll nutzen

Nachdem Sie mit Ihrer RX100 IV sicherlich viele schöne Motive auf die Speicherkarte gebannt haben, steht nun die Verarbeitung der Bilder am heimischen PC an. Sony hilft Ihnen bei Ihren ersten Schritten in der digitalen Dunkelkammer mit einem leicht verständlichen Softwarepaket. Der optimale Einsatz dieser und alternativer Software wird Ihnen im folgenden Kapitel nähergebracht. Außerdem erfahren Sie, wie Sie Ihren Fotos die Positionsdaten zufügen können und so auch später jederzeit wissen, an welchem Ort die Bilder aufgenommen wurden.

Abbildung 14.1
Sonys mitgeliefertes Softwarebundle

Sony liefert mit der RX100 IV zwei Softwarepakete zur Archivierung und Bearbeitung der Fotos per Computer mit:

1. **PlayMemories Home**: eine Anwendung zur leichten Bild- und Filmübertragung auf den Computer mit einer Bildverwaltung in Kalenderform
2. **Image Data Converter**: ein RAW-Konverter zur Bearbeitung der RAW-Daten der RX100 IV

Mit dieser Grundausstattung an Software haben Sie für den täglichen Gebrauch eine gute Basis für die Verwaltung und Bearbeitung der mit der RX100 IV aufgenommenen Bilddateien.

Das Hauptanwendungsgebiet von PlayMemories Home liegt im Import der Bilddateien von der Kamera beziehungsweise der Speicherkarte zum Computer sowie in der Verwaltung und Archivierung. Ein paar einfache Bildbearbeitungsschritte, eine E-Mail-Funktion und die Möglichkeit, eine Diashow durchzuführen, wurden ebenfalls integriert.

Abbildung 14.2
Der Multi-Anschluss ❶ an der RX100 IV hat die Bauform des Micro-USB-Anschlusses und dient auch zur Datenübertragung per USB-Kabel.

Die Bilder der RX100 IV auf den PC kopieren

Ihnen stehen drei Möglichkeiten zur Verfügung, die Bilddaten auf den PC zu kopieren. Zum einen können Sie das mitgelieferte Schnittstellenkabel verwenden, um die Kamera mit einer USB-Buchse am PC zu verbinden. Zum anderen können Sie auch die Speicherkarte der Kamera entnehmen und ein Kartenlesegerät zur Übertragung nutzen. Als dritte Möglichkeit können Sie die Daten kabellos per WLAN übertragen. Hierauf wird im Abschnitt »Drahtlos Bilder übertragen« ab Seite 278 genauer eingegangen.

Bilder übertragen
SCHRITT FÜR SCHRITT

1 Kamera und PC verbinden
Schalten Sie die Kamera aus. Verbinden Sie die RX100 IV mit Hilfe des Schnittstellenkabels mit einer USB-Buchse am PC. Schalten Sie die Kamera an. Warten Sie einen Augenblick, bis auf dem PC-Monitor das unten zu sehende Fenster geöffnet wird.

2 Importeinstellungen anpassen
Stellen Sie zunächst im Bereich **Importeinstellungen** ein, wie beim Import vorgegangen werden soll. Wenn Sie zum Beispiel verhindern wollen, dass Dateien doppelt importiert werden, dann wählen Sie **Neue Dateien importieren** aus. Dies ist vor allem sinnvoll, wenn die Dateien nach dem Import auf der Speicherkarte nicht gelöscht werden.

3 Zielordner wählen
Im rechten Bereich des Fensters wählen Sie den Ordner aus, in den die Dateien kopiert werden sollen.

4 Importieren
Um den Importvorgang zu starten, drücken Sie den Button **Importieren** ❷. Die Dateien werden nun auf den PC übertragen und können dann archiviert und weiterverarbeitet werden.

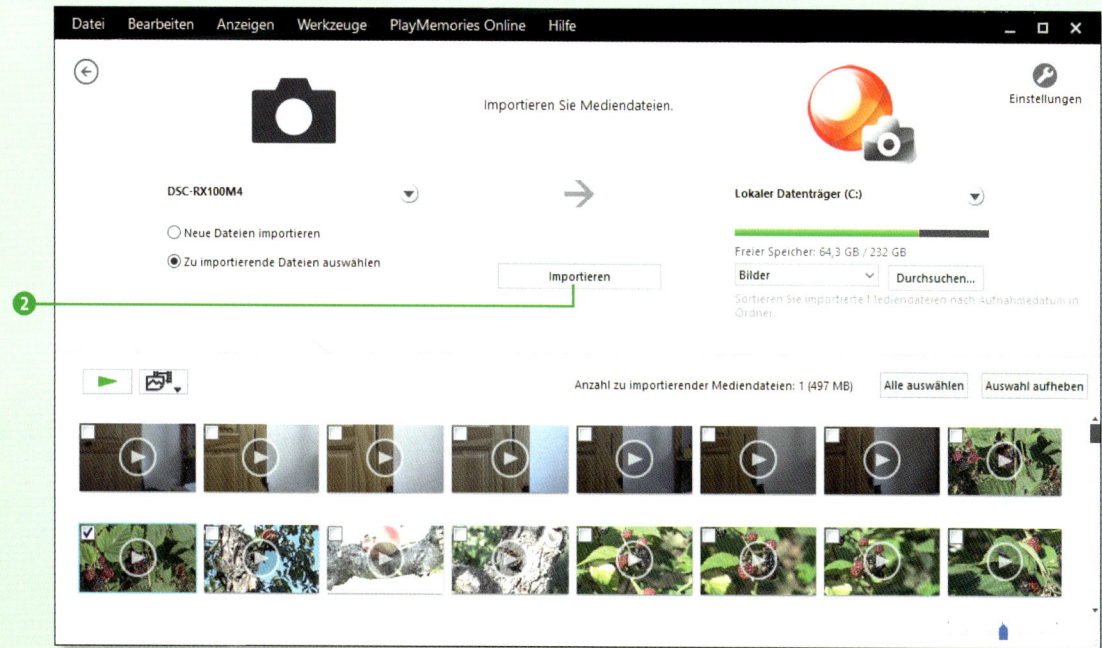

Bilder perfekt organisieren, archivieren und sortieren

Bei der durch das digitale Zeitalter auftretenden Bilderschwemme ist es notwendig, seine Aufnahmen gut zu archivieren, um nicht den Überblick zu verlieren. Jeder Fotograf hat hier natürlich seine eigene Arbeitsweise, die auch davon abhängt, ob man die Fotografie als Hobby oder als Beruf ausübt.

Für den Hobby- sowie anspruchsvolleren Fotografen bietet die Sony-eigene Software PlayMemories Home übersichtliche Funktionen zur sinnvollen Verwaltung der Bilder.

- **Bilder organisieren**: PlayMemories Home legt auf Wunsch einen Index bereits vorhandener Bilder der Speichermedien des Computers an. Ebenso ist eine Registrierung zu überwachender Ordner über den Menüpunkt **Einstellungen • Ordner hinzufügen** möglich. Die gewählten Ordner werden dann auf neue Bilddateien hin überprüft. Werden neue Dateien in diesen Ordnern gefunden, die dorthin kopiert wurden, sortiert PlayMemories Home sie entsprechend in die Kalenderansicht ein.

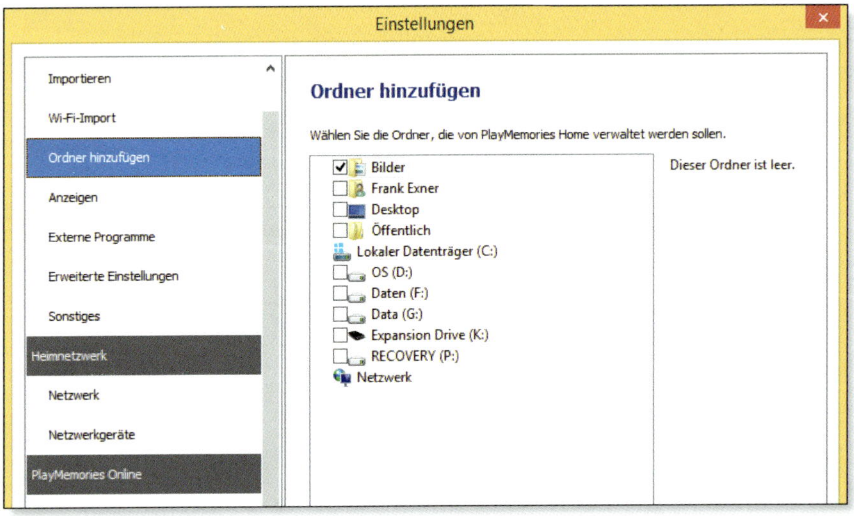

Abbildung 14.3 >
Dialogfenster zur Auswahl spezieller Ordner. Neue Bilder in diesen Ordnern registriert die Software und fügt sie dem Index hinzu, so dass Sie die Bilder darstellen und bearbeiten können.

- **Bilder archivieren**: Hat man keine Änderungen in den Einstellungen vorgenommen, werden die Bilddateien in einen Unterordner des Windows-Systemordners **(Eigene) Bilder** kopiert. Der neue Ordner erhält als Namen das Aufnahmedatum und wird unter diesem Tag in der Kalenderansicht geführt.

Standardmäßig ist in den Importeinstellungen das Kästchen für das Löschen nach erfolgter Übertragung der Bilder auf den Computer deaktiviert ❶. Somit bleiben alle Bilddateien auf der Speicherkarte erhalten. Möchten Sie dies verhindern, um den Speicherplatz für neue Aufnahmen freizugeben, müssen Sie die Checkbox anklicken.

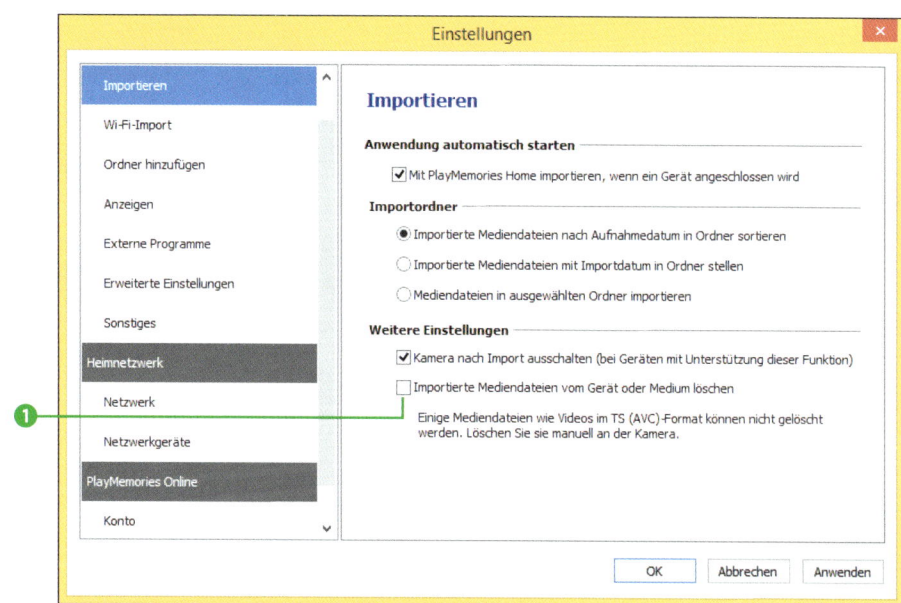

◂ **Abbildung 14.4**
In den Einstellungen können Sie entscheiden, ob die Bilder nach dem Übertragen auf der Speicherkarte gelöscht werden sollen oder nicht ❶.

- **Bilder sortieren**: PlayMemories Home bietet die Möglichkeit, sich neben der Anzeige der Bilder im Kalendermodus zusätzlich eine Struktur im Ordnermodus anzeigen zu lassen. Da die Bilder im Kalendermodus ohnehin nach Datum und Uhrzeit geordnet sind, ist es sinnvoll, beim Import der Bilddateien einen thematischen Ordnernamen zu vergeben, wenn man eine eigene Sortierung bevorzugt.

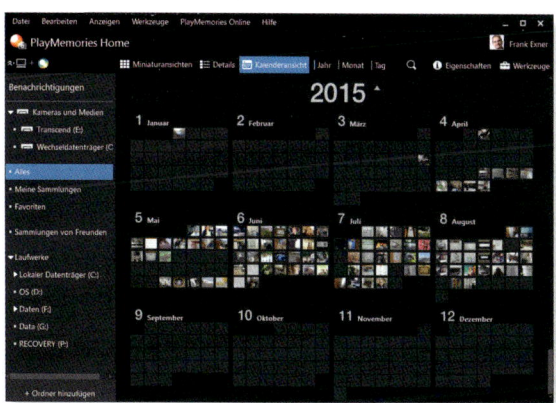 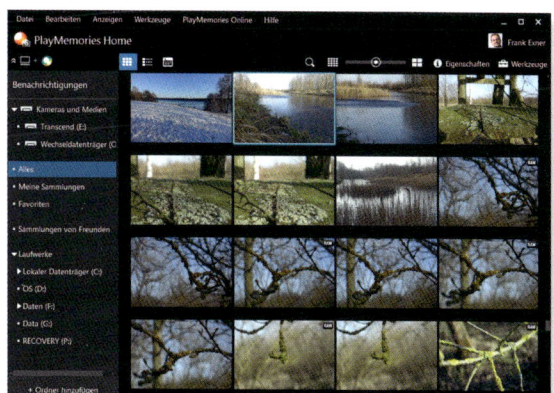

▾ **Abbildung 14.5**
Kalender- und Ordnermodus im Vergleich

Aufnahmedaten auslesen und nutzen

Mit Hilfe der EXIF-Daten (EXIF = *Exchangeable Image File Format*) können zusätzliche Informationen direkt in der Bilddatei gespeichert werden. Die sogenannten *Metadaten* informieren über das Kameramodell und das Objektiv, die Belichtungszeit, Blende, den ISO-Wert etc. Unterstützt werden dabei die Bildformate JPEG und TIFF.

Die RX100 IV legt diese Daten automatisch an. Diese können mit allen gängigen Bildbearbeitungsprogrammen ausgelesen werden. Allerdings sollte man darauf achten, dass nach dem Speichervorgang die EXIF-Daten erhalten bleiben. Dies handhaben die einzelnen Programme leider verschieden. Meist werden beim Dialog zum Speichern entsprechende Optionen zur Wahl beziehungsweise Abwahl angeboten.

Die EXIF-Daten machen es dem Fotografen sehr einfach, immer wieder alle notwendigen Daten zur einzelnen Aufnahme parat zu haben. Es ist so zum Beispiel viel leichter, Rückschlüsse auf die Ursachen für missglückte Fotos zu ziehen und Erfahrungen aufgrund der Kamera- und Objektiveinstellungen zu sammeln.

Ein weiterer, vor allem im professionellen Bereich eingesetzter Standard zur Speicherung zusätzlicher Bildinformationen ist der IPTC-Standard (IPTC = *International Press Telecommunications Council*). Hier können nachträglich Informationen wie Bildbeschreibung, Urheber, Schlagwörter etc. hinterlegt werden. Dieser Standard wird nicht von PlayMemories Home unterstützt. Hier muss man bei Bedarf auf ein zusätzliches Programm wie zum Beispiel Pixafe (eine Demoversion kann unter *http://www.pixafe.com/* heruntergeladen werden), Adobe Photoshop Lightroom oder Adobe Photoshop zurückgreifen.

^ Abbildung 14.6
Übersichtliche Darstellung der EXIF-Informationen einer Bilddatei in PlayMemories Home

✓ EXIF-Daten ändern

Eine Änderung der EXIF-Daten ist in den meisten Fällen nicht sinnvoll und wird daher von vielen Programmen, so auch von PlayMemories Home, nicht unterstützt. Sollte doch einmal die Notwendigkeit bestehen, Daten zu ändern, kann man sich dazu zum Beispiel das kostenlose Programm Exif-Viewer herunterladen. Das Programm bietet darüber hinaus auch den Export der Daten nach Excel zur Archivierung und Auswertung an.

Sonys RAW-Entwickler im Einsatz

Mit dem Image Data Converter ist es recht einfach, die aufgenommenen RAW-Dateien der RX100 IV »zu entwickeln«, also entsprechend den Wünschen des Fotografen zu bearbeiten und zum Schluss in ein allgemein übliches Dateiformat wie JPEG oder TIFF umzuwandeln.

˅ **Abbildung 14.7**
Arbeitsoberfläche des Image Data Converter. Das Bild ist hier noch unbearbeitet.

Datei im Image Data Converter öffnen

Zur Arbeitsoberfläche des Image Data Converter gelangen Sie, indem Sie entweder den RAW-Konverter über das Symbol starten oder das Programm über PlayMemories Home öffnen. Als Nächstes wählen Sie die entsprechende Bilddatei im Rohdatenformat der RX100 IV (*.**arw**) aus der Auswahl aus ❶ (siehe Abbildung 14.8) aus und laden sie in den Image Data Converter. Die Paletten rechts erscheinen sofort, sofern Sie es bei der Standardeinstellung belassen haben.

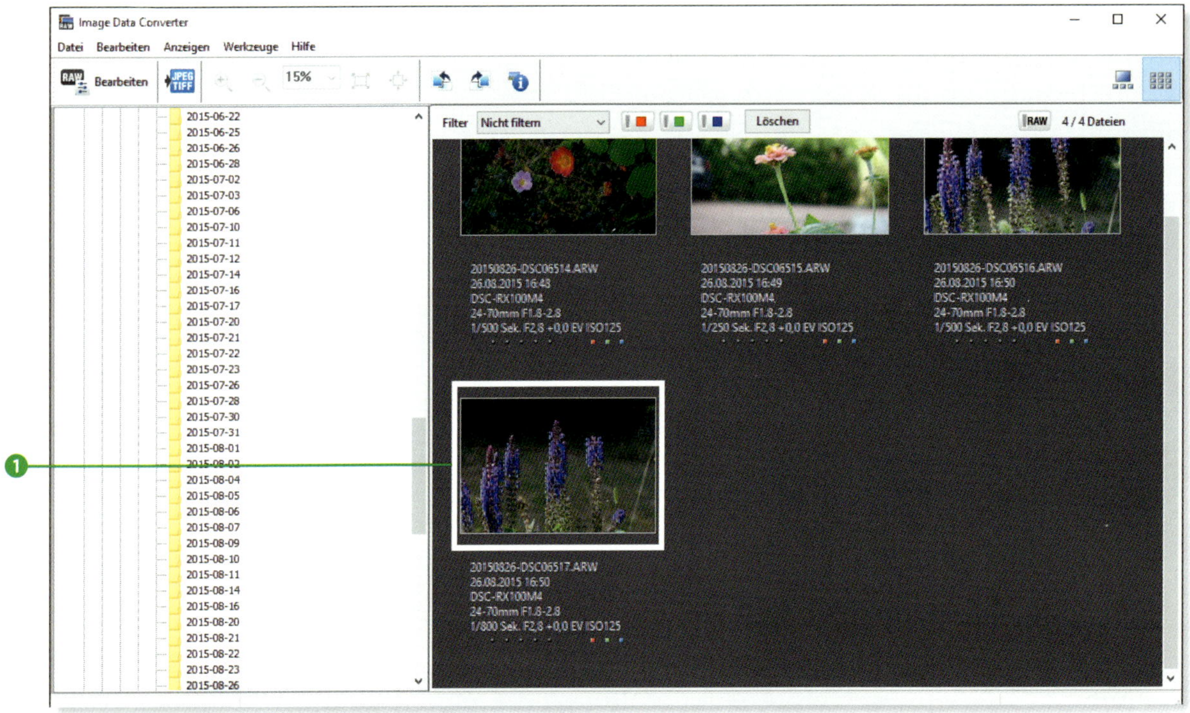

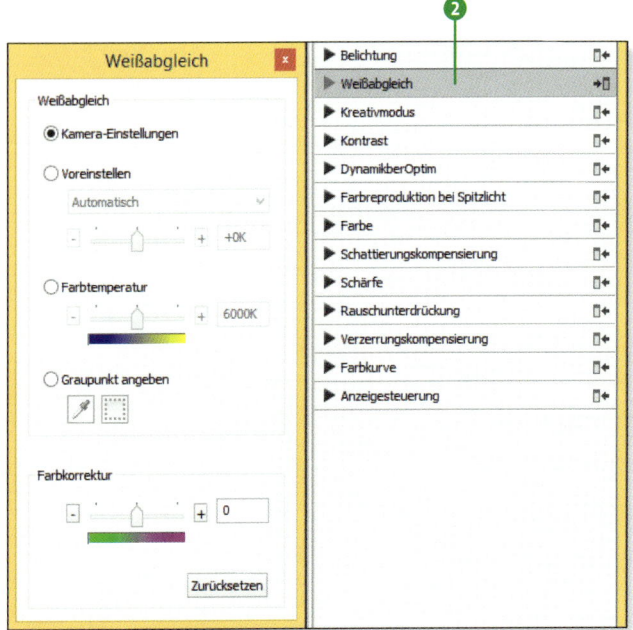

↑ Abbildung 14.8
Zunächst einmal wählen Sie das Bild aus, das Sie bearbeiten möchten.

Farbtemperatur beeinflussen

Möchten Sie den kamerainternen Weißabgleich verändern, dann können Sie diesen in der Anpassungspalette **Weißabgleich** ❷ Ihren Wünschen entsprechend anpassen. Wie Sie dabei Schritt für Schritt vorgehen, können Sie im Abschnitt »Richtiges Weiß und perfekte Farben in jeder Situation« auf Seite 166 nachlesen. In vielen Fällen, wie auch in diesem, passt der Weißabgleich jedoch gut und muss nicht verändert werden.

< Abbildung 14.9
*In der Palette **Weißabgleich** können Sie einen eventuellen Farbstich korrigieren.*

Optimale Helligkeit und Kontrast einstellen

Soll die Belichtung nachträglich korrigiert werden, dann klappen Sie den Bereich **Belichtung** ❸ auf. In diesem Fall wurde der Wert um **0,3 EV** ❹ erhöht, da das Bild etwas zu dunkel erschien.

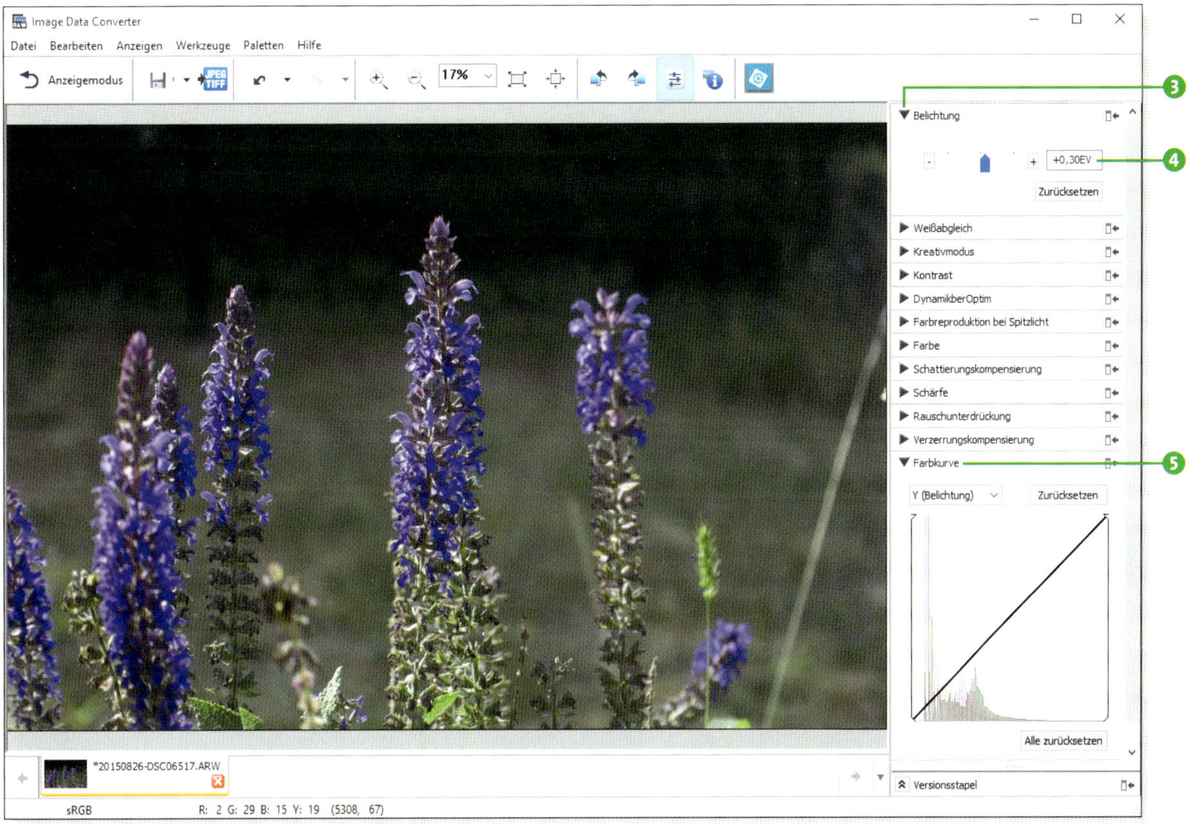

▼ **Abbildung 14.10**
Steuern Sie die Helligkeit mit dem Regler **Belichtung**.

Klappen Sie den Bereich **Farbkurve** ❺ auf. So sehen Sie das Histogramm zur Aufnahme. In diesem Fall sieht man links im Histogramm, dass die Helligkeitswerte noch nicht am Rand anstoßen beziehungsweise dort gar abgeschnitten wurden. Wäre dies der Fall, dann hätte man einen zu niedrigen Wert für die Belichtung gewählt und Bildinformationen wären verloren gegangen. Am rechten Rand käme es zu Überstrahlungen und am linken wäre keine Zeichnung mehr in den Schatten vorhanden.

Falls die Aufnahme etwas zu kontrastlos geworden ist, können Sie im Bereich **Kontrast** Änderungen vornehmen.

▲ **Abbildung 14.11**
Verstärken oder verringern Sie den Kontrast mit Hilfe des Reglers.

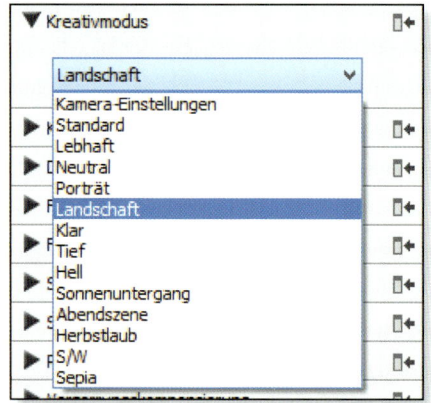

Abbildung 14.12
Die Bildstile können Sie auch noch nachträglich verändern.

Kreativmodus nachträglich wählen

Im Bereich **Kreativmodus** stehen Ihnen die Bildstile, die Sie vor der Aufnahme direkt an der Kamera wählen können, für die nachträgliche Zuweisung beziehungsweise Änderung zur Verfügung. Wählen Sie hier den gewünschten Stil aus oder belassen Sie es bei der Kameraeinstellung.

Dynamik anpassen

Ähnlich der in der Kamera integrierten **Dynamikbereich-Optimierung (DRO)**, können Sie hier die Dynamik des Bildes anpassen.

Wählen Sie hier **Automatisch** ❶, dann versucht das Programm, die Dynamik zu optimieren. Gefällt Ihnen das Ergebnis nicht, können Sie auch manuell eingreifen oder die Funktion gänzlich abschalten. Mit **Umfang** stellen Sie die Stärke der Anpassung ein. Die Wirkung zeigt sich am deutlichsten in den dunklen Bereichen.

Möchten Sie möglichst viel Zeichnung in den Lichtern, dann ziehen Sie den Schieberegler **Lichter** nach links. Das Gleiche gilt für den Schieberegler **Tiefen**. Hier werden allerdings die dunkleren Bereiche aufgehellt, wenn Sie den Regler nach links ziehen. Achten Sie in beiden Fällen auf eine Balance zwischen Sichtbarkeit von Details und Kontrast beziehungsweise Kontrastlosigkeit der Aufnahme.

Im Bereich **Farbreproduktion bei Spitzlicht** können Sie zwischen **Standard** und **Erweitert** wählen. **Erweitert** versucht Details in den Lichtern wiederzugewinnen, welche durch lokale Überbelichtungen hervorgerufen wurden.

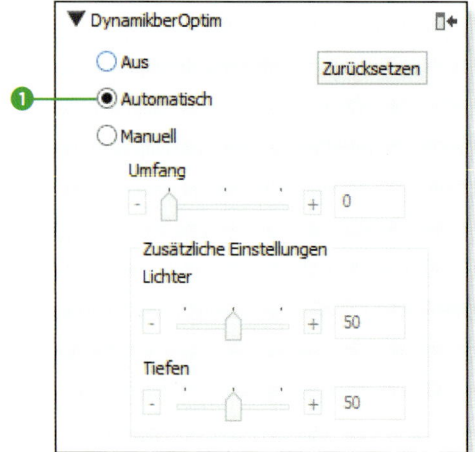

Abbildung 14.13
Einstellungen für die Dynamikbereich-Optimierung

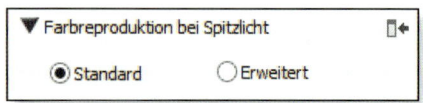

Abbildung 14.14
Lichter zurückgewinnen

Tonwerte optimieren

Im Bereich **Farbe** können Sie an den Farbwerten Änderungen vornehmen. Schieben Sie den Regler **Farbton** nach links wird das Bild rötlicher, beim Schieben nach rechts ergibt sich ein grünlicheres Bild.

Mit dem Schieberegler **Sättigung** können Sie die Intensität der Farben erhöhen. Im Normalfall sollten diese Regler mit Bedacht eingesetzt werden, es sei denn, Sie wollen stark unnatürliche Effekte erreichen.

Objektivfehler beseitigen

Unter dem Bereich **Schattierungskompensierung** verbirgt sich ein Tool zum Beseitigen einer eventuell sichtbaren Randabschattung.

Mit **Mittlerer Radius** legen Sie den Bereich fest, ab dem die Korrektur einsetzen soll. Beim Wert 0 würde die Veränderung bereits ab der Bildmitte beginnen, was in den seltensten Fällen notwendig sein sollte. 80 % ist hier schon ein brauchbarer Wert.

Der Regler **Mittelstärke** gibt an, wie stark die Aufhellung vom Zentrum des Bildes bis zu dem mittleren Radius ausfallen soll.

Die **Randstärke** legt fest, um wie viel stärker der Rand, also der Bereich ab dem mittleren Radius bis zu den Bildecken, gegenüber der Vorgabe durch den Wert **Mittelstärke** aufgehellt werden soll. Im äußeren Bereich muss meist stärker aufgehellt werden als im Inneren, womit dieser Regler auch seinen Sinn hat.

Die Wahl der einzelnen Parameter hängt von Ihrem Geschmack ab. Zum Teil kann Randabschattung auch gewünscht sein, um bestimmte Effekte zu erzielen.

Weitere Objektivfehler lassen sich im Image Data Converter leider nicht beheben.

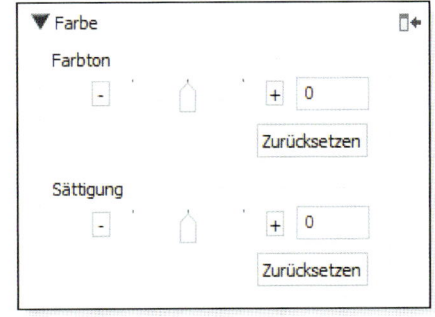

▲ Abbildung 14.15
Passen Sie die Farbwiedergabe mit Hilfe der Regler Farbton und Sättigung an.

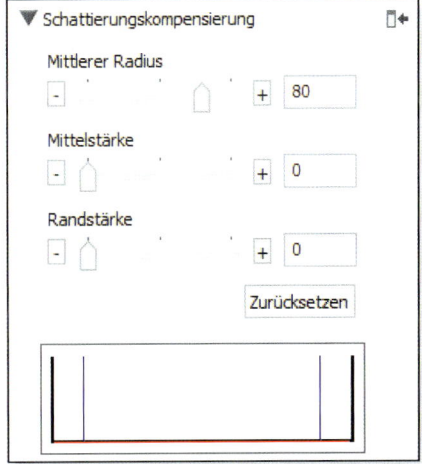

▲ Abbildung 14.16
Legen Sie fest, wie stark die Randabschattungen entfernt werden sollen.

Schärfe optimieren

Zoomen Sie zunächst zu mindestens 100 % ins Bild hinein und zwar in den Bereich auf den Sie beim Fotografieren scharfgestellt hatten.

Die Software nimmt bereits eine Grundschärfung vor, die im Bereich **Schärfe** ❶ angepasst werden kann.

Mit **Umfang** legen Sie die Stärke der Schärfung fest. Das Schieben des Reglers nach rechts verstärkt den Effekt, ein Schieben nach links lässt die Konturen weicher erscheinen.

Mit den anderen Schiebereglern können Sie die Schärfe weiter anpassen. Der Regler **Überschwinger** verändert nur die dunkleren Bereiche an den Kanten und **Unterschwinger** nur die hellen. Schieben Sie beide Regler nach rechts, wird der Kontrast an den Kanten erhöht, was einen schärferen Bildeindruck ergibt. Zu hohe Werte ergeben auch hier in den meisten Fällen unnatürliche Ergebnisse.

Schwellwert gibt an, ab welchem Helligkeitsunterschied an den Kanten geschärft werden soll.

Passen Sie die Werte Ihren Wünschen entsprechend an. Achten Sie dabei darauf, dass Sie das Bild nicht überschärfen.

v **Abbildung 14.17**
Optimieren Sie die Schärfe Ihres Bildes.

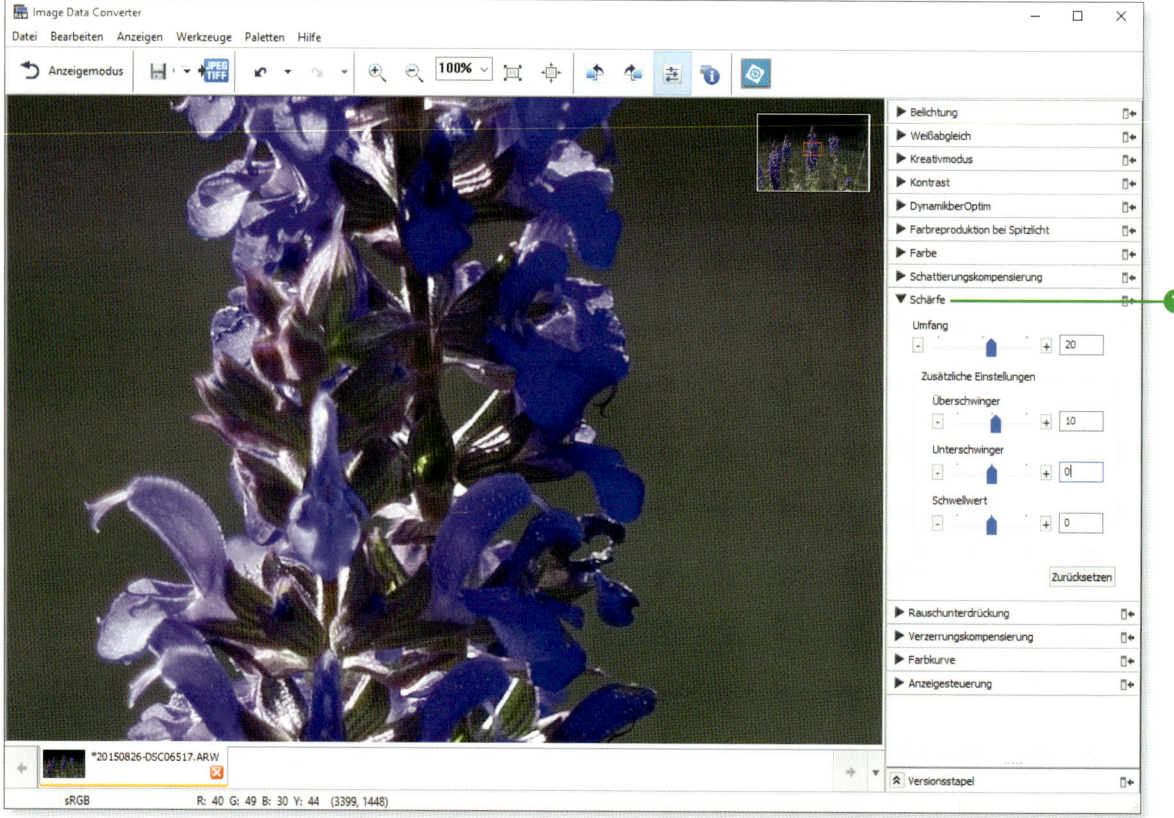

Rauschen reduzieren

Diesen Bereich brauchen Sie nur benutzen, wenn Sie mit höheren ISO-Werten gearbeitet haben. Ab ISO 400 bis 800 wird das Rauschen sichtbar. In seltenen Fällen kann das Rauschen je nach Situation auch schon bei geringeren Werten sichtbar werden. Empfinden Sie es als störend, dann können Sie hier korrigierend eingreifen.

Wählen Sie **Manuell** ❷ und stellen Sie mit **Umfang** die Stärke der gewünschten Rauschminderung ein. Achten Sie dabei darauf, dass möglichst keine Details verloren gehen. Denn je stärker die Rauschminderung eingestellt wird, umso stärker greift sie auch in Bereichen ein, welche Bildinhalte besitzen. Der zweite Regler ist für das Farbrauschen zuständig. Der dritte Regler wirkt auf die Kanten und damit auch stark auf die Schärfe im Bild. Für maximale Schärfe schieben Sie den Regler nach links. Möchten Sie das Bild mit einem externen Programm einer Rauschminderung unterziehen, dann wählen Sie hier **Aus**. Weitere Informationen finden Sie im Abschnitt »Zusätzliche Funktion zur Reduzierung von Bildrauschen« auf Seite 102.

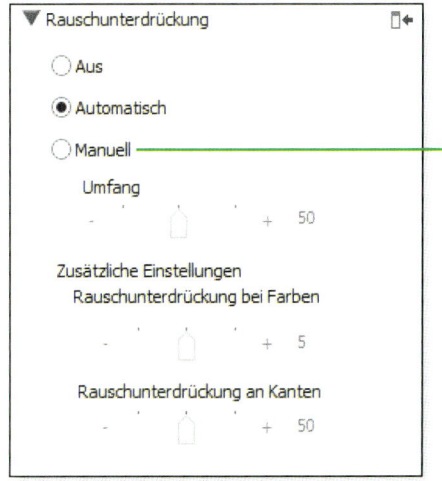

▲ **Abbildung 14.18**
Passen Sie die Rauschunterdrückung nachträglich an.

Helligkeit und Kontrast mit der Farbkurve anpassen

Im Bereich **Farbkurve** finden Sie das Histogramm zu Ihrem Bild. Außerdem können Sie hier Anpassungen an Helligkeit und Kontrast vornehmen. Weitere Informationen finden Sie im Abschnitt »Eine wertvolle Belichtungshilfe: das Histogramm« auf Seite 105.

Bild auf beschnittene Lichter und Tiefen überprüfen

Zu guter Letzt findet sich ganz unten noch ein Bereich zur Überprüfung des Bildes: die **Anzeigesteuerung**. Die Option **Beschnittene Tiefen anzeigen** markiert die dunklen Stellen im Bild in denen keine Zeichnung mehr vorhanden ist. **Beschnittene Lichter anzeigen** zeigt Ihnen analog, wo keine Zeichnung mehr in den hellen Bereichen vorhanden ist.

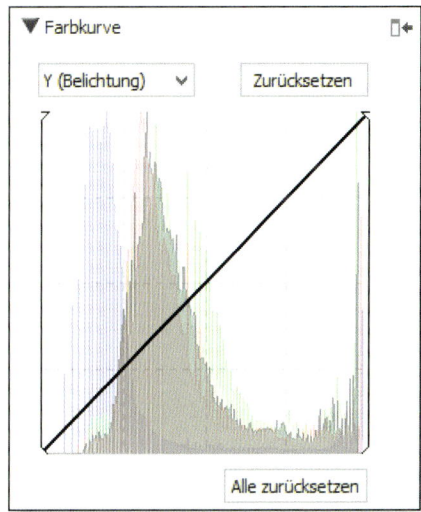

▲ **Abbildung 14.19**
Farbanpassung anhand des Histogramms

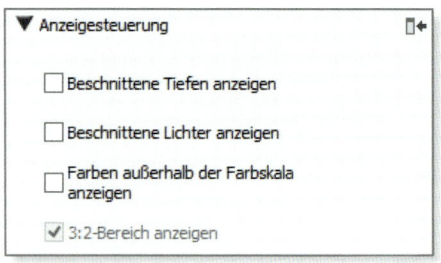

Abbildung 14.20
Anzeige von beschnittenen Tiefen und Lichtern

Klicken Sie die Auswahl **Farben außerhalb der Farbskala anzeigen** an, so kennzeichnet der Image Data Converter die Bereiche, an denen es zu Farbabrissen kommt. Das heißt, hier gehen Farbinformationen verloren.

Lassen Sie am besten die ersten drei Optionen der Anzeigesteuerung aktiviert, wenn Sie Änderungen an der Belichtung und dem Kontrast vornehmen. Sie sehen dann sofort, wenn es durch eine zu starke Änderung der verschiedenen Parameter zu Problemen kommt.

Mit der Stapelverwaltung Zeit sparen

Die vorgenommenen Änderungen können für die Bearbeitung weiterer Bilder gespeichert werden. Das ist vor allem dann sinnvoll, wenn mehrere ähnliche Bilder aufgenommen wurden und man nicht jedes Mal von Neuem die Bearbeitung durchführen möchte. Hierzu wählen Sie im Menü **Bearbeiten** die Option **Bildverarbeitungseinstellungen • Kopieren**. Über **Einfügen** können die Einstellungen auf andere Aufnahmen übertragen werden.

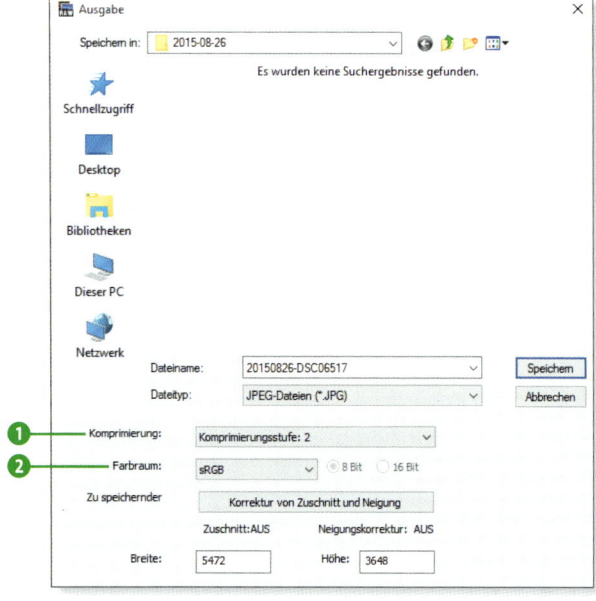

Bild speichern

Entspricht das Foto nun Ihren Vorstellungen, können Sie im Menü **Datei • Ausgabe** die Umwandlung in das TIFF- beziehungsweise JPEG-Format vornehmen.

Unter **Komprimierung** ❶ legen Sie fest, wie stark die Dateigröße reduziert werden soll. Je stärker Sie komprimieren, umso mehr Bildinformationen gehen verloren. **Farbraum** ❷ gibt Ihnen die Möglichkeit eine Farbraumvariante auszuwählen. Im Normalfall ist hier **sRGB** die richtige Wahl.

< Abbildung 14.21
Legen Sie das Dateiformat und die Komprimierung fest.

Bild ausrichten und den passenden Bildausschnitt wählen

Falls Sie sich während der Bildbearbeitung gefragt haben, an welcher Stelle Sie das Bild zuschneiden und zurechtrücken können: Hier finden Sie die Antwort. Denn erst jetzt können Sie nach Anklicken des Buttons **Korrektur von Zuschnitt und Neigung** die erforderlichen Arbeiten durchführen.

∧ Abbildung 14.22
Beschneiden Sie das Bild, falls nötig.

∧ Abbildung 14.23
Ergebnis der Bearbeitung mit dem Image Data Converter

Da die Bearbeitungsmöglichkeiten im Image Data Converter eingeschränkt sind, integriert das Programm bei der Installation vorhandene Bildbearbeitungsprogramme. So können Sie ein zuvor mit dem Image Data Converter entwickeltes Bild über einen Button direkt in einem anderen Programm, zum Beispiel mit Adobe Photoshop Elements, weiterverarbeiten.

RAW-Entwicklung für Ambitionierte

Vermutlich gelangen Sie mit dem kostenlosen Sony-eigenen RAW-Konverter irgendwann an seine Grenzen. Deutlich mehr Funktionen bietet unter anderem Adobe Photoshop Lightroom. Es ist eng an die Bedürfnisse von Fotografen der heutigen Zeit angepasst und trägt dem Wunsch nach effizienter Verwaltung einer großen Anzahl digitaler Bilder und nach der präzisen Entwicklung von RAW-Dateien inklusive Automatisierung Rechnung. Mit Lightroom können Sie Ihre Bilder auch für die Ausgabe am Drucker, für TV oder Monitor sowie für das Internet aufbereiten. Auch die kostenlose Software Capture One Express (for Sony) ist sicherlich einen Versuch wert. Diese können Sie sich als Sony-Fotograf unter *www.phaseone.com/Sony* herunterladen.

Bilder und Videos online speichern und teilen

Soziale Netze sind aus der heutigen Zeit nicht mehr wegzudenken. Ob nun Facebook, Twitter etc. – überall können Sie Informationen, Bilder und Videos mit anderen Menschen auf der ganzen Welt teilen. Nachfolgend erfahren Sie, wie Sie Daten in der »Sony-Cloud« **PlayMemories Online** abspeichern und wie Sie Ihre Bilder und Videos mit wenigen Handgriffen bei Facebook hochladen.

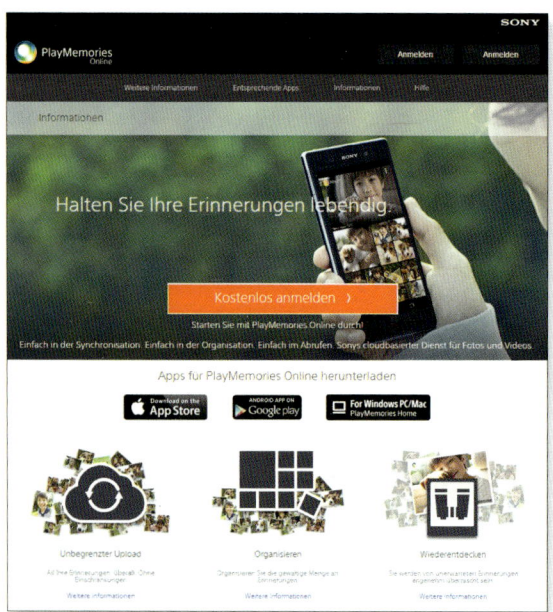

< Abbildung 14.24
In der »Sony-Cloud« PlayMemories Online können Sie Bilder und Videos speichern und überall darauf zugreifen. Zusätzlich können Sie sich Apps für Ihr Smartphone kostenlos herunterladen.

Bilder und Videos bei Facebook hochladen

Für viele Menschen sind soziale Netzwerke eine bequeme und unkomplizierte Möglichkeit, Freunden eigene Fotos und Videos zu zeigen. Mit PlayMemories Home ist es denkbar einfach, Bilder von Ihrer RX100 IV bei Facebook hochzuladen.

Direktes Hochladen per App

Neben dem Hochladen über den Computer besteht auch die Möglichkeit, direkt von der RX100 IV aus die Bilder bei Facebook (und auch zu PlayMemories Online) hochzuladen. Das Hochladen zu weiteren Diensten ist geplant. Diese App ist gratis, nennt sich **Direktes Hochladen**, und Sie können Sie unter *https://goo.gl/pq0vW* downloaden und installieren. Mehr Informationen zu Kamera-Apps erhalten Sie im Abschnitt »Mehr Funktionen mit den PlayMemories-Camera-Apps« ab Seite 284.

Bilder oder Videos zu Facebook hochladen
SCHRITT FÜR SCHRITT

1 PlayMemories Home starten
Starten Sie zunächst das Programm **PlayMemories Home** an Ihrem PC.

2 Freigeben wählen
Wählen Sie im Menü **Werkzeuge • Freigeben**. Im rechten Bereich öffnet sich ein Fenster mit den zur Freigabe der Bilder und Videos verfügbaren Diensten.

3 Dienst wählen
Wählen Sie nun den Dienst aus, welchen Sie verwenden wollen. In diesem Fall wurde **Facebook** gewählt.

4 Daten selektieren
Suchen Sie sich nun die Bilder und Videos aus, welche Sie hochladen möchten. Ziehen Sie diese in den rechten Bereich, indem Sie das Bild anklicken und mit gedrückter Maustaste verschieben.

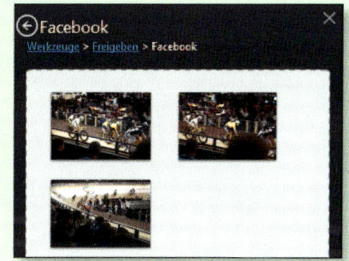

5 Bilder und Videos senden
Klicken Sie auf **Weiter**. Nun erscheint der Anmeldebereich für Facebook. Geben Sie hier Ihre Facebook-Anmeldedaten ein und klicken Sie auf den Button **Anmelden**. Nun müssen Sie PlayMemories Home noch einige Rechte einräumen, damit Sie die Bilder auch posten können.

Bilder in PlayMemories Online speichern

Sony stellt Ihnen ein Speichervolumen von 5 GB in der PlayMemories Online-Cloud zur Verfügung, Ihre Fotos und Videos können Sie per Smartphone oder auch vom PC zu PlayMemories Online hochladen. Sie haben so von allen dort angemeldeten Geräten, wie einem Fernseher, dem Smartphone, Tablet usw. jederzeit und überall (eine Internetverbindung vorausgesetzt) Zugriff auf Ihre Bilder und Videos. Mit dem Smartphone benötigen Sie die gleichnamige App PlayMemories Online, welche für die Betriebssysteme Android und iOS in den entsprechenden Stores kostenlos angeboten werden. Wenn sie am PC arbeiten, können Sie die Bilder über das Programm PlayMemories Home beziehungsweise per Browser über *www.playmemoriesonline.com* hochladen. Betrachten können Sie die Bilder zusätzlich noch am SmartTV, wenn PlayMemories Online (zum Beispiel bei Bravia-Geräten von Sony) unterstützt wird. Auf der PlayStation 3 (PlayMemories Studio) und PlayStation 4 (PlayMemories Online) können Sie sich ebenfalls Ihre Bilder aus der Sony-Cloud ansehen. Das Hochladen in die Sony-Cloud funktioniert ähnlich wie im Beispiel von Facebook in der Schritt-für-Schritt-Anleitung »Bilder oder Videos zu Facebook hochladen« auf Seite 273 beschrieben. Anstatt im Schritt 3 **Facebook** zu wählen, verwenden Sie hier einfach **PlayMemories Online**. Alles Weitere läuft wie gehabt.

Abbildung 14.25 >
In der Cloud von Sony, PlayMemories Online, steht Ihnen ein Speichervolumen von 5 GB zur Verfügung. Das Hochladen von Bildern in HD-Größe ist sogar unbegrenzt möglich.

Die Kamerasoftware auf dem Laufenden halten

Die Kameras besitzen zur Ausführung ihrer Funktionen eine spezielle Software – die sogenannte *Firmware*. In unregelmäßigen Abständen gibt es Updates für die Firmware, die Fehler beseitigen oder neue Funktionen ermöglichen. Zu Redaktionsschluss dieses Buches lag noch kein Update für die RX100 IV vor. Die Firmwareversion hatte den Stand 1.10.

Wird ein Firmwareupdate von Sony angeboten, sollten Sie es auch durchführen. Die Hinweise von Sony zum Update sind unbedingt einzuhalten, um die Funktion der Kamera nach dem Update sicherzustellen. Wichtig ist auch ein vollgeladener Akku, wenn Sie das Update vornehmen.

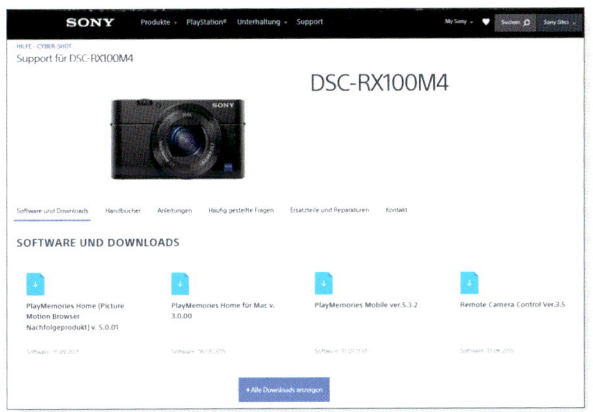

< Abbildung 14.26
Sobald ein Firmwareupdate für die Sony RX100 IV verfügbar ist, erscheint es auf der Support-Seite.

An der RX100 IV erfahren Sie im Menü 🧰 6 unter **Version**, welche Firmware Ihre Kamera besitzt. Im Internet können Sie unter *http://www.sony.de/support/de/product/DSC-RX100M4* einsehen, ob ein Update für Ihre RX100 IV angeboten wird. Übrigens finden Sie hier auch die neuesten Versionen der Sony-Beipacksoftware und weitere Informationen.

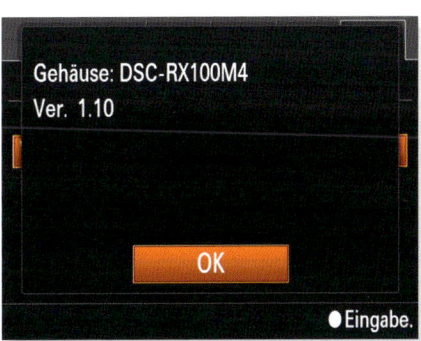

< Abbildung 14.27
Im Menü 🧰 6 unter **Version** können Sie die Firmwarestatus Ihrer RX100 IV prüfen.

Kapitel 15
Die RX100 IV im WLAN nutzen

Drahtlos Bilder übertragen 278

Das Smartphone zur Steuerung der RX100 IV nutzen 282

Mehr Funktionen mit den PlayMemories-Camera-Apps 284

EXKURS: Die RX100 IV mit Remote Camera Control steuern 290

Drahtlos Bilder übertragen

Neben der kabelgebundenen Übertragung der Bilder und Videos zum PC stellt Ihnen die RX100 IV noch eine sehr elegante Alternative bereit: die Übertragung über WLAN. Das ist sehr praktisch und erspart das lästige Anstöpseln von Kabeln beziehungsweise die Entnahme der Speicherkarte aus der Kamera. Sie teilen der RX100 IV lediglich mit, dass Sie die Bilder und Videos an den PC übertragen soll, und schon wandern sie, bei aktivem WLAN, auf die Festplatte Ihres Computers.

Verbindung zum Netzwerk herstellen

Zunächst muss eine Verbindung zum Netzwerk hergestellt werden. Dies ist sehr einfach, wenn Ihr WLAN-Zugangsgerät (Router) eine **WPS**-Taste besitzt. Damit die RX100 IV mit dem Router verbunden werden kann, müssen Sie am WLAN-Zugangsgerät, zum Beispiel einer Fritz!Box, die **WPS**-Taste so lange drücken, bis die LED **WLAN** blinkt. Die LED blinkt nun etwa 2 Minuten. In dieser Zeit muss die Verbindung hergestellt werden. Wechseln Sie also an Ihrer RX100 IV gleich ins Menü 📶 2. Navigieren Sie zu **WPS-Tastendruck** und drücken Sie die Mitteltaste des Einstellrads. Nun sollten beide Geräte eine Verbindung herstellen. Dabei ist es egal, mit welchem Gerät Sie den Verbindungsaufbau starten. Damit ist die RX100 IV im Netzwerk registriert und kann darauf zugreifen. Voraussetzung ist bei dieser Methode, dass am WLAN-Zugangsgerät die Sicherheitseinstellung **WPA** oder **WPA2** eingestellt ist.

▲ Abbildung 15.1
*Mit **WPS-Tastendruck** starten Sie die Verbindungsherstellung zum WLAN-Zugangsgerät. Drücken Sie dann innerhalb von 2 Minuten die **WPS**-Taste am WLAN-Zugangsgerät. Ist die Verbindung hergestellt, meldet das die RX100 IV mit **Registriert** und zeigt den Namen des WLAN-Netzes an.*

WLAN-Verbindung manuell herstellen
SCHRITT FÜR SCHRITT

1 Menü wählen
Drücken Sie die **MENU**-Taste und wechseln Sie ins Menü 🛜 2 zu **Zugriffspkt.-Einstlg.**

2 Zugriffspunkt wählen
Die RX100 IV sucht nach vorhandenen WLAN-Zugriffspunkten. Wählen Sie den gewünschten Zugangspunkt mit den Tasten ▲ oder ▼ des Einstellrades aus und drücken Sie die Mitteltaste.

3 Passwort eingeben
Geben Sie das Passwort für den Zugang zum WLAN-Netz ein. Verwenden Sie hierfür die Tasten ▲▼◄► und bestätigen Sie mit der Mitteltaste des Einstellrads.

4 IP-Adresse einstellen
Die RX100 IV fragt nun unter **IP-Adresseneinstlg** ab, ob Sie die IP-Adresse der Kamera selbst festlegen wollen oder ob sie automatisch zugeteilt werden soll. Wählen Sie hier **Auto**.

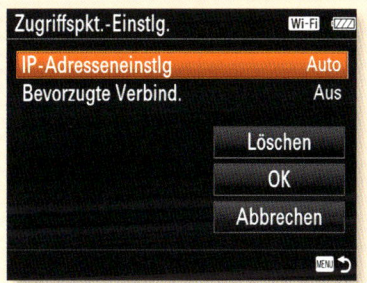

5 Bevorzugte Verbindung festlegen
Haben Sie die RX100 IV an mehreren Zugangspunkten registriert, dann können Sie unter **Bevorzugte Verbind.** wählen, ob die aktuelle Verbindung Vorrang haben soll (**Ein**). Es ist immer nur eine Verbindung zur gleichen Zeit möglich.

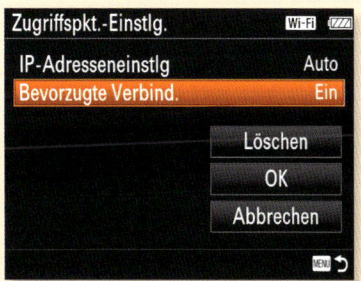

6 Vorgang abschließen
Schließen Sie den Vorgang mit OK ab.

Sie sollten sich mit der Kamera auch nicht zu weit weg vom WLAN-Zugangsgerät aufhalten, wenn Sie die Verbindung herstellen. So schließen Sie schon einmal eine mögliche Fehlerquelle durch unzureichende WLAN-Stärke aus.

Netzwerkverbindung manuell einrichten

Besitzt Ihr WLAN-Zugangsgerät keine **WPS**-Taste, haben Sie in der Sicherheitseinstellung des WLAN-Zugangsgeräts **WEP** eingestellt (was übrigens ein Sicherheitsproblem darstellt, da der **WEP**-Code recht leicht von Fremden herausgefunden werden kann). In diesem Fall, oder wenn aus anderen Gründen keine Verbindung zustande kommt, bleibt nur die manuelle Einrichtung.

Nachdem Sie die RX100 IV automatisch oder manuell mit dem WLAN-Netzwerk verbunden haben, ist die Kamera für die Übertragung der Bilder und Videos bereit. Sie müssen nur noch festlegen, in welchem Ordner die Daten auf dem PC landen sollen. Dafür schließen Sie die RX100 IV per USB-Kabel an Ihrem PC an und starten **PlayMemories Home**. Die notwendigen Einstellungen sind recht einfach.

Einstellungen für PlayMemories Home vornehmen
SCHRITT FÜR SCHRITT

1 Gewünschten Ordner bestimmen
Starten Sie **PlayMemories Home** und wählen Sie über das Menü **Werkzeuge • Einstellungen**. Hier wählen Sie **Wi-Fi-Import** und unter **Importieren in** den gewünschten Ordner.

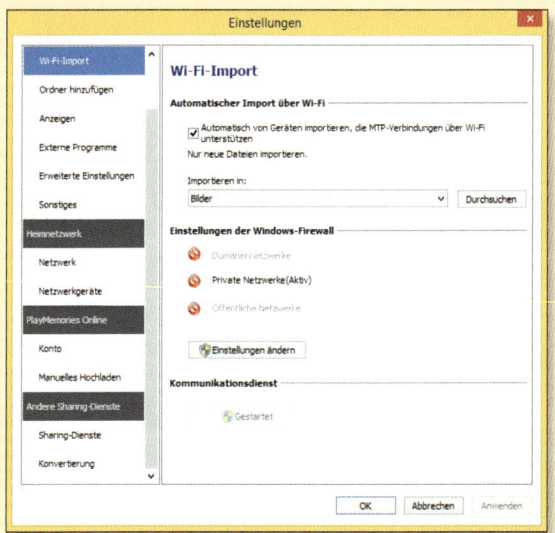

2 RX100 IV und Wi-Fi-Importeinstellungen wählen
Wählen Sie in der Oberfläche von **PlayMemories Home** Ihre RX100 IV aus ❶, und klicken Sie anschließend auf das Symbol für die **Wi-Fi-Importeinstellungen** ❷.

Drahtlos Bilder übertragen

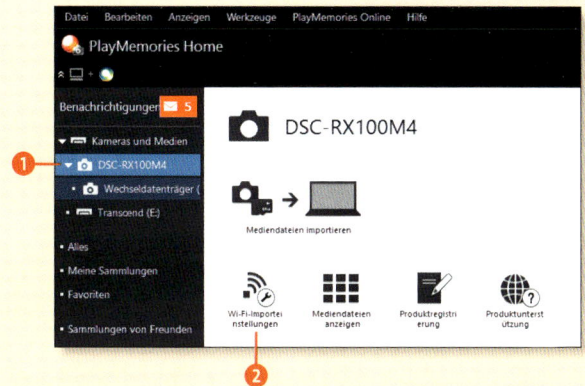

4 Bilder übertragen

Alle Voraussetzungen für den Wi-Fi-Import sind nun gegeben und Sie können Ihre ersten Bilder per WLAN übertragen. Entfernen Sie dazu das USB-Kabel und wählen Sie das Menü 📶 1. Navigieren Sie zu **An Comp. senden** und drücken Sie die Mitteltaste des Einstellrads. Daraufhin verbindet sich die RX100 IV mit dem WLAN und überträgt die Daten in das zuvor gewählte Verzeichnis des Computers. Haben Sie etwas Geduld. Es kann einen Augenblick dauern, bis die Verbindung zustande gekommen ist. Je nach Datenmenge und WLAN-Stärke kann das Übertragen der Bilder ebenfalls einige Zeit in Anspruch nehmen.

Nun wählen Sie **Empfohlen** aus und klicken auf **Weiter**. Hierfür benötigen Sie Administrationsrechte für Windows. Windows fragt Sie nun noch ab, ob Sie die Änderungen akzeptieren. Wählen Sie hier **Ja**.

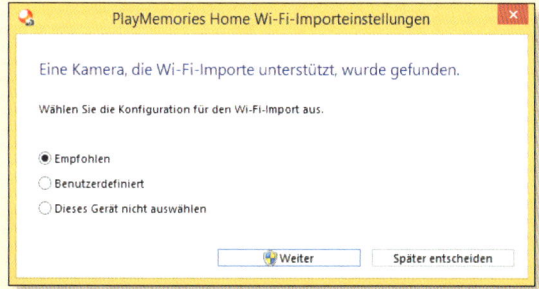

3 Einstellungen abschließen

PlayMemories Home bestätigt Ihnen nun, dass der automatische Wi-Fi-Import startbereit ist. Klicken Sie abschließend auf **Fertig stellen**.

Auf TV wiedergeben

Ebenso wie die Bilder zum PC gesendet werden können, können Sie nach erfolgter Registrierung im WLAN die Bilder auf einem Smart-TV wiedergeben. Dazu wählen Sie im Menü 📶 1 • **Auf TV wiedergeben**. Der Smart-TV muss hierfür ebenfalls im WLAN-Netz registriert sein.

Das Smartphone zur Steuerung der RX100 IV nutzen

Die RX100 IV erlaubt die Steuerung einiger Funktionen per Smartphone. So können Sie die RX100 IV, wenn sie zum Beispiel auf einem Stativ montiert ist, bequem aus einiger Entfernung bedienen.

Damit sich die RX100 IV mit Ihrem Smartphone versteht, ist eine Kopplung notwendig. Zunächst installieren Sie auf Ihrem Smartphone die App **PlayMemories Mobile**. Das funktioniert per PC im entsprechenden Store oder direkt per Smartphone-Store. Prüfen Sie, ob die App auch für Ihr Smartphone zur Verfügung steht.

Tabelle 15.1 >
Laden Sie **PlayMemories Mobile** auf Ihr Smartphone. Die entsprechende Internetseite wählen Sie je nach dem Betriebssystem Ihres Smartphones aus.

Smartphone-Betriebssystem	Android	iOS
URL	http://goo.gl/tClr4i	http://goo.gl/7IOU7c
QR-Code		

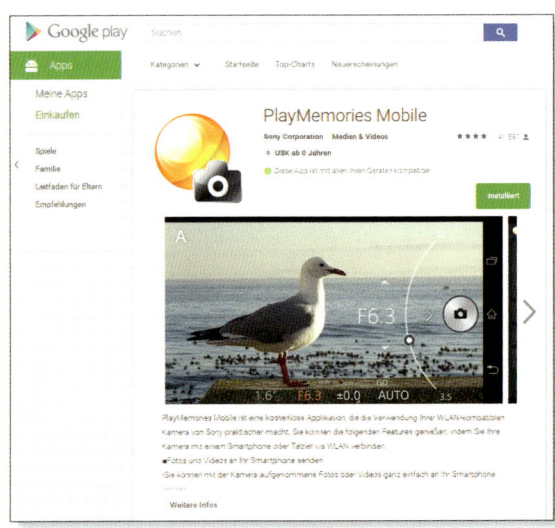

Abbildung 15.2 >
Links: **PlayMemories Mobile** im Google-play-Store. Rechts: Geöffnete **PlayMemories-Mobile**-App auf dem Smartphone

Das Koppeln klappt am einfachsten per *NFC* (*Near Field Communication*, deutsch: *Nahfeldkommunikation*). Verfügt Ihr Smartphone über diese Funktion, dann halten Sie beide Geräte, also Ihre RX100 IV sowie Ihr Smartphone, einfach ganz dicht aneinander. Beachten Sie dabei, dass Sie Ihr Smartphone an die mit dem Zeichen N gekennzeichnete Stelle an der RX100 IV halten. Denn hierunter befindet sich der entsprechende Sensor. Selbstverständlich müssen hierfür beide Geräte eingeschaltet sein. Das Smartphone muss zudem entsperrt worden sein, da NFC nur bei entsperrtem Bildschirm aktiv ist.

Koppeln mit und ohne NFC

Stellt Ihr Smartphone kein NFC zur Kopplung zur Verfügung (zum Beispiel iPhones), dann müssen Sie zur Kopplung einmalig ein Passwort eingeben, welches bei beiden Geräten gleich sein muss. Dazu starten Sie auf Ihrem Smartphone PlayMemories Mobile und wählen an Ihrer RX100 IV in Menü 1 • **An Smartph. send.** Bei einer Verbindung mit NFC benötigen Sie hingegen kein Passwort, und auch PlayMemories Mobile startet automatisch auf Ihrem Smartphone.

∧ Abbildung 15.3
Unter der mit dem Zeichen N gekennzeichneten Stelle ❶ liegt der Sensor für die Verbindung per NFC.

Sind Kamera und Smartphone aneinandergekoppelt, können Sie Ihre RX100 IV fernsteuern. Sie sehen dabei auch direkt das Bild der RX100 IV, vergleichbar mit dem Sucher- oder dem Monitorbild, auf Ihrem Smartphone. Zudem können Sie den Weißabgleich einstellen und auch den Selbstauslöser aktivieren.

Die RX100 IV bietet Ihnen nun diverse Einstellmöglichkeiten direkt vom Smartphone aus. Diese entsprechen dem jeweiligen Programm, wie Sie es von der Bedienung an der Kamera gewohnt sind. In der Blendenpriorität **A** können Sie zum Beispiel weiterhin die Blende einstellen, aber auch die Werte für die ISO-Einstellung, die Belichtungskorrektur oder den Weißabgleich. Tippen Sie auf das Display, dann fokussiert die RX100 IV auf diese Stelle. Auch Zoomen und Auslösen erlaubt die App direkt per Smartphone.

< Abbildung 15.4
*Screenshot des Smartphone-Bildschirms bei verbundener RX100 IV im Programm **A** unter Nutzung der App Smart-Fernbedienung.*

Kapitel 15 • Die RX100 IV im WLAN nutzen

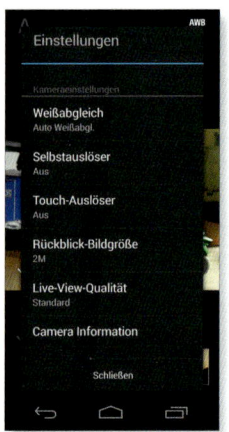

WLAN-Verbindung: Smartphone oder App

Das Smartphone kann nicht gleichzeitig per WLAN sowohl mit der RX100 IV als auch mit Ihrem WLAN-Netz zu Hause verbunden sein. Aus diesem Grund wird die Verbindung zwischen Smartphone und Ihrem WLAN-Netz automatisch unterbrochen, sobald dieses verfügbar ist. Eine erneute Verbindung des Smartphones mit dem Internet wird dann über Mobilfunk aufgebaut. Daran sollten Sie denken, wenn Sie gerade größere Datenmengen übertragen und der Datenverbrauch beim Mobilfunkprovider limitiert ist.

▲ Abbildung 15.5
Über die **PlayMemories-Mobile**-App können Sie viele Einstellungen an der RX100 IV über Ihr Smartphone vornehmen.

Sie können in der **PlayMemories-Mobile**-App auch die Bildgröße bestimmen. Das ist vor allem interessant, wenn Sie Ihre Bilder zum Smartphone nur übertragen, um sie danach im Internet zum Beispiel auf Facebook hochzuladen. Dann genügt es, unter **Einstellungen • Rückblick-Bildgröße** auf **2M** festzusetzen. Damit werden die Bilder verkleinert, etwa in HD-Qualität, übertragen. Das spart Zeit beim Übertragen und Speicherplatz auf dem Smartphone. Die Auflösung ist dabei für das Internet sehr gut. Ohnehin würde sie zum Beispiel durch die Facebook-App internettauglich verringert werden.

⌄ Abbildung 15.6
Unter **Auswahl** wählen Sie **DSC-RX100M4**, um die für Ihre RX100 IV passenden Apps zu filtern.

Mehr Funktionen mit den PlayMemories-Camera-Apps

Ihre RX100 IV ist zwar schon vollgestopft mit Funktionen und kleinen Helfern, aber da geht noch mehr. Die Kamera bietet reservierten Speicherplatz für Zusatzapplikationen. Unter *https://www.playmemoriescameraapps.com/portal/* stellt Sony zum Teil sehr nützliche Erweiterungen bereit. Einige hiervon sind kostenlos, für andere müssen Sie etwas bezahlen. Nicht alle Apps sind dort für die RX100 IV geeignet. Wählen Sie deshalb zunächst über **Auswahl** ❶ die **DSC-RX100M4** aus. Ihnen werden dann nur noch die zur RX100 IV kompatiblen Apps angezeigt.

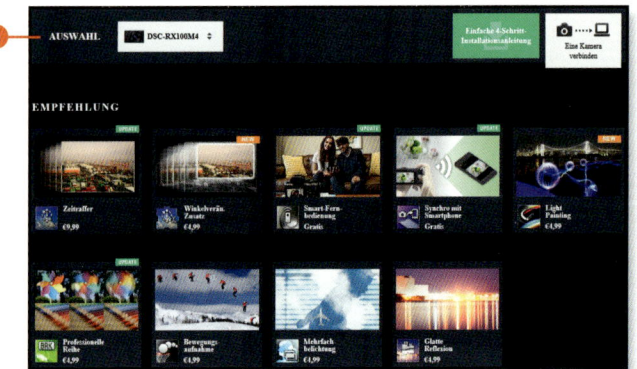

Apps auf der RX100 IV installieren
SCHRITT FÜR SCHRITT

1 Kamera verbinden
Klicken Sie oben rechts auf den Button **Eine Kamera verbinden**. Ein Fenster öffnet sich zur Installation des **PlayMemories-Camera-Apps-Downloaders**. Klicken Sie hier auf **Installieren** ❷. Der Downloader wird dann heruntergeladen und befindet sich im Downloadverzeichnis Ihres Computers.

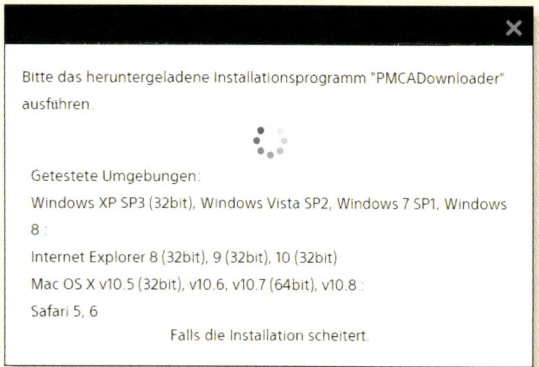

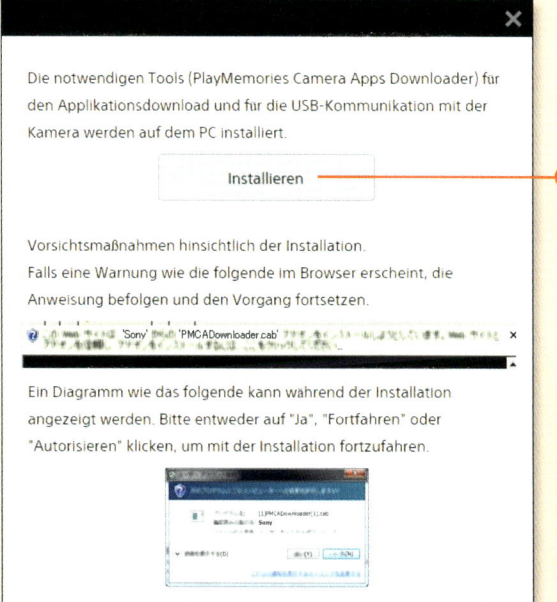

2 Installationsprogramm ausführen
Führen Sie nun das heruntergeladene Programm **PMCADownloader.msi** aus und befolgen Sie die weiteren Programmanweisungen.

3 Installation abschließen
Zum Abschluss der Installation klicken Sie auf den Button **Neu laden und fortfahren**.

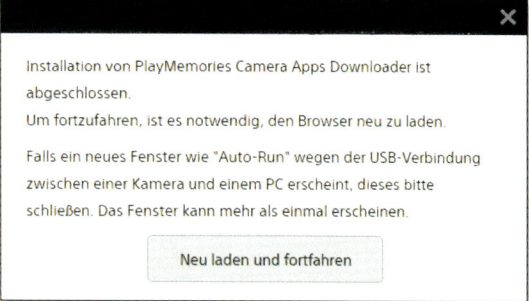

4 RX100 IV verbinden

Das entsprechende Plug-in für den Browser ist nun installiert. Schließen Sie die RX100 IV per USB-Kabel an Ihren PC an. Klicken Sie noch einmal auf den Button **Eine Kamera verbinden** (siehe Abbildung 15.6). Daraufhin wird die Verbindung überprüft.

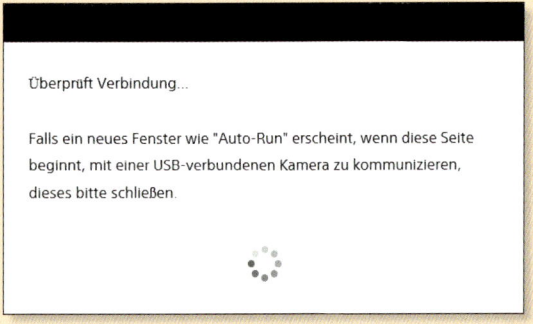

5 Verbindung prüfen

Ist die Verbindung zur RX100 IV zustande gekommen, dann sehen Sie das auf dem Monitor der RX100 IV: Auf dem Monitor erscheint der Hinweis: **Verbindet via USB Um den USB-Verbindungsmodus zu ändern, das USB-Kabel vom Computer abtrennen und erneut verbinden.** Auf der **PlayMemories-Camera-App**-Seite erscheint Ihr Kameratyp ❶ und der noch verfügbare interne Speicherplatz Ihrer RX100 IV für Apps ❷.

6 App installieren

Suchen Sie sich nun im unteren Bereich der Webseite unter **ALLE** eine App aus und klicken Sie auf den Button **Installieren** ❸ beziehungsweise **Kaufen**. Daraufhin wird die App zur RX100 IV übertragen und kann genutzt werden.

Apps direkt in der Kamera installieren

Die Installation von Apps ist auch direkt in der RX100 IV möglich. Allerdings ist es vom PC aus wesentlich bequemer. Möchten Sie trotzdem einmal eine App direkt über die RX100 IV installieren oder aktualisieren, dann navigieren Sie zu **PlayMemories Camera Apps** und drücken die Mitteltaste des Einstellrads. Hierfür ist eine WLAN-Verbindung notwendig. Um eine App installieren zu können, melden Sie sich am Sony-Netzwerk an. Hier müssen Sie alle Daten über die virtuelle Tastatur auf dem Monitor eingeben, was bei längeren Anmeldenamen (Anmelde-ID) und Passwörtern mühselig sein kann.

Apps verwenden und managen

Möchten Sie eine installierte App nutzen, dann drücken Sie die **MENU**-Taste und navigieren ins **Menü** 1. Hier stehen Ihnen unter **Applikationsliste** die installierten Apps zur Auswahl bereit. Navigieren Sie einfach zur gewünschten App und drücken Sie die Mitteltaste des Einstellrads. Die Apps, wie hier die App **Glatte Reflexion** 4, mit der Sie Langzeitbelichtungseffektaufnahmen durchführen können, bieten weitere spezifische Einstellmöglichkeiten, wie in diesem Fall **Glättung** an. Aber auch die normalen Einstellungen, wie Bildgröße, Seitenverhältnis oder Qualität, stehen zum Teil zur Verfügung. Das ist bei den einzelnen Apps unterschiedlich.

Außerdem bietet zum Beispiel die App **Glatte Reflexion** eine Themenauswahl an Langzeitbelichtungseffekten an, die insbesondere für das Fotografieren von Wasser interessant ist. Die Auswahl erhalten Sie direkt beim Start der App. Während Sie die App verwenden, gelangen Sie zur Themenwahl, indem Sie **MENU • Applikation Start** wählen. Die ISO-Empfindlichkeit ist hier generell auf ISO 100 voreingestellt und kann auch nicht geändert werden (Ausnahme Thema **Custom**), um etwa möglichst lange Belichtungszeiten zu erhalten. Beim Thema **Abenddämmerungsreflexion** der App **Glatte Reflexion** versucht die RX100 IV zum Beispiel in einer Nachtszene mit Wasser die Wasseroberfläche glatt erscheinen zu lassen und einen Wasserspiegel-Reflexionseffekt zu erreichen. So spiegeln sich etwa beleuchtete Häuser am Ufer eines Sees im Wasser wider. Die RX100 IV verwendet hier den Kreativmodus **Nachtszene** und blendet stark ab.

Mit dem Thema **Wasserströmung** können Sie wirkungsvoll Wasserfälle oder Flüsse aufnehmen. Das Wasser wird durch die lange Belichtungszeit verwischt dargestellt. Es wird so ein »Fließeffekt« erzeugt, der das Wasser weich und strömend darstellt. Die RX100 IV verwendet hier den Kreativmodus **Lebhaft** für satte Farben und blendet maximal, also auf Blende f11, ab. Das Thema **Leise** ist zum Beispiel sinnvoll, wenn es darum geht, einen See oder Teich möglichst mit

^ Abbildung 15.7
Unter **Applikationsliste** erscheinen die installierten Apps.

^ Abbildung 15.8
Unter **Themenauswahl** stehen Ihnen verschiedene Effekte der einzelnen Apps zur Verfügung.

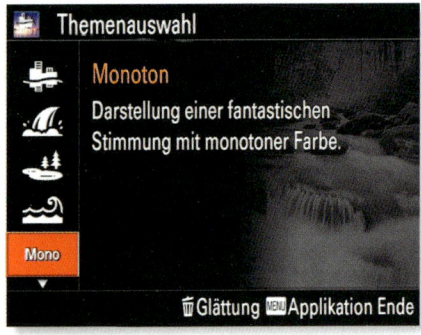

Abbildung 15.9
Bei Monoton können Sie ein Schwarzweißbild einer Langzeitbelichtung aufnehmen.

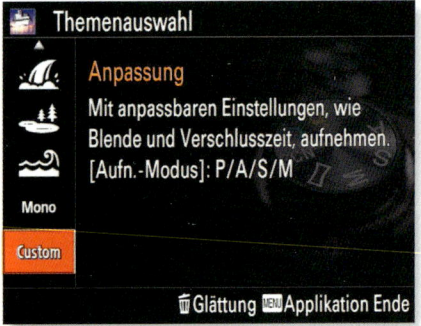

Abbildung 15.10
Die vorgeschlagenen Werte für Blende und Belichtungszeit verändern Sie bei Anpassung.

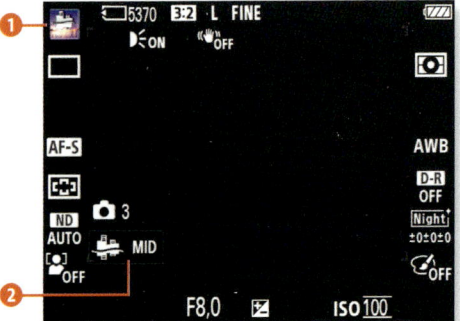

Abbildung 15.11
An dem Symbol ❶ im Monitor erkennen Sie, dass eine App verwendet wird.

glatter Wasseroberfläche darzustellen und Wellen und Spritzer zu eliminieren. Hier verwendet die RX100 IV den Kreativmodus **Klar** und auch hier wird stark abgeblendet. Möchten Sie eine Gischt über dem Wasser zum Beispiel an der Meeresküste erzeugen, dann verwenden Sie das Thema **Rauchschwaden**. Hier kommt der Kreativmodus **Landschaft** zum Einsatz, welcher die Sättigung der Farben Grün und Blau und den Kontrast erhöht. Auch hier wird stark abgeblendet. Mit dem Thema **Monoton** nehmen Sie eine einfarbige Aufnahme auf. Neben einer Schwarzweißaufnahme stehen eine Sepia-, Warm-, Kalt- oder eine Grüntönung zur Verfügung.

Bei allen zuvor genannten Themen wählt die RX100 IV automatisch die Blende und die Belichtungszeit. Möchten Sie hier korrigierend einwirken, dann wählen Sie das Thema **Anpassung**. Wählen Sie per Moduswahlknopf **P**, **A**, **S** oder **M**. Über das Einstellrad lässt sich dann zum Beispiel in der Blendenpriorität **A** die vorgeschlagene Blende ändern.

Ein Stativ ist bei den langen Belichtungszeiten natürlich Pflicht. Die Kamera nimmt eine bestimmte Anzahl von Bildern auf, die auf dem Monitor angezeigt wird. Halten Sie also den Auslöser so lange gedrückt, bis alle Aufnahmen im Kasten sind. Im Anschluss daran rechnet die RX100 IV die Bilder zu einem Bild zusammen.

Verwenden Sie eine App auf Ihrer RX100 IV, so sehen Sie das auf dem Monitor ❶. Hier wird das entsprechende Symbol eingeblendet. Stehen Optionen der App zur Wahl, werden diese ebenfalls eingeblendet ❷. Mit der **MENU**-Taste gelangen Sie zu den Einstellungen der App, zum Beispiel zur Option **Glättung**, welche drei Glättungsstufen (**Niedrig**, **Mittel** und **Hoch**) bereitstellt.

Um eine laufende App zu beenden, drücken Sie ebenfalls die **MENU**-Taste und wählen **Applikation Ende**. Bestätigen Sie die folgende Abfrage mit **Ende** durch Drücken der Mitteltaste des Einstellrads.

Möchten Sie Ihre Apps verwalten, dann navigieren Sie zur Kachel für das **Applikationsmanagement** ❸. Unter **Sortieren** kann die zu verschiebende App per Mitteltaste des

Einstellrads ausgewählt und anschließend mit den Tasten ▲▼◄► verschoben werden. Mit **Verwalten und entfernen** werden Ihre Apps aufgelistet und der jeweilige Speicherbedarf der einzelnen Apps angezeigt. Auch der noch verfügbare Speicher für die verschiedenen Apps wird angezeigt. Wollen Sie eine App löschen, dann navigieren Sie zu dieser und drücken die Mitteltaste des Einstellrads. Anschließend drücken Sie die Taste **Löschen** 🗑. Im anderen Fall drücken Sie die **MENU**-Taste.

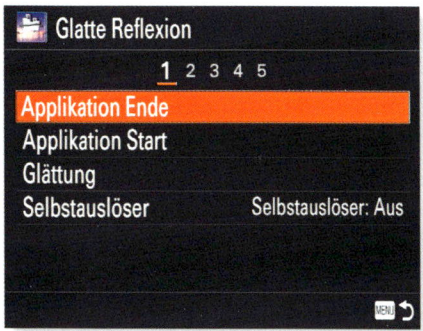

◄ Abbildung 15.12
Über **Applikation Start** gelangen Sie wieder in die Themenauswahl. Mit **Applikation Ende** beenden Sie die App. **Glättung** ist eine Option speziell für die App **Glatte Reflexion**. Hier stehen drei Glättungsstufen zur Auswahl.

Im Menüpunkt **Applikationsmanagement** erfahren Sie unter **Kontoinformat. anzeigen** ❹, mit welcher Anmelde-ID Sie sich mit der RX100 IV bei Sony angemeldet haben.

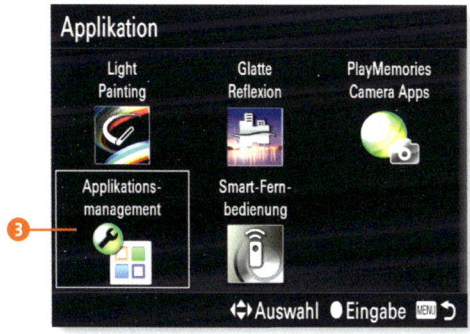

∧ Abbildung 15.13
Sortieren und Löschen von Apps ist unter **Applikationsmanagement** *möglich.*

∧ Abbildung 15.14
Menü zur App-Verwaltung

 Schnellstart einer App

Im Menü 📶 1 unter **One-Touch (NFC)** können Sie eine bereits installierte App wählen, so dass diese beim Koppeln der RX100 IV und Ihrem Smartphone per NFC direkt gestartet wird. Sinnvoll ist hier zum Beispiel die App-Smart-Fernbedienung, da Sie die RX100 dann sofort mit Ihrem Smartphone bedienen können und die App nicht erst in der Kamera starten müssen. Aktualisieren Sie diese App am besten, wie in der Schritt-für-Schritt-Anleitung »Apps auf der RX100 IV installieren« auf Seite 285 beschrieben. Ihnen stehen dann mehr Einstellmöglichkeiten zur Verfügung.

EXKURS

Die RX100 IV mit Remote Camera Control steuern

EXKURS

Sonys Software *Remote Camera Control* unterstützt auch die RX100 IV. Mit dieser Software können Sie die Kamera direkt vom Computer aus steuern. Wichtige Einstellmöglichkeiten, wie Blende, Belichtungszeit, Belichtungskorrektur und Bildqualität sind so per Fernsteuerung zu erreichen. Interessant ist vor allem auch die Funktion der Intervall-Timer-Aufnahmen. Die Verbindung zwischen Computer und RX100 IV wird über ein USB-Kabel hergestellt. Aufgenommene Bilder landen direkt auf dem Computer. Das Verzeichnis in dem die Bilder gespeichert werden sollen, können Sie unter **Speichern unter** einstellen. Dieses Verzeichnis können Sie beispielsweise mit Adobe Photoshop Lightroom überwachen und die Bilder direkt nach der Aufnahme am Computermonitor anzeigen lassen.

Der Sony RX100 IV teilen Sie im Menü 3 unter **USB-Verbindung** mit, dass Sie die Fernsteuerung verwenden wollen. Wählen Sie hier **PC-Fernbedienung**. Auf dem Computer installieren Sie das Programm Remote Camera Control, welches Sie unter *http://goo.gl/ EuSIBM* für Windows oder Mac OS herunterladen können.

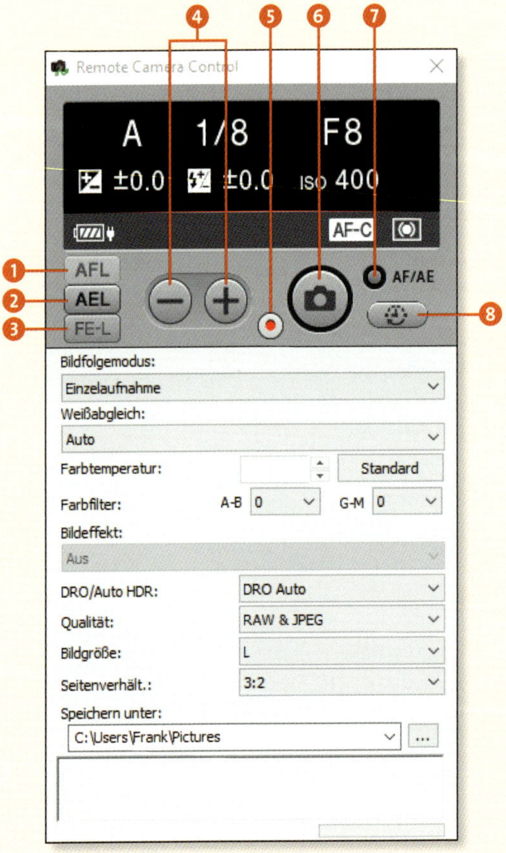

< Abbildung 15.15
Das Fernsteuern der RX100 IV per Computer wird mit der Software **Remote Camera Control** *von Sony möglich.*

Während der Verbindung mit dem Computer zeigt die RX100 IV auf dem Monitor -PC- an. Sie können einen halb gedrückten Auslöser simulieren, in dem Sie auf **AF/AE** ❼ klicken. Die Kamera beginnt dann mit dem automatischen Fokussieren. Die Einstellungen **AFL** ❶ und **FE-L** ❸ sind mit der RX100 IV nicht verfügbar. Mit **AEL** ❷ speichern Sie die aktuelle Belichtung. Mit den Buttons **–** und **+** ❹ können Sie Werte, wie die Belichtungzeit, die Blende, eine Belichtungs- oder Blitzbelichtungskorrektur und den ISO-Wert verringern oder erhöhen. Dazu müssen Sie aber zuerst den zu verändernden Wert anklicken. Mit dem Button ❽ gelangen Sie zu den Einstellungen für die Intervallaufnahmen. Durch einen Klick auf das Kamerasymbol ❻ lösen Sie schließlich aus. Alternativ sind auch Filmaufnahmen ❺ möglich. In diesem Fall speichert die RX100 IV den Film allerdings auf seiner Speicherkarte.

 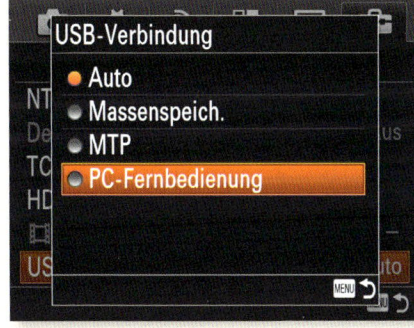

< **Abbildung 15.16**
*Für die Software Remote Camera Control wird die USB-Verbindung **PC-Fernbedienung** benötigt.*

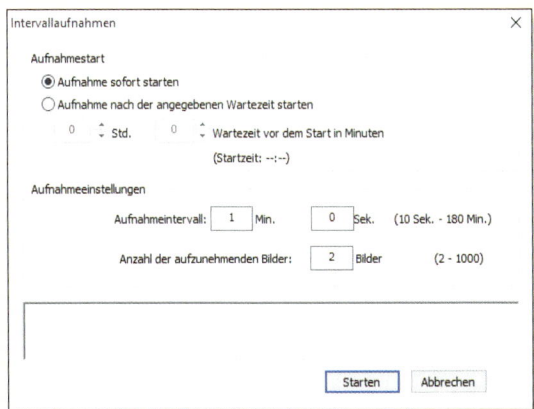

< **Abbildung 15.17**
Mit Remote Camera Control sind vom Computer gesteuerte Intervallaufnahmen möglich.

Kapitel 16
Filmen mit der RX100 IV

Einfache Videos aufnehmen	294
Das passende Videoformat wählen	297
Die unterschiedlichen Bildraten der RX100 IV	299
Die Filmmodi der RX100 IV	301
Die Helligkeit anpassen	302
Der optimale Ton zum Video	304
Zeitlupenvideos aufnehmen	305
EXKURS: Filme am PC schneiden und speichern	310

Einfache Videos aufnehmen

Mit der RX100 IV können Sie hochauflösende Videoaufnahmen anfertigen. Auch wenn viele ambitionierte Fotografen der Videotechnik eher verhalten gegenüberstehen, so gibt es immer wieder lohnende Gelegenheiten für kurze Videosequenzen. Dieses Kapitel gibt Ihnen einen Überblick über die Möglichkeiten, bewegte Bilder mit der RX100 IV aufzunehmen.

Während des Filmens können Sie entweder automatisch mit dem Nachführ-AF (**AF-C**) scharfstellen oder manuell fokussieren (**MF**). Im ersten Fall wird die Schärfe kontinuierlich nachgeführt, das heißt, wenn Sie die RX100 IV von nah nach fern schwenken, passt sie automatisch die Entfernungseinstellung an. Im zweiten Fall muss der Schärfepunkt manuell eingestellt werden. Ohne Stativ ist das manuelle Scharfstellen aber sehr schwierig, da Sie die Kamera halten und gleichzeitig gefühlvoll am Steuerring drehen müssen. Hier kann es schnell zu Verwacklungen kommen.

Um den Filmmodus zu starten, drücken Sie die **MOVIE**-Taste. Ein erneutes Drücken der **MOVIE**-Taste stoppt die Aufnahme dann wieder. Das Zoomen geht im Filmmodus deutlich feinfühliger als im Fotomodus, was sich angenehm auf das Filmergebnis auswirkt. Auch beim Filmen können Sie zwischen verschiedenen Filmmodi wählen. So stehen Ihnen hier zum einen sämtliche Szenenwahlprogramme zur Verfügung und zum anderen die Kreativprogramme **P**, **S**, **A** und **M**. Im Abschnitt »Die Filmmodi der RX100 IV« ab Seite 301 lesen Sie mehr dazu.

▲ Abbildung 16.1
*Nicht zu verkennen: Die Videotaste **MOVIE** ❶ ist rot gekennzeichnet (Bild: Sony).*

Achtung bei zu hohen Umgebungstemperaturen

Verwenden Sie die Filmfunktion bei höheren Umgebungstemperaturen als 30°C, dann schaltet sich die Kamera eventuell früher ab. Sie müssen ihr dann etwas Zeit geben, um sich abzukühlen. Klappen Sie den Monitor ein wenig nach vorn, dann können Sie den Abkühlvorgang etwas beschleunigen.

Wird das Symbol [⚠] angezeigt, dann schaltet sich die Kamera innerhalb kurzer Zeit selbst ab, um eine Überhitzung im Inneren des Kameragehäuses zu vermeiden.

Wie lange Sie aufnehmen können, hängt auch von der Kapazität Ihrer Speicherkarte ab. Verwenden Sie eine Speicherkarte mit mindestens 4 GB, dann können Sie bis zu 29 Minuten am Stück aufnehmen. Diese Begrenzung ist in einer EU-Richtlinie für Digitalfotoapparate festgeschrieben. Verwenden Sie das **MP4**-Format dann darf die maximale Dateigröße rund 4 GB nicht überschreiten, was in der Auflösung 1920×1080 Pixel (**1920×1080 16M**) etwa 29 Minuten entspricht. Danach stoppt die Aufnahme. Ist das **AVCHD**-Format gewählt, dann wird das Video automatisch in 2 GB große Dateien aufgeteilt. Hier kommt es zu keiner Unterbrechung der Aufnahme. In den Formaten **XAVC S 4K** oder **XAVC S HD (bei 100p)** ist die Aufnahmezeit auf etwa 5 Minuten begrenzt. Durch den hohen Datendurchsatz bei diesen beiden Formaten erhöht sich die Temperatur der RX100 IV recht stark, was die zeitliche Begrenzung mit sich bringt. Bevor Sie weiter in diesen beiden Formaten aufnehmen, geben Sie der Kamera etwas Zeit, um sich abzukühlen.

 Bildstabilisator im Filmmodus

Im Filmmodus stehen Ihnen vier Optionen des **SteadyShot** zur Verfügung (Menü 8 • **SteadyShot**. Die Standardeinstellung Ihrer RX100 IV ist **Aktiv**. Hier greift zusätzlich zum optischen Bildstabilisator ein elektronischer Stabilisator ein und versucht, stärkere Bewegungen des Fotografen auszugleichen. Das gleiche trifft auf **Intelligent Aktiv** zu. Hier rechnet die RX100 IV die Bewegungen noch stärker heraus. Bei beiden Optionen **Aktiv** und **Intelligent Aktiv** werden allerdings die einzelnen Bilder des Film recht stark beschnitten, so dass Sie mit einer geringeren Auflösung als bei **Standard** rechnen müssen. Verwenden Sie daher **Aus**, wenn Sie die RX100 IV auf einem Stativ montiert haben. Für normale Anwendungen, zum Beispiel wenn Sie die Kamera ruhig halten können und sich das Motiv nur langsam bewegt, verwenden Sie **Standard**.

∧ Abbildung 16.2
Beim Filmen kann der Bildstabilisator an Ihre Wünsche angepasst werden.

Ein Video aufnehmen
SCHRITT FÜR SCHRITT

1 Kamera vorbereiten
Stellen Sie den Moduswahlknopf auf 🎬 und wählen Sie die Film-Programmautomatik 🎬P.

2 Aufnahmeeinstellungen anzeigen
Den Bildausschnitt können Sie wie gewohnt per Zoomhebel verändern. Drücken Sie die **DISP**-Taste, bis die Aufnahmeeinstellungen auf dem Monitor der Kamera erscheinen. Nur so sehen Sie während der Aufnahme die verbliebene Restaufnahmezeit. Die Kamera stellt auf das Hauptobjekt im Vordergrund scharf.

3 Fokusmodus einstellen
Im Filmmodus können Sie zwischen **Nachführ-AF** (**AF-C**) und manuellem Scharfstellen (**MF**) wählen (Menü 📷 4 • **Fokusmodus**). Wenn Sie im Filmen noch nicht geübt sind, sollten Sie **AF-C** wählen. Später können Sie dann auch manuell scharfstellen.

4 Belichtungsmessung wählen
Nun stellen Sie den Belichtungsmessmodus ein. Für den Anfang ist hier sicher die Mehrfeldmessung **Multi** 📊 (Menü 📷 5 • **Messmodus**) die richtige Wahl, da hier das gesamte Bild zur Belichtungsmessung herangezogen wird.

5 Filmen starten und stoppen
Jetzt kann das Filmen beginnen. Zum Starten drücken Sie die **MOVIE**-Taste. Im Sucher beziehungsweise auf dem Monitor erscheint die Meldung **REC**, und die Aufnahmezeit läuft ab. Vermeiden Sie möglichst das Berühren des Mikrofonbereichs ❶, da es sonst zu unerwünschten Nebengeräuschen kommen kann.

Um das Filmen zu beenden, drücken Sie erneut die **MOVIE**-Taste.

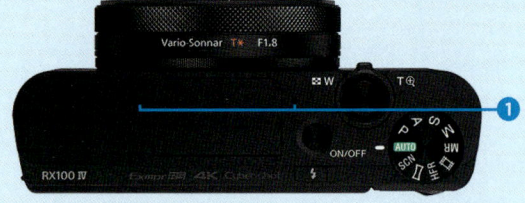

Das passende Videoformat wählen

Die RX100 IV stellt Ihnen mehrere Aufnahmeformate zur Verfügung. Bevor Sie also so richtig in das Filmen einsteigen, ist es sinnvoll, sich auch hierüber zuerst ein paar Gedanken zu machen.

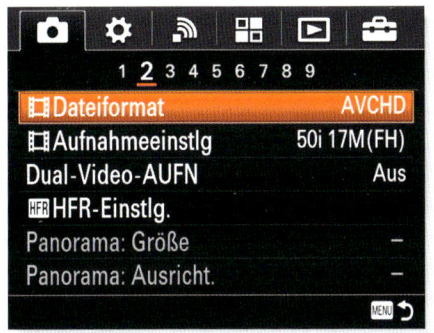 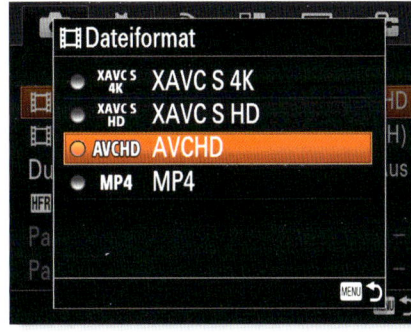

◀ Abbildung 16.3
Sie haben die Wahl zwischen drei Dateiformaten.

Die RX100 IV bietet Ihnen drei Dateiformate mit den folgenden Auflösungen an:

Formatname	Auflösung in Pixeln
XAVC S 4K	3840 × 2160
XAVC S HD	1920 × 1080
AVCHD	1920 × 1080
MP4 28M	1920 × 1080
MP4 16M	1920 × 1080
MP4 6M	1280 × 720

◀ Tabelle 16.1
Die Videoformate und deren Auflösungen im Vergleich

Wichtig für Sie ist bei der Auswahl des Formats das Medium, auf welchem Sie später die Videos betrachten wollen. **AVCHD** und **XAVC S HD** entsprechen in der Auflösung den Full-HD-Geräten. Damit wäre dieses Format hierfür die erste Wahl.

Für 4K-Geräte (oder auch zukünftig für 8K-Geräte) verwenden Sie **XAVC S 4K**. Hier steigt die Auflösung gleich um das Vierfache. Feinste Details sind so sichtbar und einzelne Pixel auch auf einem großen Fernsehgerät kaum wahrnehmbar. Dieser recht neue Standard nennt sich *Ultra High Definition* (Ultra HD) und wurde von Sony entwickelt. Da es sich um ein offenes Format handelt, steht es aber auch anderen Herstellern zur Nutzung zu Verfügung.

297

Allerdings können Sie diesen Modus nur in Verbindung mit den neuen SDXC-Speicherkarten der Klasse 10 und höher sowie mit dem MemoryStick XC-HG Duo verwenden. Für Datenraten von 100 Mbps muss die Speicherkarte zudem mindestens das Label UHS-Geschwindigkeitsklasse 3 tragen. Die Kapazität der Speicherkarte muss mindestens 64 GB betragen. Das ergibt auch Sinn, da die Datenmenge hier schon sehr beachtliche Dimensionen annimmt. Mit einer leeren 64-GB-Karte können Sie bis zu 1 h und 15 min (**XAVC S 4K 25p 100M**) aufnehmen.

Aber auch mit einem HD-Beamer oder HD-Fernseher werden Sie von der Bildqualität sicher beeindruckt sein. Auch mit HD-Ready-Geräten können Sie **AVCHD**, **XAVC S HD** und **XAVC S 4K** verwenden. Die Auflösung wird hier automatisch heruntergerechnet.

∧ **Abbildung 16.4**
Zur Wiedergabe auf 4K-Medienwiedergabegeräten, wie diesem Fernseher von Sony, nehmen Sie die Videos im Format XAVC S 4K auf (Bild: Sony).

Das **MP4**-Format eignet sich dagegen eher für die Wiedergabe im Internet. Wenn Sie also zum Beispiel Videos zu Youtube hochladen oder als E-Mail weiterleiten wollen, verwenden Sie dieses Format. Hier stehen Ihnen zwei Auflösungsstufen (1920 × 1080 Pixel, 1280 × 720 Pixel) zur Verfügung. Die geringere Auflösung beider Formate ist vorrangig für die Weitergabe per E-Mail gedacht, da hier am meisten Speicherkapazität und damit Datentransfervolumen gespart wird. Viele E-Mail-Postfächer können nur Anhänge der Größe 10 bis 25 MB versenden. Sie können also nur kurze Sequenzen im Modus **MP4 1280 × 720 25p 6M** (unter einer Minute) versenden. Auch für Internetanschlüsse mit einer geringen Bandbreite ist dieses Format die bessere Wahl, wenn Sie die Videos ins Internet hochladen möchten. Im Modus **1920 × 1080 50p 28M** oder **1920 × 1080 25p 16M** arbeitet die RX100 IV mit einer durchschnittlichen Bitrate von 28 beziehungsweise 16 Mbps (Megabit pro Sekunde), während es bei **1280 × 720 25p 6M** etwa 6 Mbps sind.

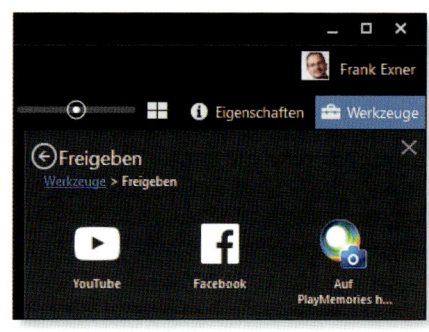

Abbildung 16.5 >
Mit PlayMemories Home von Sony ist das Hochladen von Videodateien nach Facebook, YouTube und Co. kein Problem.

Verwenden Sie PlayMemories Home oder eine ähnliche Software, dann können Sie später am PC die im XAVC S, AVCHD- oder MP4-Format (1920 × 1080 Pixel) aufgenommenen Videos auch im kleinen MP-4-Format (1280 × 720 Pixel) speichern und versenden.

Von daher bietet es sich an, wenn genügend Speicherplatz auf der Speicherkarte vorhanden ist, die höheren Auflösungen beim Filmen zu verwenden. So haben Sie für die spätere Verwendung immer die hochwertigeren Aufnahmen zur Verfügung.

Dual-Video-Aufnahme

Im Menü ◨ 2 steht Ihnen die Option **Dual-Video-AUFN** zur Verfügung. Ist diese aktiviert (**Ein**), dann nimmt die Kamera parallel zur Aufnahme in den Formaten **XAVC S** oder **AVCHD** noch eine Datei im **MP4**-Format mit auf. So haben Sie immer eine hochwertige Filmdatei und zusätzlich eine kleinere Datei zum Beispiel für das Internet parat. Allerdings gibt es hier einige Einschränkungen. Bei folgenden Einstellungen ist diese Funktion nicht verfügbar:

- XAVC S: 50p oder 100p
- AVCHD: 50p
- ▭ SteadyShot: Intelligent Aktiv

∧ Abbildung 16.6
*Wählen Sie im Menü unter **Dual-Video-AUFN** die Option **Ein**, dann können Sie parallel zu den XAVC-S- und AVCHD-Videos noch einen Film im MP4-Format aufnehmen.*

Die unterschiedlichen Bildraten der RX100 IV

Filmen ist ja letztendlich nichts weiter als das schnelle Aufnehmen von mehreren Bildern hintereinander. Damit nun die Ausgabe des Films ruckel- beziehungsweise flimmerfrei erfolgen kann, sind bestimmte Bildmengen je Zeiteinheit notwendig. An der RX100 IV haben Sie die Wahl im **AVCHD**-Modus zwischen 50i (50 Halbbilder pro Sekunde), 25p (25 Vollbilder pro Sekunde) und 50p (50 Vollbilder pro Sekunde), jeweils mit unterschiedlichen Datenraten. Haben Sie **XAVC S HD** gewählt, dann können Sie zwischen 100p, 50p und 25p wählen, während im **XAVC S 4K** nur 25p möglich sind. Im **MP4**-Modus sind 25p und 50p wählbar. Dies sind gute Werte, wenn man bedenkt, dass etwa 22 Bilder pro Sekunde ausreichen, um uns die Illusion eines flimmerfreien Films zu suggerieren.

 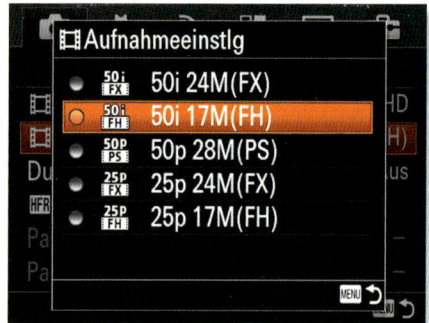

Abbildung 16.7 >
Im Menü 2 • *Aufnahmeeinstlg haben Sie die Wahl zwischen verschiedenen Bildraten und Komprimierungsstufen. Die Auswahl ist dabei vom Dateiformat abhängig.*

Für Heimkinoanwendungen kommt eine Bildrate von 24p zum Einsatz. Das entspricht auch der Filmqualität von Blu-ray-Videos. Hier liegen Sie also mit der Einstellung 25p beziehungsweise 50i richtig. Die Einstellung 100p liefert mit den 100 Vollbildern pro Sekunde die beste Filmqualität. Sie ist vor allem für professionelle Anwendungen gedacht. Hier müssen schon beachtliche Datenmengen bewegt werden, was einen entsprechend gut ausgerüsteten PC voraussetzt. Zudem unterstützt nicht jedes Filmbearbeitungsprogramm diesen Modus. Das gleiche gilt für das Dateiformat **XAVC S 4K**.

Bildraten	Wiedergabemedium			
	50p-AVCHD	Blu-ray	DVD	Internet
100p (60M, 100M)	✓	✓	✓	✓
50p (50M, 28M)	✓	✓	✓	✓
50i (17M, 24M)	–	✓	✓	✓
25p (17M, 24M, 50M, 60M, 100M)	–	✓	✓	✓
MP4	–	–	–	✓

∧ **Tabelle 16.2**
Mögliche Aufnahmeformate und Ausgabemöglichkeiten in PlayMemories Home

Die Filmmodi der RX100 IV

Die RX100 IV besitzt interessante Möglichkeiten zur Einstellung im Filmmodus. Stellen Sie zur Auswahl den Moduswahlknopf auf das Film-Symbol.

In der Film-Programmautomatik bestimmt die Kamera die Verschlusszeit und den Blendenwert selbst. Sie tendiert zu einer Verschlusszeit, die ein möglichst verwacklungsfreies Arbeiten gewährleisten soll. Ein kreatives Arbeiten wird so etwas eingeschränkt. Diese Einstellung ist vor allem für Filmeinsteiger oder für die schnelle Filmaufnahme zwischendurch interessant. Möchten Sie die Blende bestimmen, um mit der Schärfentiefe zu experimentieren, ist die Film-Blendenpriorität die richtige Wahl. Die Belichtungszeit wird der Lichtsituation entsprechend von der Kamera berechnet und eingestellt. Während der Aufnahme ändern Sie die Blende mit dem Einstellrad.

Ist eine bestimmte Belichtungszeit notwendig, wählen Sie die Film-Zeitpriorität. Hier können Sie eine Actionszene mit einer sehr kurzen Belichtungszeit aufnehmen und so Bewegungsunschärfe vermeiden. Die Blende wird in diesem Modus automatisch von der Kamera gewählt. Die Belichtungszeit lässt sich auch während der Aufnahme per Einstellrad anpassen.

Völlige Freiheit bezüglich Blende und Belichtungszeit erhalten Sie im Filmmodus Manuelle Belichtung. Hier können Sie die Werte entsprechend vorwählen oder auch während der Aufnahme ändern.

In allen vier Programmen können Sie die ISO-Werte vor oder während der Aufnahme im Bereich von ISO 125 bis 12 800 einstellen. Auch **ISO AUTO** ist wählbar.

Haben Sie eine der Automatiken beziehungsweise eingestellt und drücken Sie dann die **MOVIE**-Taste zur Filmaufnahme, dann wählt die RX100 IV ein für sie passendes Szenenwahlprogramm aus. Haben Sie ein Kreativprogramm eingestellt, dann wird dieses Programm verwendet. Im Programm **A** können Sie dann zum Beispiel die Blende vor oder auch während der Aufnahme einstellen. Das Gleiche gilt im Programm **S** für die Wahl der Verschlusszeit.

MOVIE-Taste deaktivieren

Die **MOVIE**-Taste können Sie auch deaktivieren. Sinnvoll ist das vor allem, wenn Sie verhindern wollen, dass Sie diese Taste ungewollt beim Fotografieren drücken. Das kann bei diesem kompakten Gehäuse recht schnell gehen.

Gehen Sie dazu in das Menü ✿ 5 und stellen Sie die **MOVIE-Taste** auf **Nur Filmen**. Möchten Sie dann doch einmal filmen, stellen Sie einfach den Moduswahlknopf auf 🎬.

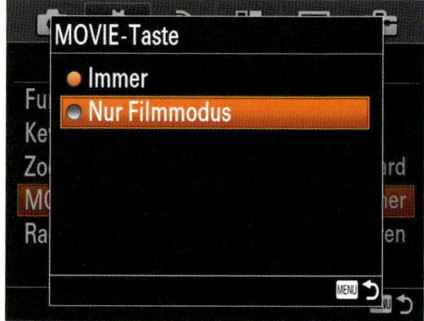

Abbildung 16.8 >
Die **MOVIE**-Taste lässt sich im Fotomodus deaktivieren.

Fotoprofile für Videos

Für professionelle Video-Anwendungen steht Ihnen die Option **Fotoprofil** bereit. Hier können spezielle Farbanpassungen vorgenommen werden. Sony hat hier bereits sieben wichtige Profile als Beispiel hinterlegt. Achten Sie darauf, dass das gewählte Profil auch bei Standbildern verwendet wird. Im Normalfall belassen Sie die Einstellung auf **PP OFF**.

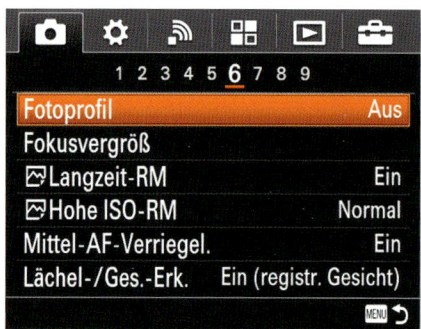

Abbildung 16.9 >
Für professionelle Video-Anwendungen steht die Option **Fotoprofil** bereit.

Die Helligkeit anpassen

Neben dem gewählten Kreativ- oder Szenenwahlprogramm werden auch zum Beispiel der zuvor eingestellte Weißabgleich, die Belichtungskorrektur, die Blende (bei 🎬A) und die Belichtungszeit (bei 🎬S) für die Videoaufnahme übernommen. Während der Aufnahme kann allerdings nur die Belichtungskorrektur verändert werden. So haben Sie hier die Möglichkeit die Helligkeit der Videoaufnahme in einem Bereich von −2 EV bis +2 EV zu korrigieren. Stellen Sie während der Aufnahme Über- oder Unterbelichtungen fest, drücken Sie am Einstellrad zunächst die Taste ▼ und danach die Tasten ◄ (bei Überbelichtung) oder ► (bei Unterbelichtung). Die Veränderung können Sie auf dem Monitor beziehungsweise im Sucher der RX100 IV verfolgen und so die Einstellung nach Ihren Wünschen vornehmen.

▲ Abbildung 16.10
Mit der Belichtungskorrekturtaste ❶ können Sie auch während der Aufnahme die Helligkeit korrigieren.

Automatische Langzeitbelichtung

Normalerweise versucht die RX100 IV, in den Filmmodi **P** und **A** eine Belichtungszeit einzustellen, die verwacklungsfrei gehalten werden kann. Wird das Umgebungslicht knapp, dann reicht diese Belichtungszeit unter Umständen nicht mehr aus, um die Aufnahme richtig zu belichten. Das Video wird zu dunkel aufgenommen. Stellen Sie hingegen im Menü 📷 8 die Option **Auto. Lang.belich.** auf **Ein**, dann wählt die RX100 IV auch längere Belichtungszeiten. Ein Stativ ist nun sinnvoll, und **ISO AUTO** muss eingestellt sein. Das Ganze hat natürlich Grenzen. Die unter Menü 📷 2 • **Aufnahmeeinstlg** gewählten Bildraten müssen natürlich von der Kamera erreicht werden können. Für **50p** oder **50i** ist zum Beispiel eine Mindestbelichtungszeit von 1/25 s notwendig. Keine Angst, die entsprechenden Werte stellt die RX100 IV automatisch ein. Blinkt die Belichtungszeit trotz aktivierter **Auto. Lang.belich.**, dann wird das Video auch in diesem Fall unterbelichtet sein. Hier hilft nur das Öffnen der Blende im Filmmodus **A** beziehungsweise eine zusätzliche Lichtquelle. Die Funktion ist ebenfalls sinnvoll, um das Rauschen zu reduzieren. Die RX100 IV verlängert die Belichtungszeit und wählt kleinere ISO-Werte.

▲ Abbildung 16.11
Auch im Filmmodus ist eine Langzeitbelichtung möglich.

Zebra gegen Überbelichtung

Die RX100 IV stellt Ihnen eine interessante Funktion Namens **Zebra** zur Verfügung, welche von professionellen Videokameras her bekannt ist. Ist die Funktion **Zebra** aktiviert, sehen Sie mit Hilfe eines Zebramusters welche Bereiche des Bildes überbelichtet sind. Überbelichtete Bereiche beim Filmen werden später als weiß und strukturlos auf dem Film erscheinen. Das ist meist nicht gewollt und sollte daher vermieden werden. Diese Funktion aktivieren Sie im Menü ✪ 1 unter **Zebra**. Welchen Wert (*IRE*, Maßeinheit zur Bewertung des Pegels eines Videosignals) Sie hierfür am besten wählen, hängt vom Motiv ab. Zum Beispiel ist ein Wert von 70 IRE eine gute Hilfe für Aufnahmen von Gesichtern. Experimentieren Sie mit den Werten, um der Situation entsprechend das Optimum zu finden.

 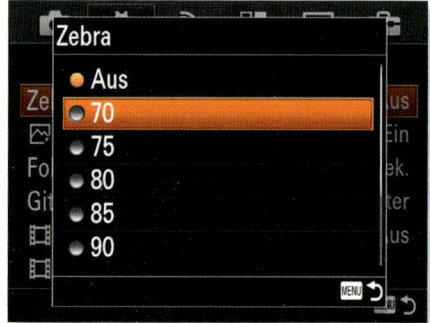

Abbildung 16.12 >
Die Funktion Zebra kann Sie beim Filmen unterstützen und hilft, überbelichtete Bereiche während des Filmens schnell zu erkennen.

Der optimale Ton zum Video

Neben der Aufzeichnung der Bildsequenzen gehört natürlich auch der Ton zu einer Videoaufnahme. Die RX100 IV besitzt zwei eingebaute Mikrofone zur Stereo-Aufnahme oben auf der Kamera, sowie einen Lautsprecher zur Wiedergabe auf der Unterseite.

Qualitativ ist die Tonaufnahme mit den eingebauten Mikrofonen schon recht gut. Allerdings bringt es die Einbaulage mit sich, dass Kamerageräusche, wie der **SteadyShot**, mit aufgezeichnet werden.

 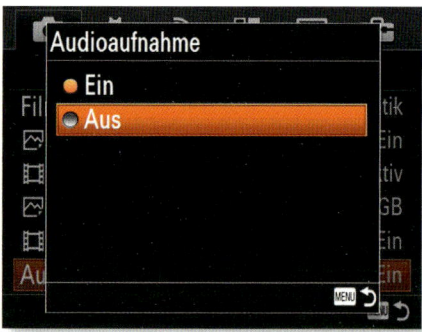

Abbildung 16.13 >
Im Menü können Sie wählen, ob ein Ton bei der Videoaufnahme mit aufgenommen werden soll oder nicht.

Möchten Sie überhaupt keinen Ton aufzeichnen, dann können Sie im Menü ⌾ 8 die **Audioaufnahme** abschalten.

Im Menü ⌾ 9 unter **Mikro-Referenzpegel** finden Sie die Wahlmöglichkeit zwischen **Normal** und **Niedrig**. Im Allgemeinen, also zum Beispiel bei Videoaufnahmen in der Stadt oder im Park bei normalem Geräuschpegel, verwenden Sie am besten **Normal**. Bei starker Geräuschkulisse, wie zum Beispiel bei Rockkonzerten oder auf dem Flugplatz, verwenden Sie **Niedrig**. Hier wird der Eingangspegel gedämpft, um die Aufnahme nicht zu übersteuern.

Im Menüpunkt **Windgeräuschereduz.** besteht die Möglichkeit, eventuelle Windgeräusche während der Aufnahme herausrechnen zu lassen.

Im Dateiformat **XAVC S 4K** und **XAVC S HD** wird LPCM als Audioaufnahmeformat verwendet. Bei **AVCHD** kommt dagegen Dolby Digital und bei **MP4** das Format AAC zum Einsatz.

Zeitlupenvideos aufnehmen

Die RX100 IV erlaubt Zeitlupenaufnahmen mit 250, 500 und 1000 Bildern je Sekunde. Je nach gewählter Bildfrequenz können so die Aufnahmen später bis zu 40-mal langsamer als normal wiedergegeben werden. Erwischen Sie zum Beispiel den richtigen Zeitpunkt wenn eine Biene zum Abflug ansetzt und drücken rechtzeitig die **MOVIE**-Taste, dann können Sie später in der Zeitlupenwiedergabe jeden Flügelschlag erkennen. Allerdings sind einige Dinge zu beachten, bevor man mit dem Experimentieren beginnen sollte.

Auf jeden Fall sinnvoll ist ein stabiles Dreibeinstativ, damit es nicht zu Verwacklungen kommt. Außerdem darf sich die RX100 IV nach dem Ausrichten nicht mehr verschieben. Wählen Sie am Moduswahlknopf das Programm **HFR**. Drücken Sie die Mitteltaste am Einstellrad. Hier können Sie zwischen Programmautomatik, Blendenpriorität, Zeitpriorität und manueller Belichtung wählen. Diese Programme wurde bereits im Abschnitt »Die Kreativprogramme richtig nutzen« ab Seite 136 beschrieben. Nun richten Sie die Kamera aus und nehmen relevante Einstellungen, wie Blende, Fokusmodus, Belichtungsmessung etc. vor. Dann drücken Sie die Mitteltaste am Einstellrad. Auf dem Monitor erscheint nun die Meldung **STBY** (Standby). Das bedeutet, dass die RX100 IV aufnahmebereit ist. Alle Einstellungen sind nun gespeichert. Der Fokus und auch die Belichtung werden also auch nicht mehr verändert.

Drücken Sie nun die **MOVIE**-Taste, beginnt die RX100 IV mit der Aufnahme und der Verarbeitung des Videos. Auf dem Monitor erscheint die Meldung **Aufnahme...** Sie können die Verarbeitung des Videos abbrechen, indem Sie die Mitteltaste des Einstellrings drücken. Das Video wird dann bis zu diesem Zeitpunkt auf der Speicherkarte gespeichert. Nach dem Aufnahmevorgang bleibt die RX100 IV im Standby-Modus. Möchten Sie die Einstellungen ändern, dann drücken Sie die Mitteltaste am Einstellring.

Für die Aufnahmebildfrequenz **250fps** benötigen Sie mindestens eine Belichtungszeit von 1/250 s, für **500fps** 1/500 s und für **1000fps** 1/1000 s. Mit längeren Belichtungszeiten würde nicht die notwendige Anzahl von Bildern erreicht werden. Die Aufnahmebildfrequenz stellen Sie im Menü 2 • **HFR-Einstlg.** • **Bildfrequenz** ein.

Im Menü 2 unter **HFR-Einstlg.** • **Aufnahmeeinstlg** können Sie zwischen **25p 50M** und **50p 50M** wählen und so die Bildfrequenz des Videos festlegen. Bei **25p 50M** erreichen Sie maximal eine 40-fach-Zeitlupe (bei **1000fps**), während Sie bei **50p 50M** maximal eine 20-fach-Zeitlupe (bei **1000fps**) erhalten.

Die Aufnahmezeit ist stark eingeschränkt. Sie können maximal vier (**Aufn.zeit-Priorität**) oder zwei Sekunden (**Qualitätspriorität**) aufnehmen. Aus den vier Sekunden werden später 2:40 min (bei **25p 50M**) beziehungsweise 1:20 min (bei **50p 50M**) und aus den zwei Sekunden 1:20 min (bei **25p 50M**) beziehungsweise 40 s (bei **50p 50M**). Diese Zeiten gelten für die Aufnahmebildfrequenz **1000fps**. Bei **500fps** teilen Sie diese Zeiten durch zwei und bei **250fps** durch vier.

Abbildung 16.14 >
Menü zur Auswahl der Aufnahmebildfrequenz

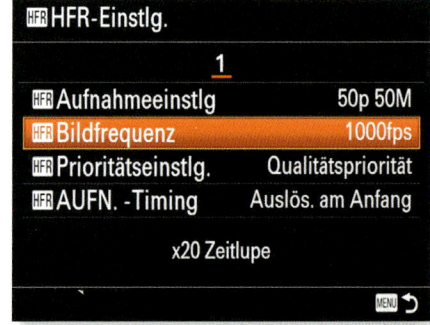

Bei der Einstellung auf **Aufn.zeit-Priorität** bekommen Sie gegenüber der Option **Qualitätspriorität** eine leicht schlechtere Auflösung des Videos, verdoppeln aber die mögliche Aufnahmezeit.

Die Qualität des finalen Videofilms hängt stark von der Aufnahmebildfrequenz ab. Die beste Qualität erreichen Sie mit der Einstellung **250fps** und **Qualitätspriorität**. Hier werden 1824 × 1026 Pixel produziert, welche auf 1920 × 1080 Pixel hochgerechnet werden. Das schlechteste Ergebnis liefert die Einstellung **1000fps** und **Aufn.zeit-Priorität**. Hier muss die RX100 IV die 1920 × 1080 Pixel aus gerade einmal 800 × 270 Pixeln hochrechnen.

Eine Biene beim Starten in Zeitlupe aufzunehmen, ist also schon eine kleine Herausforderung. Drückt man die **MOVIE**-Taste kann es schon zu spät sein und die Biene ist längst davongeflogen. Für solche Fälle nutzen Sie unter **AUFN.-Timing** die Option **Auslösung am Ende**. Hier nimmt die RX100 IV permanent schon vor dem Auslösen auf. Das Auslösen ist in diesem Fall der Endpunkt der zwei oder vier Sekunden langen Aufnahmezeit.

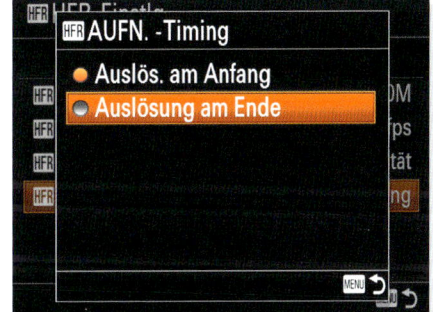

◂ Abbildung 16.15
*Bei der Option **Auslösung am Ende** nimmt die RX100 IV bereits vor dem Auslösen auf.*

Das Aufnahmeformat des Videos ist **XAVC S HD**. Der Ton wird nicht mit aufgezeichnet. Im Menü 📷 7 • **Hohe Bildfrequenz** können Sie einstellen, welches Programm die RX100 IV im **HFR**-Modus als Standard verwendet. Der Aufnahmebildwinkel hängt von der Aufnahmebildfrequenz und der Option **Prioritätseinstlg.** ab. Das heißt, der aufnehmbare Bildausschnitt wird geringer, je höher die Aufnahmebildfrequenz gewählt wird. Die Einstellung **Aufn.zeit-Priorität** engt den Bildausschnitt stärker ein, als die Option **Qualitätspriorität**.

▲ Abbildung 16.16
Bis Sie die Zeitlupenaufnahme wiedergeben oder eine neue Aufnahme starten können, dauert es einen Augenblick, da die RX100 IV mit der Aufbereitung des Videos beschäftigt ist.

Videos auf Ausgabegeräten wiedergeben
SCHRITT FÜR SCHRITT

1 Videos am Monitor und TV präsentieren
Die mit der Kamera aufgenommenen Videos können Sie direkt per Kabelverbindung am Monitor Ihres Rechners beziehungsweise an Ihrem Fernsehgerät abspielen. Hierfür benötigen Sie ein HDMI-Kabel ❶ mit einem HDMI-Microstecker ❷ für die Verbindung zur RX100 IV.

2 Geräte verbinden
Schalten Sie die Kamera und den Monitor beziehungsweise Fernseher aus. Verbinden Sie nun die Kamera mit dem Ausgabegerät. Stecken Sie dazu den HDMI-Micro-Stecker in den HDMI-Kamera-Anschluss Ihrer RX100 IV und den größeren Stecker in die passende HDMI-TV- beziehungsweise Monitorbuchse. Als Kabel hierfür können Sie das DLC-HEU30 (3 m) oder das DLC-HEU15 (1,5 m) von Sony oder auch jedes höherwertige handelsübliche HDMI-Kabel mit einseitigem Micro-Anschluss verwenden.

3 TV-Eingang wählen
Schalten Sie den Fernseher ein und wählen Sie den entsprechenden HDMI-Eingang aus (hier: **HDMI 2**). An modernen Fernsehern stehen meist mehrere Signaleingänge zur Verfügung. Sollte das Fernsehgerät den Eingang nicht automatisch wählen, dann stellen Sie ihn von Hand ein.

4 Video wiedergeben

Schalten Sie die RX100 IV ein und drücken Sie die **Wiedergabetaste**. Alle Wiedergabemöglichkeiten der Kamera stehen Ihnen nun auf dem Monitor beziehungsweise Fernsehgerät zur Verfügung. Unterstützt Ihr Fernseher **BRAVIA Sync** dann können Sie die Wiedergabe über die TV-Fernbedienung steuern. Zur Aktivierung drücken Sie die Taste **Sync Menu** auf der Fernbedienung.

Die Lautstärke der Videowiedergabe stellen Sie am TV-Gerät nach Ihren Wünschen ein.

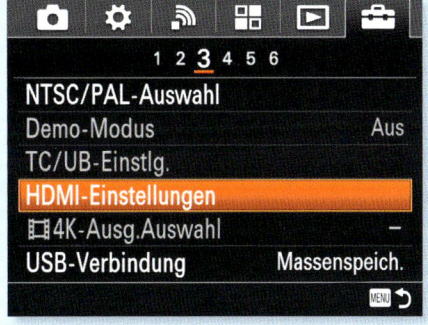

5 Einstellungen anpassen

Wird das Bild nicht ordnungsgemäß angezeigt, dann testen Sie die beiden Einstellmöglichkeiten **2160p/1080p**, **1080p** beziehungsweise **1080i**. Auswählen können Sie die HDMI-Auflösung, indem Sie im Menü 🧰 3 zu **HDMI-Einstellungen** navigieren und bei **HDMI-Auflösung** die gewünschte Auflösung auswählen.

Im Menüpunkt **STRG FÜR HDMI** unter den **HDMI-Einstellungen** muss **Ein** eingestellt sein, damit Sie die Fernbedienung des TV-Gerätes zur Steuerung der Wiedergabe an der RX100 IV verwenden können.

EXKURS

Filme am PC schneiden und speichern
EXKURS

Die Möglichkeiten der zur RX100 IV beigelegten Software zur Videobearbeitung sind sehr eingeschränkt. Es gilt also, nach Alternativen für die Filmbearbeitung zu suchen. Empfehlenswerte Programme sind zum Beispiel Adobe Premiere Elements, MAGIX Video deluxe, Videostudio oder Movie Studio Platinum von Sony. Achten Sie bei der Wahl des Programms darauf, dass die HD-Technik unterstützt wird.

Das Programm Movie Studio Platinum zum Beispiel ist recht preisgünstig (etwa 75 €) und bietet alle notwendigen Funktionen für den Hobbyfilmer. Eine kostenlose 30-Tage-Testversion können Sie unter *http://www.sonycreativesoftware.com/moviestudiope* herunterladen.

1 Film auswählen und öffnen
Wählen Sie über **Projekte • Datei öffnen** eine Videodatei ❶ aus und klicken Sie auf **Öffnen** ❷.

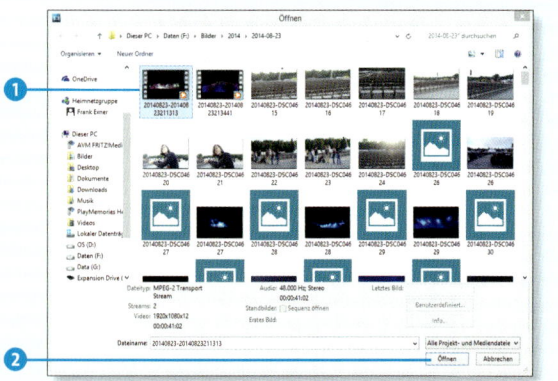

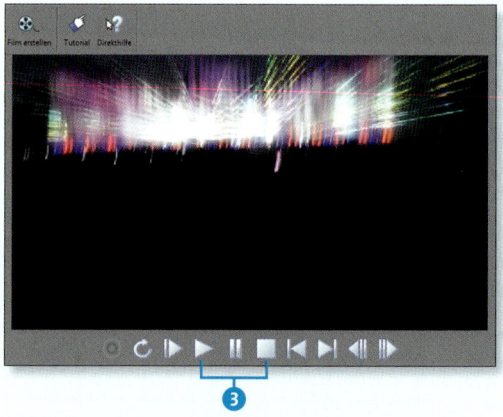

3 Bearbeitungsfenster anpassen
Passen Sie zunächst das Videobearbeitungsfenster der Videolänge an, in dem Sie auf die Taste **+** beziehungsweise **−** klicken ❹.

2 Video abspielen
Drücken Sie die Leertaste, um sich das Video zunächst einmal anzusehen. Im unteren Bereich finden Sie die Steuerelemente für die Wiedergabe der Videos wie **Abspielen**, **Pause** und **Stop** ❸.

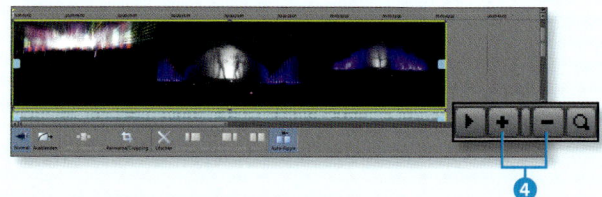

4 Video schneiden

Um einen Zeitbereich für das Schneiden auszuwählen, ziehen Sie mit gedrückter linker Maustaste einen entsprechenden Bereich auf der Markerleiste ❻ auf.

Klicken Sie auf die Wiedergabetaste, um den markierten Bereich wiederzugeben. Mit den gelben Ziehgriffen ❺ können Sie den Wiedergabebereich noch anpassen. Möchten Sie die Videoabschnitte außerhalb dieses Zeitbereichs entfernen, dann klicken Sie auf **Bearbeiten • Trimmen**.

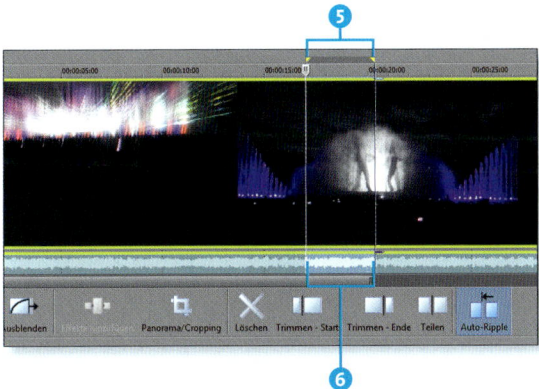

Wenn Sie auf die Zeitauswahlleiste klicken und die linke Maustaste gedrückt halten, können Sie den Auswahlbereich auch verschieben, um Videoabschnitte zum Beispiel neu anzuordnen.

5 Film speichern

Nach dem Beschneiden speichern Sie das Ergebnis der Bearbeitung mit **Projekt • Speichern** im Movie Studio Platinum Format (**.vf**) ab. Nun muss noch, passend für das jeweilige Ausgabeformat, der Film erstellt werden. Hierzu klicken Sie auf **Projekt • Film erstellen**. Wählen Sie hier das gewünschte Ausgabeformat ❼ aus und lassen Sie den Film erstellen (rendern).

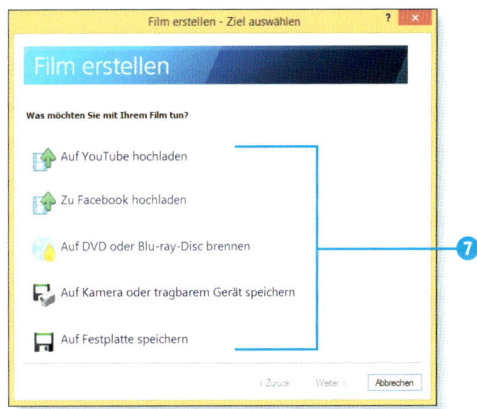

Bearbeitungsoptionen bei Movie Studio Platinum

Das Programm Movie Studio Platinum bietet, neben dem Schneiden und Speichern, natürlich noch viel mehr Bearbeitungsmöglichkeiten. So können Sie zum Beispiel diverse Videoeffekte, Übergänge sowie Text- und Hintergrundgeneratoren verwenden. Mit den Videoeffekten können Sie die Bildqualität verbessern, also zum Beispiel auch Farb- und Helligkeitsanpassungen vornehmen. Mit den Übergängen ist es möglich, die einzelnen Videosequenzen unterschiedlich ineinanderfließen zu lassen. Mit den Text- und Hintergrundgeneratoren fügen Sie Text ins Video ein beziehungsweise fügen verschiedene Hintergründe hinzu.

Nützliche Links

Downloads, Firmware-Updates

http://www.sony.de/support/de

Foren zu den Sony-Kameras

- *www.so-fo.de*
  www.sonyuserforum.de
  Herstellerunabhängige Foren zur Sony-Fotografie (deutsch)
- *club-sonus.sony.de/index.htm*
  Sony-Deutschland-Forum zur Sony-Fotografie (deutsch)
- *www.dyxum.com*
  Herstellerunabhängiges Forum zur Sony-Fotografie (englisch)

Infoseiten zu Sony-Kameras

- *www.mhohner.de*
  Umfangreiche Wissensdatenbank zu Sony-Kameras und -Blitzen (deutsch/englisch)
- *www.youtube.com/user/SonyDeutschland*
  Videos zu neuen Produkten von Sony-Deutschland (kommerziell, deutsch)

Alles zur Digitalfotografie

- *www.photoscala.de*
  Aktuelle Berichte aus dem Fotobereich, mit Forum und Modellkartei (deutsch)
- *www.digitalkamera.de*
  Digitalfotografie-Neuigkeiten, Test und Fototipps (deutsch, zum Teil kostenpflichtig)

- *www.fototv.de*
  Berichterstattung und Workshops in Form von Videos (deutsch, kostenpflichtig)

Kameratests

- *www.dpreview.com/products/sony*
  Neuigkeiten und Gerätetests zur Digitalfototechnik, Sony eingeschlossen (englisch)
- *www.kurtmunger.com*
  Neuigkeiten und Tests zu Sony-Kameras und Zubehör (englisch)
- *www.artaphot.ch*
  Tests zu Sony-Kameras (englisch)

Soziale Netzwerke

- *www.facebook.com/SonyDeutschland*
  www.facebook.com/SonyCHAT
  Offizielle Facebook-Seite von Sony (deutsch)
- *www.facebook.com/groups/218474711533090/*
  Sony-Fotografen auf Facebook (deutsch)
- *www.facebook.com/groups/188963481135773*
  Allgemeine Fotografie-Themen auf Facebook (deutsch)
- *www.twitter.com/SonyDeutschland*
  Sony bei Twitter mit Kurzmeldungen zu Sony-Produkten (deutsch, kommerziell)
- *www.twitter.com/FrankExner*
  Aktuelle Informationen zu Neuigkeiten zum Sony-System vom Autor dieses Buches

Glossar

Abbildungsmaßstab
Der Abbildungsmaßstab ist das Verhältnis zwischen dem zu fotografierenden Objekt und der Größe, wie es auf dem Bildsensor erscheint. Bei einem Abbildungsmaßstab von 1:1 wird das Objekt auf dem Bildsensor so dargestellt wie in der Realität.

Abblenden
Den Begriff *Abblenden* verwenden Fotografen oft, um damit auszudrücken, dass die Blende weiter geschlossen wird, zum Beispiel von f2,8 auf f3,5.

Achromat
Ein Achromat ist eine Linsenkombination, die eine chromatische Aberration (Farbfehler) korrigiert.

AdobeRGB
siehe Farbraum

Auflösung
Unter Auflösung versteht man bei digitalen Bildern und Bildsensoren die Anzahl der Pixel in Breite mal Höhe. Der Sensor der RX100 IV besitzt eine Auflösung von 5472 × 3648 Pixeln. Allgemein gilt: Je größer die Auflösung, umso feiner sind die Einzelheiten, welche auf dem Bild zu erkennen sind.

Autofokus (AF-S, AF-C, DMF)
Der Autofokus ist das automatische Scharfstellsystem der Kamera. Es misst die Entfernung von der Sensorebene bis zum Motiv und passt die Entfernungseinstellung durch Linsenverschiebungen mit schnellen Motoren im Objektiv an. Die RX100 IV verwendet den Kontrast-Autofokus. Der **AF-S** stellt einmalig scharf und speichert dann die Schärfe und ist somit gut geeignet für unbewegte Motive. Hingegen ist der **AF-C** für bewegte Motive geeignet, da er die Schärfe kontinuierlich nachführt. Der **DMF** ist ein halbautomatischer Fokusmodus. Er stellt zunächst automatisch scharf und schaltet, sobald er die Schärfe gefunden hat, auf manuellen Fokus um. Hier kann, wenn nötig, manuell nachjustiert werden.

Belichtungskorrektur
Wenn die von der RX100 IV gewählte Belichtung nicht korrekt ist oder nicht den Wünschen entspricht, kann mit dieser Funktion gezielt unter- oder überbelichtet werden.

Belichtungsmessung
Die Belichtungsmessung nimmt die RX100 IV direkt am zu foto-

grafierenden Objekt vor, mit der sogenannten Objektmessung. Sie wertet dabei das reflektierte Licht als Grundlage für die Einstellung von Verschlusszeit, Blende und ISO-Empfindlichkeit aus. Die RX100 IV verfügt über die Mehrfeld-, mittenbetonte Integral- und Spotmessung. Die Mehrfeldmessung bezieht die gesamte Sensorfläche in die Belichtungsmessung ein, wogegen es bei der mittenbetonten Integralmessung nur der mittlere Bereich ist. Bei der Spotmessung wird ein kleiner Kreis in der Mitte des Sensors zur Belichtungsmessung herangezogen.

Belichtungszeit

Die Belichtungs- oder Verschlusszeit steuert, wie lange Licht während einer Aufnahme auf den Sensor trifft.

Belichtungsreihe

Eine Belichtungsreihe besteht aus unterschiedlich belichteten Bildern des gleichen Motivs. Hierbei ändern sich je Bild die Blende oder die Belichtungszeit.

Bildrauschen

Das auf den Sensor auftreffende Licht wird in elektrische Signale umgewandelt, die dann entsprechend der gewählten ISO-Einstellung verstärkt werden. Je geringer das Signal beziehungsweise je höher die gewählte ISO-Empfindlichkeit, umso mehr wird das Signal verstärkt, und das sogenannte Rauschen nimmt zu. Die Bilder enthalten dann unzählige Pixel mit der falschen Farbe (Farbrauschen) und Helligkeit (Helligkeitsrauschen). Das Bildrauschen wirkt sich auch auf die Schärfe der Bilder aus, welche bei hohen ISO-Werten deutlich schlechter ausfällt.

Bildstabilisator

Mit Hilfe eines Bildstabilisators (**SteadyShot**) werden Bewegungen des Fotografen bei Aufnahmen aus der freien Hand ausgeglichen und damit Verwacklungsunschärfe vermieden. Möglich ist dies durch in einem gewissen Grad freibewegliche Linsen im Objektiv, die die Kamerabewegungen ausgleichen. Dadurch sind auch ohne Stativ längere Belichtungszeiten möglich.

Blende

Die Blende an einer Kamera arbeitet ähnlich wie das Auge. Die Pupille steuert den Lichteinfall, indem sie sich bei zu viel Licht etwas verengt und sich weitet, wenn weniger Licht zur Verfügung steht. In einem Objektiv verkleinert beziehungsweise vergrößert eine unterschiedliche Anzahl von Lamellen – die Blende – eine nahezu kreisrunde Öffnung, welche das Licht zum Sensor durchlässt. Neben der Regulierung der Lichtmenge beeinflusst die Blendenöffnung auch die Schärfentiefe.

Blendenpriorität A

Bei der **Blendenpriorität A** (*Aperture Priority*) wird die Blende über das Einstellrad gewählt. Die Kamera wählt automatisch die passende Belichtungszeit.

Blendenzahl

Die Blendenzahl eines Objektivs ist das Verhältnis aus Brennweite und der wirksamen Eintrittsöffnung (hohe Zahl = höhere Schärfentiefe und längere Belichtungszeit, niedrige Zahl = geringere Schärfentiefe und kürzere Belichtungszeit).
Die größte Blendenöffnung der RX100 IV, also die kleinste Blendenzahl, liegt je nach Zoomeinstellung zwischen f1,8 bis f2,8. Die kleinste Blendenöffnung, also größte Blendenzahl, ist die Blende f11, unabhängig von der Zoomeinstellung.

Brennweite

Die Brennweite ist, vereinfacht dargestellt, der Abstand einer Linse zum Brennpunkt (Schärfepunkt). Da die heutigen Objektive meist aus mehreren Linsen bestehen, die die Wirkung verstärken, kann aus der Objektivlänge kein direkter Rückschluss auf die Brennweite gezogen werden. Die Brennweite hat entscheidenden Einfluss auf den Bildausschnitt. Mit dem Weitwinkelbereich (kurze Brennweite) kann ein relativ großer Bildausschnitt dargestellt werden. Im Telebereich (lange Brennweite) ist der Bildausschnitt hingegen kleiner.

Cropfaktor

Die Abmessungen des Bildsensors der RX100 IV von 13,2 × 8,8 mm sind deutlich kleiner als die des üblichen Kleinbildformats (36 × 24 mm). Damit ist es um den Faktor 2,7 größer als das Format des Bildsensors der RX100 IV. Dieser Faktor wird auch Cropfaktor genannt. Auswirkungen hat der Cropfaktor auf den Bildausschnitt, den ein Objektiv abbilden kann. Zum Beispiel zeigt das Objektiv der RX100 IV bei einer Brennweite von 25,7 mm den gleichen Bildausschnitt wie ein Objektiv mit 70 mm Brennweite an einer Kamera im Kleinbildformat.

EV

EV (*Exposure Value*), auch Lichtwert (LW) genannt, beschreibt eine bestimmte Lichtmenge, die aus unterschiedlichen Kombinationen aus Belichtungszeit und Blende resultiert. Als EV 0 ist dabei die Lichtmenge definiert, die bei Blende f1 mit einer Sekunde Belichtungszeit auf den Sensor fällt. Eine EV-Stufe entspricht einer Verdopplung beziehungsweise Halbierung der Lichtmenge. Für EV 1 wäre somit bei Blende f1 eine Belichtungszeit von 1/2 s notwendig, für EV 2 und Blende f1 1/4 s usw.

EXIF

Die EXIF-Daten (EXIF = *Exchangeable Image File Format*) sind zusätzliche Informationen direkt in der Bilddatei. Im Dateikopf werden, noch vor der eigentlichen Bilddatei, Informationen zu Kamera, Objektiv, Belichtungszeit und Blende, ISO-Wert etc. – sogenannteMetadaten – eingetragen.

Farbraum

Unter Arbeiten in Farbräumen versteht man die Möglichkeit, Farben in einem bestimmten Rahmen zu erkennen beziehungsweise auszugeben. Selbst unserem Auge steht nur ein bestimmter Farbraum zur Verfügung. Ebenso ist es mit Eingabegeräten wie der Kamera beziehungsweise Ausgabegeräten wie zum Beispiel Druckern oder Bildschirmen. Die RX100 IV stellt das sehr gebräuchliche sRGB und das etwas größere AdobeRGB als Farbraum zur Verfügung.

Farbtemperatur

Die Farbtemperatur ist ein Maß, die Lichtfarbe beschreiben. Die Einheit hierfür ist Kelvin (K). Der Begriff Temperatur kommt daher, weil hier Bezug auf die von glühendem Metall ausgestrahlten Lichtfarben genommen wird. Warmes Licht hat einen kleinen Kelvin-Wert, während kaltes Licht einen hohen Kelvin-Wert besitzt. Eine Kerze hat beispielsweise eine Farbtemperatur von etwa 1500 K und die Mittagssonne 5500 K.

Graufilter

Ein Graufilter reduziert die Lichtmenge, die zum Sensor gelangt. Dies kann mit einem entsprechenden Filter vor dem Objektiv oder auch mit einer elektronischen Variante umgesetzt werden.

Grauverlaufsfilter

Der Grauverlaufsfilter ist ähnlich aufgebaut wie der Graufilter. Allerdings verläuft hier die Grautönung des Filters von der einen Seite des Filters mit zunehmender Stärke zur anderen Seite. So können starke Kontraste, wie sie zzum Beispiel am Meer zwischen dem Wasser und dem Himmel auftreten können, ausgeglichen werden.

HDR

Mit der HDR-Technik (*High Dynamic Range*) können Szenen mit hohen Kontrasten in digitalen Bildern verarbeitet werden. Erreicht wird so eine detailreiche Wiedergabe der großen Helligkeitsunterschiede. Hierfür sind mehrere Aufnahmen der Szene mit unterschiedlichen Belichtungseinstellungen erforderlich.

Histogramm

In der digitalen Fotografie versteht man unter einem Histogramm die Darstellung der Häufigkeits- und Intensitätswerte der Farben eines Bildes. Kontrastumfang und Helligkeit eines Bildes können so abgelesen werden. In Farbbildern werden meist drei Histogramme (eines pro Farbkanal) dargestellt.

ISO-Wert

Der ISO-Wert stellt die Lichtempfindlichkeit des Sensors dar. Je höher der ISO-Wert, desto stärker auch das Bildrauschen.

JPEG

JPEG ist (*Joint Photographic Experts Group*) ein Dateiformat für Bilder. JPEG-Bilder sind sofort fertig entwickelt, das heißt Schärfe, Kontrast, Sättigung und viele weitere Einstellungen werden durch die Kamera optimiert, und die Dateien können sofort am Bildschirm betrachtet, ins Internet gestellt oder ausgedruckt werden. All diese Medien »verstehen« das Bildformat JPEG, und es ist wohl das am weitesten verbreitete Grafikformat überhaupt. Es speichert die Bilddateien komprimiert und stellt somit ein Verfahren zur verlustbehafteten beziehungsweise fast verlustfreien Speicherung dar.

Kelvin

siehe Farbtemperatur

Leitzahl

Mit der Leitzahl eines Blitzgeräts lässt sich die Reichweite des Blitzlichts berechnen: Leitzahl : Blendenwert = Reichweite. Hierbei muss aber auch der ISO-Wert mit berücksichtigt werden. Dieser wird mit der Leitzahl zusammen angegeben. Meist gilt die angegebene Reichweite für ISO 100.

Lichter

Helle Bereiche eines Bildes werden auch als *Lichter* bezeichnet. Sind *Lichter* ausgebrannt, ist keine *Zeichnung* in diesen Bereichen mehr vorhanden.

Lichtstärke

Als Lichtstärke wird die größtmögliche Blendenöffnung eines Objektivs bezeichnet. An der RX100 IV variiert die Lichtstärke zwischen f1,8 und f2,8, abhängig von der Zoomeinstellung.

Lichtwert (LW)

siehe EV

Manuelle Belichtung M

Bei der **Manuellen Belichtung M** werden die Werte für die Belichtung, also Blende, Belichtungszeit und ISO-Wert, von Hand gewählt.

Nahlinse

Nahlinsen verkürzen die Naheinstellgrenze des Objektivs, so dass der Fotograf dichter an das Motiv herangehen kann und der Abbildungsmaßstab dadurch größer wird. Nahlinsen werden in der Nah- und Makrofotografie eingesetzt. Es gibt sie mit unterschiedlichen Verstärkungen (Dioptrien). Sie werden vor das Objektiv geschraubt (für die RX100 IV ist dafür ein Adapter nötig).

Offenblende

Unter Offenblende versteht der Fotograf die voll geöffnete Blende des Objektivs. Die *Offenblende* wird auch als Anfangsblende bezeichnet und ist auf den Objektiven in der Typenbezeichnung vermerkt. Sie stellt auch gleichzeitig die kleinste Blendenzahl dar. Ein Objektiv mit einer großen *Offenblende*, also zum Beispiel f1,8 wird als lichtstark bezeichnet.

Polfilter

Mit Polfiltern (Polarisationsfiltern) lassen sich Reflexionen auf Glas, Wasser und anderen nichtmetallischen Untergründen verhindern. Außerdem kann mit Polfiltern das Himmelsblau verstärkt werden. Polfilter werden vor das Objektiv geschraubt (für die RX100 IV ist ein Adapter nötig) und können gedreht werden. Der Effekt ist abhängig von der Drehstellung des Filters und der Ausrichtung zur Sonne.

Programmautomatik P

Die **Programmautomatik P** stellt nach der Belichtungsmessung Blende und Belichtungszeit ein. Hierbei fließen Parameter, wie die Objektivbrennweite oder ob sich das Hauptmotiv schnell bewegt oder eher statisch ist, mit in die Berechnung ein. Eine Programm-Shift-Funktion erlaubt die Verschiebung der Zeit-Blenden-Kombination, bei gleichbleibender Belichtung, soweit es die Lichtverhältnisse zulassen.

Rauschen

siehe Bildrauschen

RAW

RAW ist ein Rohdateiformat für Bilder. Hier werden im Gegensatz zum JPEG-Format noch keine oder nur geringe Änderungen, wie Rauschkorrekturen, vorgenommen. Es muss in einem entsprechenden RAW-Konverter, wie zum Beispiel Adobe Photoshop Lightroom oder

Image Data Converter von Sony, allerdings erst entwickelt werden und anschließend in ein entsprechendes Format umgewandelt werden, damit es zum Beispiel ausgedruckt werden kann. Es eignet sich aufgrund der unveränderten und sehr umfangreichen Bildinformationen insbesondere zur nachträglichen Bearbeitung am PC.

Schärfentiefe

Im Prinzip kann ein Objektiv ein Objekt immer nur in einer bestimmten Entfernung scharf abbilden (Schärfepunkt). Allerdings wirkt ein gewisser Bereich, um den Schärfepunkt herum, ebenfalls noch scharf. Dieser Bereich wird Schärfentiefe genannt. Verändert werden kann dieser Bereich durch die Wahl der Blende. Bei großer Blendenöffnung ist der Bereich kleiner als bei einer kleineren Blendenöffnung. Auch die Brennweite hat Einfluss auf die Schärfentiefe. Im Weitwinkelbereich erhalten Sie eine größere Schärfentiefe als im Telebereich (bei gleicher Blende).

Scharfstellen

siehe Fokussieren

Schatten

siehe Tiefen

Sensor

Der Sensor (auch Bildsensor) nimmt die Lichtinformationen auf und übergibt die Werte an einen Analog-Digital-Wandler. Durch einen Rot-Grün-Blau-Filter (Bayer-Filter) vor dem Sensor können Farben in ihrer Intensität erkannt werden. Er befindet sich direkt hinter dem Verschluss.

sRGB

siehe Farbraum

Tele(objektiv)

Als Teleobjektive werden Objektive bezeichnet, die einen kleineren Bildwinkel als eine 50-mm-Brennweite haben (auch Normalbrennweite genannt). Der Telebereich des Zoomobjektivs an der RX100 IV geht von (umgerechneten) 51–70 mm Brennweite.

Tiefen

Tiefen oder *Schatten* sind Bezeichnungen für sehr dunkle Bereiche des Bildes. Ist hier keine Bildinformation mehr enthalten, sind sie also völlig schwarz. Dann bezeichnet man sie auch als *abgesoffene Schatten*.

Tiefenschärfe

siehe Schärfentiefe

Verschluss
Der Verschluss der Kamera gibt bei der Aufnahme den Weg frei für die Lichtstrahlen, die dann auf den Bildsensor fallen können. Wie lange der Verschluss dabei geöffnet wird, bestimmt die Belichtungszeit.

Verzeichnung
Verzeichnung nennt man den Darstellungsfehler, bei dem grade Linien verzogen wiedergegeben werden. Es kommt dabei zur tonnen- beziehungsweise kissenförmigen Verzeichnung.

Vignettierung
Kommt es in den Ecken des Bildes zu Abdunkelungen, welche im Motiv nicht vorhanden waren, dann nennt man diese Erscheinung *Vignettierung*.

Weißabgleich
Im Tagesverlauf ändern sich das Licht und dessen Temperatur, und auch künstliches Licht kommt in unterschiedlichen Farbtemperaturen vor. Die Kamera muss hierauf mit Hilfe des Weißabgleichs (WB = *White Balance*) angepasst werden, da es sonst zum Farbstich kommt, bei dem die Farben verfälscht erscheinen.

Weitwinkel(objektiv)
Als Weitwinkelobjektive werden Objektive bezeichnet, die einen größeren Bildwinkel als eine 50-mm-Brennweite haben (auch Normalbrennweite genannt). Der Weitwinkelbereich des Zoomobjektivs der RX100 IV erstreckt sich von (umgerechneten) 24–49 mm Brennweite.

Zeichnung
An den Stellen in einem Bild, wo Farbinformationen vorhanden sind, hat das Bild noch *Zeichnung*. Im anderen Fall kommt es zu *ausgebrannten Lichtern* beziehungsweise *abgesoffenen Schatten*.

Zeitpriorität S
Das Programm **Zeitpriorität S** erlaubt die Vorgabe einer bestimmten Belichtungszeit. Die Kamera wählt die Blende passend zur richtigen Belichtung.

Zoomobjektiv
Als Zoom wird ein Objektiv bezeichnet, das über einen veränderlichen Brennweitenbereich verfügt. Die RX100 IV verfügt über ein Zoomobjektiv mit einer Brennweite von 24–70 mm.

Stichwortverzeichnis

A

Abbildungsmaßstab	223, 313
Abblenden	93, 313
Achromat	226, 313
Adapter (Filter)	250
Adapter (Nahlinse)	224
AdobeRGB	183
AEL Halten	88
AEL mit Auslöser	60
AEL-Taste (Ersatz)	88
AEL Umschalten	88
AF-C	62
AF-Hilfslicht	43
AF-S	58
Akku	32
Drittanbieter	33
Ladegerät	32
laden per USB-Kabel	32
Tiefentladung	33
Akustische Signale	40
An Comp. senden	281
Anfangsblende	318
An Smartph. send.	283
Anti-Beweg.-Unsch. (SCN)	133
Anzeige	
Aufnahmeinformationen	30
Wiedergabemodus	31
App	
installieren	285
Management	287
PlayMemories Camera Apps	286
PlayMemories Mobile	282
Schnellstart	289
Applikation-Menü	23
Applikationsliste	287
Architekturfotografie	230
Gitterlinie	232
Innenaufnahme	230
stürzende Linien	234
Telebereich	231
Tiefenwirkung	231
Wasserwaage	232
Weitwinkelbereich	230
Aufhellblitz	155
Auflösung	313
Aufnahmedaten auslesen	262
Auf TV wiedergeben	281
Augen-AF	205
Auslös. bei Lächeln	208
Auslöser	20
Autoabschaltung	38
Autofokus	56, 313
bewegte Motive	62
Direkt. Manuelf. (DMF)	70, 224
Einzelbild-AF	58
Fokusfeld auswählen	59
Kontrast-Autofokus	56
Mindestabstand zum Motiv	57
Nachführ-AF	62
Objekte verfolgen	64
Probleme	56
unbewegte Motive	57
Auto. Lang.belich.	303
Automatikmodus	
Intelligente Automatik	21, 122
Überlegene Automatik	21, 123
Weißabgleich	174

Auto. Objektrahm. 208
AVCHD 297, 298

B

Bedienelement 29
   AEL-Taste 88
   Auslöser 20
   Blitzschalter 152
   DISP-Taste 26, 31
   Dualslot 252
   Einstellrad 22
   Fn-Taste 23
   Lautsprecher 304
   MENU-Taste 22
   Mikrofon 304
   Moduswahlknopf 21
   MOVIE-Taste 46, 294
   Multi-Anschluss 249
   Steuerring 20
Belichtung
   AEL Halten 88
   AEL mit Auslöser 60
   AEL Umschalten 88
   Dynamikbereich-Opti-
      mierung (DRO) 109, 245
   Farbhistogramm 105
   Fehlbelichtung vermeiden 111
   HDR-Funktion 109, 245
   Histogramm 105
   Image Data Converter 265
   Langzeitbelichtung 212
   ND-Filter 126, 212
   speichern 88
   Überbelichtungswarnung 108
   Unterbelichtungswarnung 108
Belichtungskorrektur 109, 313
   beim Filmen 303
   einstellen 110
Belichtungsmessung 84, 313
   Messmethode einstellen 85
   Mitte (mittenbetonte
      Messung) 87
   Multi (Mehrfeldmessung) ... 84, 85
   Spot (Spotmessung) 87
Belichtungsreihe 314
Belichtungszeit 74, 314
   beim Blitzen 159
   Bulb 142, 244
   Faustregel 76
   Feuerwerk 242
   SteadyShot 136
   und ISO-Wert 103
Benutzereinstlg.-Menü 23
Beugungsunschärfe 94
Bewegung einfrieren 140
Bildarchivierung →
   PlayMemories Home
Bildbearbeitung → Image Data
   Converter
Bildeffekt 143
   HDR Gemälde 147
   Hochkontr.-Mono. 146
   Illustration 147
   Miniatur 147
   Pop-Farbe 144
   Posterisation 144
   Retro-Foto 145
   Sattes Monochrom 147
   Soft High-Key 145
   Spielzeugkamera 144
   Teilfarbe 146
   Wasserfarbe 147
   Weichzeichnung 147

Stichwortverzeichnis

Bilder
- auf PC übertragen ... 258
- auf TV wiedergeben ... 281
- per WLAN übertragen ... 278

Bildfolgemodus
- Einzelreihe ... 111
- Selbstauslöser ... 72
- Serienaufnahme ... 71, 127
- Serienaufn.-Zeitprio. ... 127
- Weißabgleichreihe ... 177

Bildgestaltung
- Auto. Objektrahm. ... 208
- Bildmitte meiden ... 204
- Drittel-Regel ... 190
- Farbe ... 196
- Froschperspektive ... 233
- Goldener Schnitt ... 190
- Linienführung ... 197
- Schärfentiefe ... 191
- Tiefenwirkung ... 213, 231

Bildgröße ... 49

Bildkontrolle ... 37

Bildrate ... 299

Bildrauschen ... 314
- ISO-Wert ... 97
- reduzieren ... 102, 103, 269
- Signal-Rausch-Abstand ... 107

Bildstabilisator → SteadyShot

Bildstil ... 180
- Image Data Converter ... 183

Blaue Stunde ... 238

Blende ... 89, 92, 314
- abblenden ... 93
- Beugungsunschärfe ... 94
- einstellen ... 94
- Offenblende ... 91, 195
- Schärfentiefe ... 93
- und ISO-Wert ... 103

Blendenautomatik → siehe Zeit-priorität (S)

Blendenöffnung ... 90

Blendenpriorität (A) ... 138, 315
- beim Filmen ... 301
- blitzen ... 152

Blendenreihe ... 90

Blendenzahl ... 315

Blitz
- Aufheller ... 206
- Belichtungskorrektur ... 157
- Bewegungsspuren erzeugen ... 156
- Blendenpriorität (A) ... 152
- Blitzkompens. ... 157
- drahtlos blitzen ... 162
- entfesselt blitzen ... 162
- externer ... 163
- Gegenlicht ... 160
- interner ... 150
- kürzeste Belichtungszeit ... 159
- Langzeitsync. ... 155
- Leitzahl ... 150
- Manuelle Belichtung (M) ... 154
- ohne Stativ ... 160
- Reichweite ... 151
- Rote-Augen-Reduzierung ... 158
- Schatten aufhellen ... 155
- schwierige Situationen ... 154
- Slow-Sync-Modus ... 155
- Spitzlichter ... 206
- Spitzlichter setzen ... 156
- Sync 2. Vorh. ... 156
- Synchronisation auf 1. Vorhang ... 156
- Umgebungslicht ... 160
- Weißabgleich ... 172

Zeitpriorität (S) 154
Blitzbelichtungskorrektur 157
Blitzgerät 163
   Metz Mecablitz 28 CS-2
      digital 162
   Yongnuo Speedlite YN560-II ... 162
Blitzmodus
   Aufhellblitz 155, 161
   Langzeitsync. 155
   Sync 2. Vorh. 156
Blitzschalter 152
Brechkraft 225
Breit (Fokusfeld) 59
Brennweite 315
Bulb 142, 244

C
Cropfaktor 76, 315

D
Dateiformat 47
   JPEG 47, 53
   RAW 52, 53
Dateinummer 41
Datum einstellen 35
Datumsordner 42
Diashow am HD-TV 254
   Micro-HDMI-Anschluss 255
   Seitenverhältnis ändern 255
Digitalzoom 44, 45, 61
Dioptrien 225
Direkt Manuelf. (DMF) 70, 224
Display 19
   Anzeige 26, 27, 30
   Helligkeit 39
DISP-Taste 26, 31
DMF 70

Drahtlos-Menü 23
Dreibeinstativ 249
DRI (Dynamic Range Increase) ... 118
Drittel-Regel 190
   Porträt 204
DRO 117
Druckgröße 49
Dualslot 252
Dual-Video-AUFN 299
Dynamikbereich-Opti-
   mierung (DRO) ... 109, 114, 117, 245
   Image Data Converter 266
   im SCN-Programm 125
Dynamikumfang 112

E
Einstellrad 22
Einstellung-Menü 23
Einzelbild-AF 58
Einzelreihe 111
Erweit. Flexible Spot (Fokusfeld) ... 62
EV 315
EXIF-Daten 262, 316
   ändern 262
Exposure Blending 118
Exposure Value → EV

F
Facebook 272
Farbe, Wirkung 196
Farbhistogramm 105
Farbkontrast 196
Farbraum 183, 316
   AdobeRGB 183
   RAW 185
   sRGB 183
Farbrauschen 314

Farbsättigung (Kreativmodus)	179	Lautsprecher	304
Farbstich	166	Manuelle Belichtung (M)	301
Graukarte	174	manuell scharfstellen	294
vermeiden	166, 174	Mikrofon	304
Farbtemperatur	166, 167, 316	Mikro-Referenzpegel	305
einstellen	172	MOVIE-Taste	294, 301
Image Data Converter	264	Programmautomatik (P)	301
Lichtquelle	167	Speicherkarte	294, 298
messen	173	SteadyShot	295
speichern	173	Tonaufnahme	304
Farbtiefe	52	Überhitzung	294
Farbwiedergabe	183	Windgeräuschreduz.	305
Bildstil	180	Zebra	303
Farbraum	183	Zeitlupenaufnahme	305
Kreativmodus	178	Zeitpriorität (S)	301
Faustregel, SteadyShot	77	Filter	
Fehlbelichtung vermeiden	111	Adapter	250
Fernauslöser (RM-VPR1)	249	Graufilter	212
Fernsteuerung	282	Grauverlaufsfilter	212
Remote Camera Control	290	ND-Filter	212
Feuerwerk	241, 242	Polfilter	212, 214, 251
Feuerwerk (SCN)	134, 241	Schutzfilter	250
Filme		Firmware installieren	275
am Monitor/TV präsentieren	308	Flexible Spot (Fokusfeld)	60, 205
am PC schneiden	310	Fn-Taste	23
am PC speichern	310	Focus Peaking	66
Filmen	294	Fokusfeld	
Aufnahmeformat	297	ausrichten	60
Auto. Lang.belich.	303	auswählen	59
automatisch scharfstellen	294	Breit	59
Belichtungskorrektur	303	Erweit. Flexible Spot	62
Bildrate	299	Flexible Spot	60, 205
Blendenpriorität (A)	301	Mitte	59
Dual-Video-AUFN	299	Fokusmodus	
Fotoprofil	302	Direkt. Manuelf. (DMF)	70, 224
Gitterlinie	191	Einzelbild-AF (AF-S)	58
HFR	305	Manuellfokus (MF)	66

Nachführ-AF (AF-C) 62
Fokusprobleme erkennen 56
Fokussieren 132
Fokusvergrößerung 69
Formatierung 34
Fotoprofil 302
Froschperspektive 233
Funktionstaste (Fn) 23

G

Gegenlicht 160
Gesichtserkennung
   Augen-AF 205
   Auto. Objektrahm. 208
   Gesichtsregistr. 209
   Lächel-/Ges.Erk. 206
   Schwierigkeiten 208
Gitterlinie 61, 189, 232
   Filmmodus 191
   Porträt 204
Goldener Schnitt 190
GorillaPod 250
Gourmet (SCN) 134
Graufilter 212, 316
Graukarte 174
   Haut 175
Grauverlaufsfilter 212, 316
Griffbefestigung (AG-R2) 248

H

Handgeh. bei
   Dämm. (SCN) 131, 245
HDR-Funktion 109, 115, 117, 245, 316
   RAW-Modus 117
HDR Gemälde (Bildeffekt) 147
HDR (High Dynamic Range) 115

Helligkeitsrauschen 314
HFR 305
   AUFN.-Timing 307
   STBY 305
Histogramm 105, 317
   anzeigen 106
   auswerten 106
   Farbhistogramm 105
   Live-Histogramm 107
Hochkontr.-Mono. (Bildeffekt) ... 146
Hohe Empfindlk. (SCN) 135, 245
Hohe ISO-RM 43
Horizont gerade ausrichten 188
   Gitterlinie 189
   Wasserwaage 190
Hülle 248

I

Illustration (Bildeffekt) 147
Image Data Converter 258, 263
   Belichtung 265
   Bild ausrichten und
      zuschneiden 271
   Bild speichern 270
   Bildstil 183
   Dynamik anpassen 266
   Farbtemperatur beeinflussen 264
   Grenzen 271
   Helligkeit einstellen 265, 269
   Kontrast einstellen 265, 269
   Kreativmodus wählen 266
   Lichter und Tiefen prüfen 269
   Objektivfehler beseitigen 267
   Rauschen reduzieren 269
   Schärfe optimieren 267
   Stapelverarbeitung 270
   Tonwerte optimieren 266

Weißabgleich	264
Innenaufnahme	230
Intelligente Automatik	21, 122
IPTC-Standard	262
ISO AUTO	40, 97, 100, 137
anpassen	101
Maximalwert	40, 137
Minimalwert	40
ISO AUTO Min. VS	100
ISO-Wert	40, 95, 317
Bildrauschen	97
einstellen	98
ISO AUTO	100
ISO AUTO Min. VS	100
Signalverstärkung	96
überprüfen	41
und Belichtungszeit	103
und Blende	103
Verwacklung vermeiden	96
vorwählen	97

J

JPEG	47, 53, 317
Kreativmodus	180
Nachteil	49
Weißabgleich	168

K

Kachelmenü	24
Kamerabedienung	20
Kameraeinstlg.-Menü	23
Kameramenü → Menü	
Kamerareinigung	251
Kantenanhebung	66
RAW-Modus	68
Kehrwertregel	77
Kelvin (K)	316

Klarbild-Zoom	44, 61
Kontrast-Autofokus	56
Kontraste, hohe	112
DRI (Dynamic Range Increase)	118
Dynamikbereich-Optimierung (DRO)	114, 117
HDR-Funktion	115, 117
Kontrast (Kreativmodus)	178
Kontrastumfang	112
ermitteln	118, 119
Kreativmodus	178
Bildstil	180
Farbsättigung	179
Image Data Converter	266
JPEG	180
Kontrast	178
RAW	180
Schärfe	180
Kreativprogramm	136
Blendenpriorität (A)	138
Manuelle Belichtung (M)	141
Programmautomatik (P)	136
Zeitpriorität (S)	140

L

Lächel-/Ges.Erk.	206
Landschaft (SCN)	129, 213
Langzeitbelichtung	
Bulb	244
Graufilter	212
Langzeit-RM	43
Langzeitsync. (Blitz)	155
Lautsprecher	304
Leitzahl	150, 317
Lichter	317
Lichtfarben	167

Lichtstärke 90, 317
Lichtwert (LW) → EV
Linienführung 197
Linien, stürzende 234
Live-Histogramm 107
Lupe (Manuellfokus) 69

M

Makroaufnahmen 128
Makrofotografie 222
   Abbildungsmaßstab 223
   Naheinstellgrenze 223
   Nahlinse 224
   Schärfentiefe 223
   SCN-Programm 223
   SteadyShot 227
Makro (SCN) 128, 223
Manuelle Belichtung (M) ... 141, 318
   beim Filmen 301
   blitzen 154
   Programm-Shift-Funktion 143
   Verwacklungswarnung 143
Manuellfokus (MF) 66
Manuell scharfstellen 66, 67
   Fokusvergrößerung 69
   Kantenanhebung 66
Mehrfeldmessung (Multi) 84, 85
Memory Register (MR) 28
MemoryStick PRO Duo 252
Menü 23, 24
MENU-Taste 22
Metadaten → EXIF-Daten
Metz Mecablitz 28 CS-2 digital ... 162
Micro-HDMI-Anschluss 255
Micro-USB-Anschluss 258
Mikrofon 304
Mindestabstand zum Motiv 57

Miniatur (Bildeffekt) 147
Mitte (Fokusfeld) 59
Mittel-AF-Verriegel. 64
Mitte (mittenbetonte Messung) ... 87
Mitziehaufnahmen 141
Moduswahlknopf 21
Monitor 19
   Anzeige 26, 27, 30
   Helligkeit 39
Monitorschutz 249
Movie Studio Platinum 311
MOVIE-Taste 46, 294
   deaktivieren 301
MP4 298
MR → Memory Register
Multi-Anschluss 249, 258
Multiframe-RM 103
Multi (Mehrfeldmessung) 84, 85

N

Nachführ-AF 62
Nachtaufnahme (SCN) 131, 245
Nachtfotografie
   Dynamikbereich-Opti-
     mierung (DRO) 245
   Feuerwerk 241, 242
   HDR-Funktion 245
   Kunstlicht 243
   ohne Stativ 243
   Richtwerte 239
   SCN-Programme 245
   Sternchen-Effekt 244
   Zeit-Blenden-Kombination 239
Nachtszene (SCN) 130, 245
Naheinstellgrenze 213, 223
Nahlinse 224, 318
   Achromat 226

Adapter	224, 225
Brechkraft	225
Dioptrien	225
Vorteile	225
Naturfotografie	212
Landschaft	212, 213
ND-Filter	126, 212
Netzteil AC-UD10	39
Netzwerkverbindung	
herstellen	278
manuell einrichten	280
NFC (Near Field Communication)	282
Nodalpunkt	218, 219
bestimmen	219
N-Zeichen	30, 283

O

Objekte verfolgen	64
Objektiv	19
Abbildungsmaßstab	222
Lichtstärke	90
Naheinstellgrenze	213, 223
Offenblende	195
reinigen	251
Schutzfilter	250
Verzeichnung	230
Offenblende	91, 195, 318
One-Touch (NFC)	289
Ordner	41
Datumsordner	42
Name	42
neuer	42

P

Panorama	215
mit Photoshop Elements	218
Nodalpunkt	219
Panorama: Ausricht.	217
Parallaxenfehler	219
Schwenk-Panorama	215, 216
Seitenverhältnis	216
Parallaxenfehler	219
PC-Fernbedienung	290
Perspektive	
Froschperspektive	233
verdichten	214
Verzeichnung	230
PlayMemories Camera Apps	284
PlayMemories Home	258, 280, 300
Bilder organisieren	260
PlayMemories Mobile	282
PlayMemories Online	272, 274
Polfilter	212, 214, 251, 318
Pop-Farbe (Bildeffekt)	144
Porträt	202
Augen-AF	205
Auslös. bei Lächeln	208
Bildmitte meiden	204
Drittel-Regel	204
geeignete Brennweite	202
Gesichtsregistr.	209
Gitterlinie	204
Lächel-/Ges.Erk.	206
Nähe	203
Soft Skin-Effekt	203
Spitzlichter	206
weicher Hintergrund	205
Porträt (SCN)	126
Posterisation (Bildeffekt)	144
Programmautomatik (P)	136, 318
beim Filmen	301
Programm-Shift-Funktion	137
Manuelle Belichtung (M)	143

Programmverschiebung → Programm-Shift-Funktion

R

Rauschen 97
Rauschminderung
    Hohe ISO-RM 43, 102
    Langzeit-RM 43
    Multiframe-RM 103
    RAW 44
RAW 52, 53, 318
    Farbraum 185
    Farbtiefe 52
    Kreativmodus 180
    Weißabgleich 168
RAW-Konverter → Image Data Converter
Remote Camera Control 290
Retro-Foto (Bildeffekt) 145
Rote-Augen-Effekt 158

S

Sattes Monochrom (Bildeffekt) ... 147
Schärfe (Kreativmodus) 180
Schärfentiefe 70, 91, 92, 192, 213, 319
    Bildgestaltung 191
    Makrofotografie 223
    Wirkung 191
Scharfstellen 56
    Augen-AF 205
    Auslös. bei Lächeln 208
    Autofokus 56
    beim Filmen 294
    bewegte Motive 62
    Fokusfeld auswählen 59
    Fokusprobleme erkennen 56
    Kamera schwenken 59, 132
    Lächel-/Ges.Erk. 206
    manuell 66, 67
    Mindestabstand zum Motiv 57
    Objekte verfolgen 64
    unbewegte Motive 57
    Verwacklung vermeiden 74
Schatten aufhellen 155
Schnellmenü 23
Schutzfilter 250
Schutzfolie (Monitor) 249
Schwenk-Panorama 215, 216
    Schwenkgeschwindigkeit 217
SCN-Programm
    Anti-Beweg.-Unsch. 133
    Feuerwerk 134, 241
    Gourmet 134
    Handgeh. bei Dämm. 131, 245
    Hohe Empfindlk. 135, 245
    Landschaft 129, 213
    Makro 128, 223
    Nachtaufnahme 131, 245
    Nachtszene 130, 245
    Porträt 126
    Sonnenunterg. 130, 239
    Sportaktion 127
    Tiere 133
    Dynamikbereich-Optimierung (DRO) 125
    Weißabgleich 174
SD-Karte → Speicherkarte
SDXC-Karte 254
Selbstauslöser 72, 73
    Reihenaufnahmen 71
Selbstporträt 73, 207
Selbstportr./-auslös. 73
Selfie 73, 207

Sensor	18, 319		Fremdhersteller	250
Cropfaktor	76		GorillaPod	250
Sonneneinstrahlung	240		STBY	305
Serienaufnahme	127		SteadyShot	20, 42, 77, 78, 314
Serienaufn.-Zeitprio.	127		abschalten	80
Signal-Rausch-Abstand	107		Faustregel	77
Signaltöne	40		Filmen	295
Signalverstärkung	96		Funktionsweise	79
Slow-Sync-Modus (Blitz)	155		Grenzen	81
Smartphone			Makroaufnahmen	81, 227
An Smartph. send.	283		Steuerring	20, 137
Bilder per WLAN übertragen	274		Stitchen	216
Bildgröße	284		Stromsparfunktion	37
Kamera auslösen	72		Sucher	
Kamera fernsteuern	282		Anzeige	26
Soft High-Key (Bildeffekt)	145		Helligkeit	39
Soft Skin-Effekt	203		Szenenwahl	124

T

Sonnenunterg. (SCN)	130, 239		Teilfarbe (Bildeffekt)	146
Speicher	28		Tiefen	319
Speicherkarte	34, 252		Tiefenschärfe → Schärfentiefe	
Filmen	294, 298		Tiefenwirkung	213, 231
formatieren	34		Tiere (SCN)	133
Full-HD-Videos	253		Tonaufnahme	304
Geschwindigkeit	253		Tonemapping	118
Größe	252			
MemoryStick PRO Duo	252			
SD-Karte	252			
SDXC-Karte	254			

U

Spielzeugkamera (Bildeffekt)	144		Überbelichtungswarnung	108
Spitzlichter	156, 206		Zebra	303
Sportaktion (SCN)	127		Überlegene Automatik	21, 123
Spot (Fokusfeld)	60		Uhrzeit einstellen	35
Spot (Spotmessung)	87		Ultra High Definition (Ultra HD)	297
Sprache einstellen	37		Unterbelichtungswarnung	108
sRGB	183		Unterwassergehäuse	251
Stativ				
Dreibeinstativ	249			

V

Verschluss 320
Verwacklungswarnung 142, 143
Verwacklung vermeiden 74, 142
    Fernauslöser 212
    ISO-Wert 96
    Selbstauslöser 212
    Stativ 212
Verzeichnung 230, 235, 320
    entfernen (Bildbearbeitung) 235
    vermeiden 234
Videoaufnahme 294
Videoformat 297
Vignettierung 320

W

Wasserfarbe (Bildeffekt) 147
Wasserwaage 190, 232
Weichzeichnung (Bildeffekt) 147
Weißabgleich 166, 320
    Automatikmodus 174
    AWB 168
    Blitz 172
    einstellen 168
    Farbstich 166, 174
    Farbtemperatur messen 173
    Graukarte 174
    Haut als Graukarte 175
    Image Data Converter 264
    JPEG 168
    Kelvin-Wert einstellen 172
    Korrektur am Rechner 176
    Profile 170
    RAW 168
    SCN-Programm 174
    übertragen 177
Weißabgleichreihe 177

Weitwinkelbereich, Verzeichnung 230
Wiedergabe-Menü 23
Wi-Fi 19
Windgeräuschereduz. 305
WLAN 19, 278
    An Comp. senden 281
    Smartphone 284
WPS-Tastendruck 278

X

XAVC S 4K 297
XAVC S HD 297, 298

Y

Yongnuo Speedlite YN560-II 162

Z

Zebra 303
Zeiss-Objektiv 19
Zeitautomatik → Blendenpriorität (A)
Zeitlupenaufnahme 305
Zeitpriorität (S) 140, 320
    beim Filmen 301
    blitzen 154
Zoom
    digital 44, 45, 61
    Klarbild 44, 61
Zubehör
    Fernauslöser (RM-VPR1) 249
    Griffbefestigung (AG-R2) 248
    Hülle 248
    Monitorschutz 249
    Schutzfolie 249
    Speicherkarte 252
    Stativ 249
    Unterwassergehäuse 251

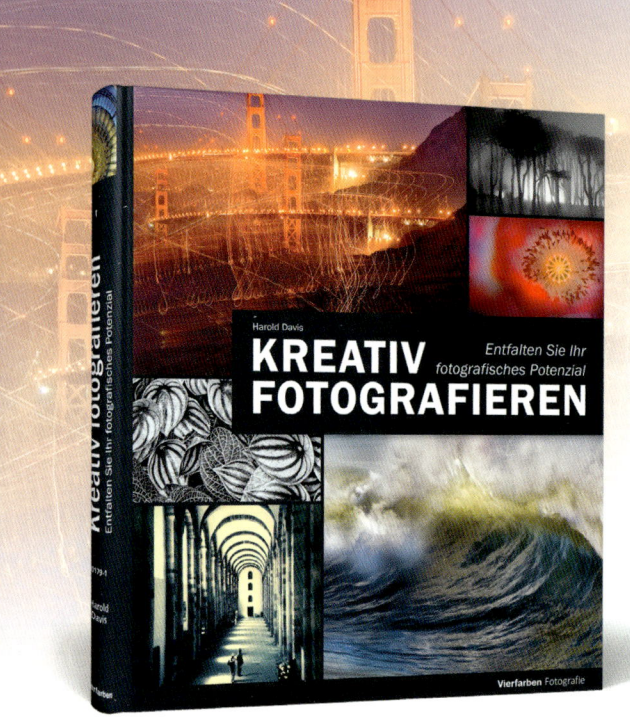

Harold Davis

Kreativ fotografieren
Entfalten Sie Ihr fotografisches Potenzial

Werden Sie der Fotograf, der Sie immer sein wollten! Der Fotograf und erfahrene Fotolehrer Harold Davis gibt Ihnen jede Menge erprobte Techniken an die Hand, mit denen Sie anders, besser und auf neue Art und Weise fotografieren können. Finden Sie heraus, welche Motive und Themen Ihnen wirklich am Herzen liegen, und wie Sie sie in interessante Bilder verwandeln.

260 Seiten, in Farbe, 29,90 €
ISBN 978-3-8421-0179-1

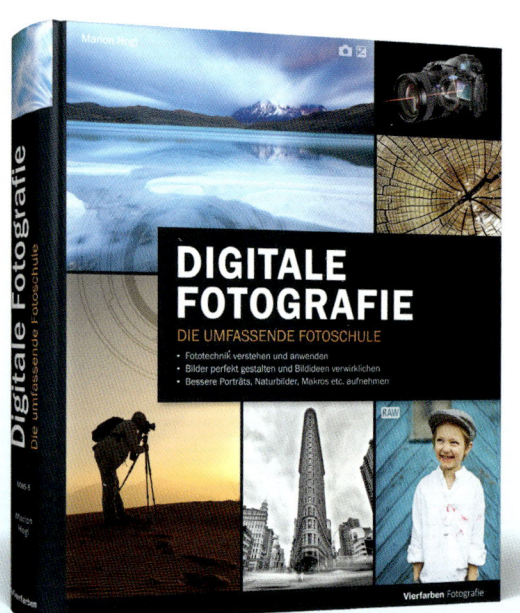

Marion Hogl

Digitale Fotografie
Der umfassende Ratgeber

Lernen Sie das Fotohandwerk von der Pike auf, und meistern Sie die großen Themen der Fotografie: Kameratechnik, Belichtung, Scharfstellen, Blitzen, Objektivkunde etc. Die Motivschule in diesem Buch macht es Ihnen leicht, Ihre Bilder gekonnt in Szene zu setzen. So werden Sie im Handumdrehen zum Profi!

650 Seiten, in Farbe, 39,90 €
ISBN 978-3-8421-0085-5

www.vierfarben.de/fotografie

Scott Kelby
Lightroom 6 und CC für digitale Fotografie

Sie werden kein anderes Buch finden, das Ihnen Lightroom auf so einfache, klar verständliche und unterhaltsame Weise nahebringt. Scott Kelby – der ungekrönte »Lightroom-Papst« – teilt nicht nur seine »Killertipps« mit Ihnen, er sagt Ihnen auch ganz genau, welche Funktionen Sie auf jeden Fall brauchen, und um welche Sie besser einen großen Bogen machen sollten.

560 Seiten, in Farbe, 39,90 €
ISBN 978-3-8421-0186-9

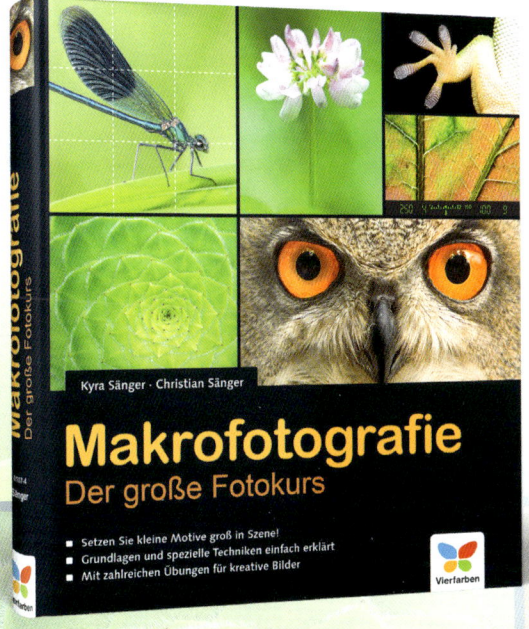

Kyra Sänger, Christian Sänger
Makrofotografie
Der große Fotokurs

Mit diesem Buch haben Sie den Schlüssel zur Welt der kleinen Dinge in der Hand. Erschaffen Sie faszinierende Bilder von Lebewesen und Strukturen, die dem Auge normalerweise verborgen bleiben. Und wie Sie die im Makrobereich besonders anspruchsvolle Fototechnik meistern, lernen Sie aus erster Hand von den beiden Spezialisten Kyra und Christian Sänger.

374 Seiten, in Farbe, 39,90 €
ISBN 978-3-8421-0107-4

Vierfarben Fotografie

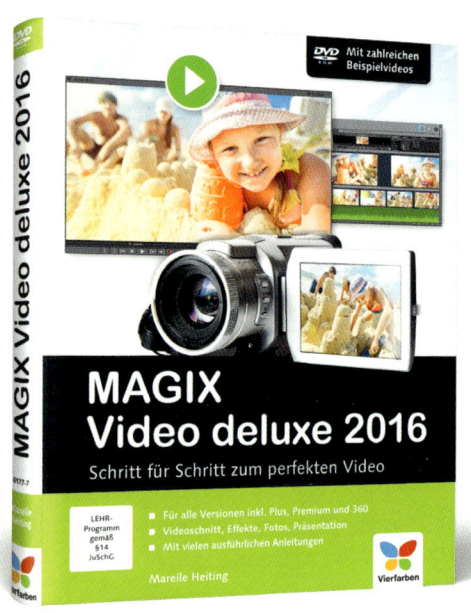

Mareile Heiting

MAGIX Video deluxe 2016
Schritt für Schritt zum perfekten Video

Verwandeln Sie Ihre Videosequenzen mit MAGIX Video Deluxe 2016 in sehenswerte Filme. Hier bekommen Sie verständliche Anleitungen an die Hand: vom Importieren Ihrer Filmsequenzen über die Nachbearbeitung und den gekonnten Schnitt, Bildeffekte und Vertonung bis hin zur Ausgabe auf DVD oder Blu-Ray. Legen Sie gleich los, und begeistern Sie Ihr Publikum!

416 Seiten, in Farbe, 34,90 €
ISBN 978-3-8421-0177-7

Jacqueline Esen
Digitale Fotografie
Grundlagen und Fotopraxis

In der neuen Auflage des Foto-Bestsellers finden Sie alles Wissenswerte besonders verständlich und umfassend beschrieben – von den Grundlagen der Fototechnik bis zur Bildbearbeitung und Präsentation Ihrer Bilder. Und mit den Profitipps der Autorin werden Sie schnell zum Könner!

316 Seiten, in Farbe, 14,90 €
ISBN 978-3-8421-0153-1

Dietmar Spehr
Digital fotografieren lernen
Schritt für Schritt zu perfekten Fotos

Dieses Buch ist Ihr Schlüssel für mehr Spaß und Erfolg mit der digitalen Fotografie! Der Autor zeigt Ihnen leicht verständlich alles, was Sie brauchen, um endlich bessere Fotos zu machen. Porträtieren Sie Menschen, fangen Sie die Schönheit der Natur ein, erkunden Sie die Makrofotografie und vieles mehr!

424 Seiten, in Farbe, 19,90 €
ISBN 978-3-8421-0063-3

www.vierfarben.de/fotografie